U0397462

珍 藏 版

Philosopher's Stone Series

哲人石丛书

立足当代科学前沿
彰显当代科技名家
绍介当代科学思潮
激扬科技创新精神

珍藏版策划

王世平　姚建国　匡志强

出版统筹

殷晓岚　王怡昀

素数之恋

黎曼和数学中最大的未解之谜

Prime Obsession

Bernhard Riemann and
the Greatest Unsolved Problem
in Mathematics

John Derbyshire

[美] 约翰·德比希尔 —— 著

陈为蓬 —— 译

 上海科技教育出版社

巨匠及资助他们的人

欧拉

俄国彼得大帝

高斯

不伦瑞克公爵斐迪南

黎曼及他的恩师和朋友

1850年代初的黎曼

1863年的黎曼

狄利克雷

戴德金

素数定理

瓦莱·普桑

阿达马

切比雪夫

塞尔贝格

20世纪的先驱者

希尔伯特

兰道

哈代

李特尔伍德

循计算思路的主要人物

格拉姆

西格尔

图灵

奥德利兹克

代数学家

阿廷

韦伊

德利涅

孔涅

循物理学思路的主要人物

波利亚

戴森

蒙哥马利

迈克尔·贝里爵士

林德勒夫假设与克拉默尔模型

林德勒夫

克拉默尔

计数 vs 度量

作者一家与太爷,算术上他有97岁,分析上仅有95.522…岁

出版前言

"哲人石",架设科学与人文之间的桥梁

"哲人石丛书"对于同时钟情于科学与人文的读者必不陌生。从1998年到2018年,这套丛书已经执着地出版了20年,坚持不懈地履行着"立足当代科学前沿,彰显当代科技名家,绍介当代科学思潮,激扬科技创新精神"的出版宗旨,勉力在科学与人文之间架设着桥梁。《辞海》对"哲人之石"的解释是:"中世纪欧洲炼金术士幻想通过炼制得到的一种奇石。据说能医病延年,提精养神,并用以制作长生不老之药。还可用来触发各种物质变化,点石成金,故又译'点金石'。"炼金术、炼丹术无论在中国还是西方,都有悠久传统,现代化学正是从这一传统中发展起来的。以"哲人石"冠名,既隐喻了科学是人类的一种终极追求,又赋予了这套丛书更多的人文内涵。

1997年对于"哲人石丛书"而言是关键性的一年。那一年,时任上海科技教育出版社社长兼总编辑的翁经义先生频频往返于京沪之间,同中国科学院北京天文台(今国家天文台)热衷于科普事业的天体物理学家卞毓麟先生和即将获得北京大学科学哲学博士学位的潘涛先生,一起紧锣密鼓地筹划"哲人石丛书"的大局,乃至共商"哲人石"的具体选题,前后不下十余次。1998年年底,《确定性的终结——时间、混沌与新自然法则》等"哲人石丛书"首批5种图书问世。因其选题新颖、译笔谨严、印制精美,迅即受到科普界和广大读者的关注。随后,丛书

又推出诸多时代感强、感染力深的科普精品,逐渐成为国内颇有影响的科普品牌。

"哲人石丛书"包含4个系列,分别为"当代科普名著系列"、"当代科技名家传记系列"、"当代科学思潮系列"和"科学史与科学文化系列",连续被列为国家"九五"、"十五"、"十一五"、"十二五"、"十三五"重点图书,目前已达128个品种。丛书出版20年来,在业界和社会上产生了巨大影响,受到读者和媒体的广泛关注,并频频获奖,如全国优秀科普作品奖、中国科普作协优秀科普作品奖金奖、全国十大科普好书、科学家推介的20世纪科普佳作、文津图书奖、吴大猷科学普及著作奖佳作奖、《Newton-科学世界》杯优秀科普作品奖、上海图书奖等。

对于不少读者而言,这20年是在"哲人石丛书"的陪伴下度过的。2000年,人类基因组工作草图亮相,人们通过《人之书——人类基因组计划透视》《生物技术世纪——用基因重塑世界》来了解基因技术的来龙去脉和伟大前景;2002年,诺贝尔奖得主纳什的传记电影《美丽心灵》获奥斯卡最佳影片奖,人们通过《美丽心灵——纳什传》来全面了解这位数学奇才的传奇人生,而2015年纳什夫妇不幸遭遇车祸去世,这本传记再次吸引了公众的目光;2005年是狭义相对论发表100周年和世界物理年,人们通过《爱因斯坦奇迹年——改变物理学面貌的五篇论文》《恋爱中的爱因斯坦——科学罗曼史》等来重温科学史上的革命性时刻和爱因斯坦的传奇故事;2009年,当甲型H1N1流感在世界各地传播着恐慌之际,《大流感——最致命瘟疫的史诗》成为人们获得流感的科学和历史知识的首选读物;2013年,《希格斯——"上帝粒子"的发明与发现》在8月刚刚揭秘希格斯粒子为何被称为"上帝粒子",两个月之后这一科学发现就勇夺诺贝尔物理学奖;2017年关于引力波的探测工作获得诺贝尔物理学奖,《传播,以思想的速度——爱因斯坦与引力波》为读者展示了物理学家为揭示相对论所预言的引力波而进行的历时70

年的探索……"哲人石丛书"还精选了诸多顶级科学大师的传记,《迷人的科学风采——费恩曼传》、《星云世界的水手——哈勃传》、《美丽心灵——纳什传》、《人生舞台——阿西莫夫自传》、《知无涯者——拉马努金传》、《逻辑人生——哥德尔传》、《展演科学的艺术家——萨根传》、《为世界而生——霍奇金传》、《天才的拓荒者——冯·诺伊曼传》、《量子、猫与罗曼史——薛定谔传》……细细追踪大师们的岁月足迹,科学的力量便会润物细无声地拂过每个读者的心田。

"哲人石丛书"经过20年的磨砺,如今已经成为科学文化图书领域的一个品牌,也成为上海科技教育出版社的一面旗帜。20年来,图书市场和出版社在不断变化,于是经常会有人问:"那么,'哲人石丛书'还出下去吗?"而出版社的回答总是:"不但要继续出下去,而且要出得更好,使精品变得更精!"

"哲人石丛书"的成长,离不开与之相关的每个人的努力,尤其是各位专家学者的支持与扶助,各位读者的厚爱与鼓励。在"哲人石丛书"出版20周年之际,我们特意推出这套"哲人石丛书珍藏版",对已出版的品种优中选优,精心打磨,以全新的形式与读者见面。

阿西莫夫曾说过:"对宏伟的科学世界有初步的了解会带来巨大的满足感,使年轻人受到鼓舞,实现求知的欲望,并对人类心智的惊人潜力和成就有更深的理解与欣赏。"但愿我们的丛书能助推各位读者朝向这个目标前行。我们衷心希望,喜欢"哲人石丛书"的朋友能一如既往地偏爱它,而原本不了解"哲人石丛书"的朋友能多多了解它从而爱上它。

上海科技教育出版社

2018 年 5 月 10 日

"哲人石丛书"：20 年科学文化的不懈追求

◇ 江晓原(上海交通大学科学史与科学文化研究院教授)
◆ 刘兵(清华大学社会科学学院教授)

◇ 著名的"哲人石丛书"发端于 1998 年,迄今已经持续整整 20 年,先后出版的品种已达 128 种。丛书的策划人是潘涛、卞毓麟、翁经义。虽然他们都已经转任或退休,但"哲人石丛书"在他们的后任手中持续出版至今,这也是一幅相当感人的图景。

说起我和"哲人石丛书"的渊源,应该也算非常之早了。从一开始,我就打算将这套丛书收集全,迄今为止还是做到了的——这必须感谢出版社的慷慨。我还曾向丛书策划人潘涛提出,一次不要推出太多品种,因为想收全这套丛书的,应该大有人在。将心比心,如果出版社一次推出太多品种,读书人万一兴趣减弱或不愿一次掏钱太多,放弃了收全的打算,以后就不会再每种都购买了。这一点其实是所有开放式丛书都应该注意的。

"哲人石丛书"被一些人士称为"高级科普",但我觉得这个称呼实在是太贬低这套丛书了。基于半个世纪前中国公众受教育程度普遍低下的现实而形成的传统"科普"概念,是这样一幅图景:广大公众对科学技术极其景仰却又懂得很少,他们就像一群嗷嗷待哺的孩子,仰望着高踞云端的科学家们,而科学家则将科学知识"普及"(即"深入浅出地"单向灌输)给他们。到了今天,中国公众的受教育程度普遍提高,最基础的科学教育都已经在学校课程中完成,上面这幅图景早就时过境迁。传统"科普"概念既已过时,鄙意以为就不宜再将优秀的"哲人石丛书"放进"高级科普"的框架中了。

◆ 其实,这些年来,图书市场上科学文化类,或者说大致可以归为此类的丛书,还有若干套,但在这些丛书中,从规模上讲,"哲人石丛书"应该是做得最大了。这是非常不容易的。因为从经济效益上讲,在这些年的图书市场上,科学文化类的图书一般很少有可观的盈利。出版社出版这类图书,更多地是在尽一种社会责任。

但从另一方面看,这些图书的长久影响力又是非常之大的。你刚刚提到"高级科普"的概念,其实这个概念也还是相对模糊的。后期,"哲人石丛书"又分出了若干子系列。其中一些子系列,如"科学史与科学文化系列",里面的许多书实际上现在已经成为像科学史、科学哲学、科学传播等领域中经典的学术著作和必读书了。也就是说,不仅在普及的意义上,即使在学术的意义上,这套丛书的价值也是令人刮目相看的。

与你一样,很荣幸地,我也拥有了这套书中已出版的全部。虽然一百多部书所占空间非常之大,在帝都和魔都这样房价冲天之地,存放图书的空间成本早已远高于图书自身的定价成本,但我还是会把这套书放在书房随手可取的位置,因为经常会需要查阅其中一些书。这也恰恰说明了此套书的使用价值。

◇ "哲人石丛书"的特点是:一、多出自科学界名家、大家手笔;二、书中所谈,除了科学技术本身,更多的是与此有关的思想、哲学、历史、艺术,乃至对科学技术的反思。这种内涵更广、层次更高的作品,以"科学文化"称之,无疑是最合适的。在公众受教育程度普遍较高的西方发达社会,这样的作品正好与传统"科普"概念已被超越的现实相适应。所以"哲人石丛书"在中国又是相当超前的。

这让我想起一则八卦:前几年探索频道(Discovery Channel)的负责人访华,被中国媒体记者问到"你们如何制作这样优秀的科普节目"时,立即纠正道:"我们制作的是娱乐节目。"仿此,如果"哲人石丛书"的出版人被问道"你们如何出版这样优秀的科普书籍"时,我想他们也应该立即纠正道:"我们出版的是科学文化书籍。"

这些年来,虽然我经常鼓吹"传统科普已经过时"、"科普需要新理念"等等,这当然是因为我对科普作过一些反思,有自己的一些想法。但考察这些年持续出版的"哲人石丛书"的各个品种,却也和我的理念并无冲突。事实上,在我们两人已经持续了17年的对谈专栏"南腔北调"中,曾多次对谈过"哲人石丛书"中的品种。我想这一方面是因为丛书当初策划时的立意就足够高远、足够先进,另一方面应该也是继任者们在思想上不懈追求与时俱进的结果吧!

◆ 其实,究竟是叫"高级科普",还是叫"科学文化",在某种程度上也还是个形式问题。更重要的是,这套丛书在内容上体现出了对科学文化的传播。

随着国内出版业的发展,图书的装帧也越来越精美,"哲人石丛书"在某种程度上虽然也体现出了这种变化,但总体上讲,过去装帧得似乎还是过于朴素了一些,当然这也在同时具有了定价的优势。这次,在原来的丛书品种中再精选出版,我倒是希望能够印制装帧得更加精美一些,让读者除了阅读的收获之外,也增加一些收藏的吸引力。

由于篇幅的关系,我们在这里并没有打算系统地总结"哲人石丛书"更具体的内容上的价值,但读者的口碑是对此最好的评价,以往这套丛书也确实赢得了广泛的赞誉。一套丛书能够连续出到像"哲人石丛书"这样的时间跨度和规模,是一件非常不容易的事,但唯有这种坚持,也才是品牌确立的过程。

最后,我希望的是,"哲人石丛书"能够继续坚持以往的坚持,继续高质量地出下去,在选题上也更加突出对与科学相关的"文化"的注重,真正使它成为科学文化的经典丛书!

2018 年 6 月 1 日

对本书的评价

◇

一本非凡的书。

——纳什(John F. Nash, Jr.)

1994 年诺贝尔经济学奖得主

◇

黎曼假设是数学中最深刻的未解问题之一。不幸的是,要说清楚这个假设的具体内容是非常困难的。写一本书,用普通数学家甚至非专业人员能理解的方式解释这个假设,现在正是时候。为德比希尔完成了这项工作而欢呼、欢呼、再欢呼。

——马丁·加德纳(Martin Gardner)

1956—1986 年《科学美国人》

"数学游戏"专栏作家

60 多本数学和科学著作的作者

◇

德比希尔的力作《素数之恋》指引你领略这个世界上最著名的未解数学问题的 200 年历史。黎曼假设的公式化表述、对它的研究以及它的意义,各自代表着数学思想中的广阔领域,而这本书巧妙地把所有这些都包容在内。满是趣闻逸事的篇章与引领初学者循序渐进地探索基本概念的篇章交替出现——既吸引住了读者,又给他们留下了持久的印象。

——贾菲(Arthur Jaffe)

哈佛大学教授

◇

《素数之恋》叙述的是绝大多数数学家心目中的他们那个领域最重要的未解问题,内容翔实、包罗广泛、文笔绝佳。德比希尔不仅讲述了这个问题背后的历史故事——即有关的其人其事,还囊括了理解这个问题的背景情况和人们对它的尝试解决方法所需要的全部数学知识。

——德夫林(Keith Devlin)

斯坦福大学教授

《千年难题——七个悬赏 1000000 美元的数学问题》的作者

内容提要

　　1859 年 8 月,没什么名气的 32 岁数学家黎曼(Bernhard Riemann)向柏林科学院提交了一篇论文,题为"论小于一个给定值的素数的个数"。在这篇论文的中间部分,黎曼作了一个附带的备注——一个猜测,一个假设。他向那天被召集来审查论文的数学家们抛出的这个问题,在随后的年代里给无数的学者带来了近乎残酷的压力。时至今日,在经历了 150 年的认真研究和极力探索后,这个问题仍然悬而未决。这个假设成立还是不成立?

　　已经越来越清楚,黎曼假设掌握着打开各种科学和数学研究之大门的钥匙,但它的解答仍诱人地悬在那里,正好让我们伸手够不着。依赖于素数特性的现代密码编制术和破译术,其根基就在于这个假设。在 20 世纪 70 年代的一系列非凡性进展中,显示出甚至原子物理学也以尚未被完全了解的方式与这个奇怪难题扯上了关系。

　　在《素数之恋》中,极其明晰的数学阐释文字与行文优雅的传记和历史篇章交替出现,它对一个史诗般的数学之谜作了迷人而流畅的叙述,而这个谜还将继续挑战和刺激着世人。

作者简介

　　根据所受的教育,约翰·德比希尔(John Derbyshire)
是一位数学家和语言学家;根据所从事的职业,他是一位
系统分析师;而在业余时间,他是一位著名的作家。

　　他的成名作是《梦见柯立芝》(*Seeing Calvin Coolidge
in a Dream*),这部 1996 年出版的小说大受人们欢迎,亚
德利(Jonathan Yardley)在《华盛顿邮报·图书世界》
(*Washington Post Book World*)上对它赞赏有加,《纽约时
报·书评》(*The New York Times Book Review*)、《纽约客》
(*The New Yorker*)、《波士顿环球报》(*The Boston Globe*)等
报刊也一致给予好评。他的作品还频繁出现在《国家评
论》(*National Review*)和《新标准》(*The New Criterion*)杂
志上。

　　德比希尔在英国出生并成长,约 20 年前来到美国安
家。他目前和妻子及两个孩子住在纽约的亨廷顿。

献给罗茜

目 录

序 言

1859 年 8 月,伯恩哈德·黎曼(Bernhard Riemann)成为柏林科学院的通讯院士,对于一个青年数学家来说(他当时 32 岁),这是一个崇高的荣誉。依照惯例,黎曼向科学院提交了一篇论文,对于他正在从事的某项研究作一个陈述。论文的题目是:"论小于一个给定值的素数的个数"。文中,黎曼探索了普通算术中一个看似简单的问题。为了理解这个问题,试问:小于 20 的素数有多少个? 答案是有 8 个:2,3,5,7,11,13,17 和 19。小于 1000 的素数有多少个? 小于 100 万的呢? 小于 10 亿的呢? 有没有一个**普遍的规律或公式**可用以计算,使我们免去一个个数的麻烦呢?

黎曼用他那个时代最尖端的数学来处理这个问题,使用的是甚至今天也只在大学的高级课程中讲授的工具,并且为此创造了一个非常强大而精妙的数学对象。在论文的三分之一处,他提出了关于那个对象的一个猜测,然后写道:

人们当然希望对此有一个严格的证明,但是我稍稍作了一些徒劳的尝试之后,把寻求这样一个证明的事搁置一旁,因为它对于我研究工作的当前目标来说并不是必需的。

那个不经意的、附带的猜测几乎被忽视了几十年。后来,因为我在本书中打算解释的那些理由,它逐渐抓住了数学家们的想象力,直至它成为一个具有压倒性重要地位的谜。

那个猜测后来被称为黎曼假设,它在整个 20 世纪一直是一个谜,到今天仍然是,因为它顶住了每一次证明或证否的尝试。事实上,这个谜现在比近年来解决的其他长期悬而未决的重大问题——四色定理（1852年提出，1976年证明）、费马大定理（约1637年提出，1994年证明），以及许多在专业数学界之外不太知名的其他问题——都要顽固。黎曼假设现在是数学研究中的大白鲸。*

数学家对黎曼假设的专心研究持续了整个20世纪。下面是希尔伯特（David Hilbert）——他那个时代最杰出的数学英才之一——1900年在巴黎第二次国际数学家大会上的演讲：

> 素数分布理论的实质性进展不久前已由阿达马（Hadamard）、瓦莱·普桑（de la Vallée Poussin）、冯·曼戈尔特（von Mangoldt）等人作出。不过，要完全解决黎曼的论文"论小于一个给定值的素数的个数"给我们提出的那些问题，还需要证明黎曼的一个极其重要的命题的正确性，即……

接着是黎曼假设的陈述。100年以后，普林斯顿高等研究院院长、原哈佛大学数学教授格里菲思（Phillip A. Griffiths）在《美国数学月刊》2000年1月号上以"21世纪的研究挑战"（Research Challenges for the 21st Century）为题写道：

> 尽管20世纪取得了十分巨大的成就，仍然有几十个悬而未决的问题尚待解决。我们大多数人都会同意，下面三个问题是最富挑战性和最令人关注的。
>
> **黎曼假设**。首先是黎曼假设，它捉弄了数学家150年……

20世纪的最后数年里，在美国有一项令人关注的发展，就是民间数学促进会的兴起。克莱数学促进会[由波士顿的金融家克莱（Landon

---

* 这里比喻极其重大的问题。——译者

T. Clay)在1998年创办]和美国数学促进会[1994年由加利福尼亚州的企业家弗赖伊(John Fry)建立]都把黎曼假设作为目标。克莱数学促进会为证明或证否它设立了100万美元的奖金;美国数学促进会为黎曼假设举行了三次大规模的研讨会(1996年、1998年和2002年),有来自世界各地的研究者参加。这些新的探索和激励是否能最终解决黎曼假设,让我们拭目以待。

与四色定理或费马大定理不同,黎曼假设不能方便地用非数学家能容易把握的说法来表述。它深处于某种相当深奥的数学理论的核心。它是这样说的:

黎曼假设

ζ 函数的所有非平凡零点的实部都是 $\dfrac{1}{2}$。

对于一位普通读者,甚至是一位受过良好教育但没有经过高等数学训练的读者来说,这可能相当难以理解,就好像是用古教会斯拉夫语写的。在本书中,除了描述黎曼假设的历史和与此有关的一些人物之外,我还试图把这个深奥而神秘的结论引入一般读者能理解的范围之内,并提供理解它所需的数学知识。

* * * * *

本书的计划非常简单。奇数章(我曾经想采用**素数**章,但是那样做的话显得**过于**矫揉造作了)的内容是数学阐述,我希望让读者能渐渐地理解黎曼假设及其重要性。偶数章则提供历史和个人经历的背景材料。

我最初打算让这两条线各自独立,以让不喜欢方程和公式的读者可以只阅读偶数章,而不关心历史或轶事的读者则可以只阅读奇数章。我没有自始至终完全贯彻这个计划,而且我现在怀疑对一个如此复杂的问题这能不能做到。不过,基本格局并没有完全失去。在奇数章中有许许多多的数学，而在偶数章中则少得多，当然，你可以只阅读奇数章，或只阅读偶数章。不过，我希望你能阅读整本书。

我这本书针对的是既聪明又好奇的非数学专业的读者。当然，这个说法会引出一些问题。我说的"非数学专业"是什么意思？我假定我的读者们掌握了多少数学知识？是的，每个人都懂得一些数学。或许大多数受过教育的人对微积分至少有一个模糊的概念。我认为我的书定位在合格地完成了高中数学课程并且或许继续学了两三门大学课程的人的水平。实际上，我的最初目标是，根本不用任何微积分来解释黎曼假设。结果发现我有点过于乐观。但本书中只有三章涉及少量的最基本的微积分知识，而且随着叙述的展开我作了解释。

更多其他的内容只涉及算术和基本代数：括号项相乘，如 $(a+b) \times (c+d)$；或者重新整理方程，使得 $S = 1+xS$ 变成 $S = 1/(1-x)$。你也需要主动接受数学家为了节约他们写字的力气而使用的古怪的缩写符号。我至少要做到：我认为黎曼假设不可能使用比我这里所用的更基本的数学来解释了，因此如果你读完我的书以后还不理解黎曼假设，那么你可以断定，你将永远理解不了它。

* * * * *

许多职业数学家和数学史家在我接触他们的时候给予了慷慨的帮助。我深深感谢下列各位，为他们慷慨给予的时间，为他们的指点（有时没有被采纳），为他们回答我那些反复多次的愚钝问题的耐心，以及为其中一位有一次邀我到他家中作客：亚历山德森（Jerry Alexanderson），阿波斯托尔（Tom Apostol），布林（Matt Brin），孔雷（Brian Conrey），爱德华兹（Harold Edwards），海哈尔（Dennis Hejhal），贾菲（Arthur Jaffe），勒伯夫（Patricio Lebeuf），米勒（Stephen Miller），休·蒙哥马利（Hugh Montgomery），诺伊恩施万德（Erwin Neuenschwander），奥德利兹克（Andrew Odlyzko），帕特森（Samuel Patterson），萨奈克（Peter

Sarnak)、施罗德(Manfred Schröder)、福豪尔(Ulrike Vorhauer)、沃里宁(Matti Vuorinen),以及威斯特摩兰(Mike Westmoreland)。本书中任何严重的数学错误都是我的,不是他们的。布吕格曼(Brigitte Brüggemann)和艾滕艾尔(Herbert Eiteneier)帮助我弥补了我德语能力的不足。我在《国家评论》(*National Review*)、《新标准》(*The New Criterion*)和《华盛顿时报》(*The Washington Times*)的朋友们给我的酬劳金让我能在写这本书的时候养活我的孩子们。我的在线意见专栏的众多读者帮助我明白了:数学概念给非数学专业的人造成的最大困难是什么。

伴随着这些感谢的是几乎同样多的抱歉。本书所论及的主题,100年来一直在被我们这个星球上一些最好的头脑深入研究着。以我可以使用的篇幅,并采用我选择的说明方法,结果只能是省略与黎曼假设研究相关的整个庞大领域。你在这里找不出一个词涉及密度假设、近似函数方程,或者关于 ζ 函数的矩的全部迷人结果——它们在长期蛰伏后恰在最近重现生机。你也找不到有任何地方提到广义黎曼假设、变形广义黎曼假设、扩充黎曼假设、总黎曼假设、变形总黎曼假设,或拟黎曼假设。

更令人不安的是,有许多工作者在这个领域中勇敢跋涉了几十年,但他们的名字在我的正文中没有出现:邦别里(Enrico Bombieri)、高希(Amit Ghosh)、哥内克(Steve Gonek)、伊万涅茨(Henryk Iwaniec,但在寄给他的邮件中,有半数写成了 Henry K. Iwaniec)、斯奈思(Nina Snaith),以及许多其他人。我真诚地表示歉意。在开始的时候,我并不了解我承担的是一个多么宏大的主题。这本书本来很容易写成 3 倍或 30 倍那么长,但我的编辑已经准备大刀阔斧地删减它了。

还有一件事要承认。我抱有一种迷信的观念,就是任何并非只因受命而乏味地写成的书——即任何用关怀和感情写成的书——都有一个主导的灵魂。我的意思只是，写一本**关于**某个特定人物的书时，这个人物就在作者的心中，他的个性使这本书绚烂多彩。(至于小说，我想最常见的是，那个人恐怕就是作者自己了。)

本书的主导灵魂就是伯恩哈德·黎曼。他仿佛常常在我写作的时候从身后凝视着我，有时在我的想象中听到他在隔壁房间里拘谨地清着喉咙，或者是在我的数学篇章和历史篇章的幕后小心地徘徊。通过读他，以及读关于他的一切，我对这个人产生了一种奇特而混杂的感觉：他的拙于处世、糟糕的身体状况、屡次失去亲人及长期的贫困，让我产生了巨大的同情，而他头脑和心灵中的非凡力量又让我充满了敬畏。

一本书总要奉献给某位在世的人，为的是让这种奉献给人带来喜悦。我把这本书奉献给我的妻子，她完全明白这个奉献有多么真挚。不过，作为一篇序言，有一个意义不能不提到，在这意义上，本书当然应该属于伯恩哈德·黎曼，他在多灾多难的短暂一生中，给予他的同伴们许许多多价值永存的东西——其中包括这样一个问题：在他以一种他特有的羞怯态度，用一段离题的话说到他自己曾为解决它而"稍稍作了一些徒劳的尝试"之后，又让别人在一个半世纪中继续伤着脑筋。

约翰·德比希尔(John Derbyshire)

亨廷顿,纽约

2002 年 6 月

第一部分

素数定理

◈ 第1章

纸牌游戏

Ⅰ. 和许多其他问题一样, 这里也从一个纸牌游戏开始。

取普通的一副 52 张纸牌, 放在桌子上, 四边都叠放整齐。现在, 用一个手指移动最上面的那张纸牌而不要触动其他纸牌。你能使最上面的那张纸牌移动多远而不翻下来? 或者, 换个说法, 你能使它在其他纸牌上面伸出多远?

当然, 答案是纸牌长度的一半, 正如你可以在图 1.1 中看到的那样。如果你再推它, 使它伸出超过半张纸牌, 它就掉下来了。从不掉下来到掉下来的转折点在纸牌的重心处, 就是它一半长度的地方。

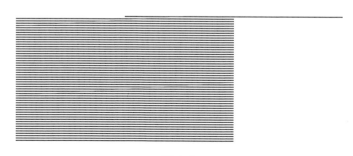

图 1.1

我们再推进一小步。让顶上那张纸牌仍然在第二张纸牌上面伸出一半——即它伸出的极限,然后用你的手指推第二张纸牌。你能使这两张纸牌在这叠牌上伸出多远呢?

关键是要把顶上的那两张纸牌看作一个单独的单元。这个单元的重心在哪里?对,这个单元的总长度是一张半纸牌,就在这个长度的中点;也就是从顶上那张纸牌前缘算起的一张纸牌的$\frac{3}{4}$处(见图1.2)。如此,两张纸牌组成的这个单元伸出了一张纸牌长度的$\frac{3}{4}$。注意,顶上那张纸牌伸出第二张纸牌的长度仍然是半张纸牌。你是把顶上那两张纸牌作为一个单元来移动的。

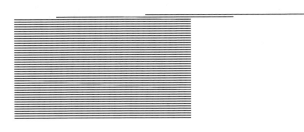

图 1.2

现在如果你推动第三张纸牌,看你能把它们再伸出多少,那么你会发现你恰好能把它推出一张纸牌长度的$\frac{1}{6}$。关键是再把最上面的三张纸牌看作一个单独的单元。重心在从第三张纸牌前缘算起的一张纸牌长度的$\frac{1}{6}$处(见图1.3)。

图 1.3

在这个重心点的前方,是第三张纸牌的$\frac{1}{6}$,第二张纸牌的$\frac{1}{6}$加上$\frac{1}{4}$,以及最上面那张纸牌的$\frac{1}{6}$加上$\frac{1}{4}$再加上$\frac{1}{2}$,总共相当于一张半纸牌。

$$\frac{1}{6}+\left(\frac{1}{6}+\frac{1}{4}\right)+\left(\frac{1}{6}+\frac{1}{4}+\frac{1}{2}\right)=1\frac{1}{2}。$$

这正是三张纸牌长度总和的一半——另一半在临界点的后方。你把第三张纸牌尽可能往远处推,最后只能推到这个地方(见图1.4)。

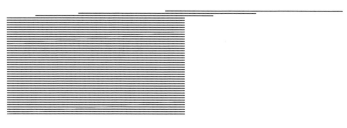

图 1.4

现在伸出的总长度是:$\frac{1}{2}$(最上面的纸牌)加上$\frac{1}{4}$(第二张纸牌)加上$\frac{1}{6}$(第三张纸牌)。这相当于一张纸牌的$\frac{11}{12}$。天哪!

你能使伸出的长度超过一张纸牌吗?能。如果你小心地往前推再下面的一张纸牌——从上面数起的第四张,又能伸出一张纸牌长度的$\frac{1}{8}$。我不再算下去了;你可以相信我,或者用像我对前三张纸牌那样的方法计算。四张纸牌一共伸出的长度是:$\frac{1}{2}$加$\frac{1}{4}$加$\frac{1}{6}$加$\frac{1}{8}$,总共是一张纸牌长度的$1\frac{1}{24}$(见图1.5)。

图 1.5

如果你继续下去,累加结果如下:

$$\frac{1}{2}+\frac{1}{4}+\frac{1}{6}+\frac{1}{8}+\frac{1}{10}+\frac{1}{12}+\frac{1}{14}+\frac{1}{16}+\cdots+\frac{1}{102}。$$

对 51 张纸牌你可以推出这么多。(推最下面那张纸牌没意思。)这个结果是 2.25940659073334 弱。这样你一共推出了超过 $2\frac{1}{4}$ 张纸牌的长度(见图 1.6)!

图 1.6

我认识到这一点的时候还是个大学生。我正在放暑假,准备下学期的功课,争取在学业竞争中抢占先机。为了补贴我在学校的生活费,我常在暑假去建筑工地打工,那时在英国这种工作还没有很规范的工会。在我用纸牌弄清楚这个问题之后的一天,我被独自一人留在一个室内场所做某种清扫工作,那里堆着上百块又大又方的纤维板瓦。我用了两个小时快活地搬弄这些板瓦,试图把 52 块板瓦堆放得伸出 $2\frac{1}{4}$ 块板瓦。当工头过来巡视时,发现我对着一大堆摇摇欲坠的板瓦沉思默想,我想他对雇用学生是否明智的担忧大大增加了。

Ⅱ. 数学家们喜欢做、并且感到收获丰富的一件事,是**外推**——取一个问题的假设,把它们推广到更大的范围。

在上面这个问题中,我假设我们用 52 张纸牌来做这件事。我们发现能得到大于 $2\frac{1}{4}$ 张纸牌的总伸出量。

为什么我们把自己限制于 52 张纸牌? 假如我们有更多的纸牌呢? 100 张纸牌? 100 万张? 1 万亿张? 假如我们的纸牌能**无限**供应呢? 我们能得到的最大伸出量是多少?

首先,我们来看前面得到的公式,然后从它开始外推。用 52 张纸牌,总伸出量是

$$\frac{1}{2}+\frac{1}{4}+\frac{1}{6}+\frac{1}{8}+\frac{1}{10}+\frac{1}{12}+\frac{1}{14}+\frac{1}{16}+\cdots+\frac{1}{102}。$$

因为所有分母都是偶数,我可以把 $\frac{1}{2}$ 作为因子提取出来,把这个公式重写为

$$\frac{1}{2}\left(1+\frac{1}{2}+\frac{1}{3}+\frac{1}{4}+\frac{1}{5}+\frac{1}{6}+\frac{1}{7}+\frac{1}{8}+\cdots+\frac{1}{51}\right)。$$

如果有 100 张纸牌,总伸出量将是

$$\frac{1}{2}\left(1+\frac{1}{2}+\frac{1}{3}+\frac{1}{4}+\frac{1}{5}+\frac{1}{6}+\frac{1}{7}+\frac{1}{8}+\cdots+\frac{1}{99}\right)。$$

1 万亿张纸牌就是

$$\frac{1}{2}\left(1+\frac{1}{2}+\frac{1}{3}+\frac{1}{4}+\frac{1}{5}+\frac{1}{6}+\frac{1}{7}+\frac{1}{8}+\cdots+\frac{1}{999999999999}\right)。$$

这里有大量的计算, 但是数学家对这种事情有捷径可走。我可以负责任地告诉你们, 100 张纸牌的总伸出量是 2.58868875882 弱, 而 1 万亿

张纸牌则是14.10411839041479强。

这些数字令人惊奇再惊奇。第一个惊奇是,你可以得到超过整整14张纸牌长度之和的总伸出量,纵然得到这个量你需要1万亿张纸牌。对普通的扑克牌,14张纸牌的长度之和超过了4英尺(约1.2米)。第二个惊奇是,当你开始考虑这个问题的时候,其实数字并不很大。从52张纸牌增加到100张只让我们的伸出量增加了一张纸牌的$\frac{1}{3}$(实际上是$\frac{1}{3}$弱)。然后增加到1万亿张——1万亿张普通扑克牌叠起来几乎能从地球到达月球——也只让我们再多伸出$11\frac{1}{2}$张纸牌的长度。

如果我们有无限数量的纸牌呢?我们能让它伸出的最大限度是多少?答案令人吃惊:没有限度。只要有足够多的纸牌,你可以使它伸出任何尺寸。你想要让它伸出100张纸牌的长度吗?那么你需要叠起大约405 709 150 012 598亿亿亿亿亿亿亿亿亿亿张纸牌——它的高度将远远超出已知宇宙的范围。然而你仍然可以让它伸出更多更多,要多少就有多少,只要你愿意用上数目大得难以想象的纸牌。伸出100万张纸牌的长度?也可以,不过现在你需要的纸牌的数目极其庞大,需要一本篇幅巨大的书才能把这个数目印进去——它有868 589位数。

Ⅲ. 这个问题归结为上面括号中的式子:

$$1+\frac{1}{2}+\frac{1}{3}+\frac{1}{4}+\frac{1}{5}+\frac{1}{6}+\frac{1}{7}+\cdots$$

这就是数学家所谓的**级数**,是无穷多个连续项的相加,这些项按照某种逻辑性延续。这里的项$1,\frac{1}{2},\frac{1}{3},\frac{1}{4},\frac{1}{5},\frac{1}{6},\frac{1}{7},\cdots$是普通计数数1,2,3,4,5,6,7,…的倒数。

级数 $1+\dfrac{1}{2}+\dfrac{1}{3}+\dfrac{1}{4}+\dfrac{1}{5}+\dfrac{1}{6}+\dfrac{1}{7}+\cdots$ 非常重要，所以数学家专门为它命名。它被称为**调和级数**。

我在上面所陈述的可总结为：把调和级数的足够多的项相加，你可以得到想要多大就能有多大的和。这个和没有限度。

一个粗略但通俗而且易表达的说法是：调和级数加起来就是无穷大。

$$1+\dfrac{1}{2}+\dfrac{1}{3}+\dfrac{1}{4}+\dfrac{1}{5}+\dfrac{1}{6}+\dfrac{1}{7}+\cdots=\infty。$$

受到过良好教育的数学家对这样的式子嗤之以鼻；但是只要你了解运用这些式子时的陷阱，我想它们是完全没问题的。欧拉（Leonhard Euler），六位流芳千古的最伟大的数学家之一，一直使用这样的式子而获得了丰硕的成果。然而，正统数学的说法是：**调和级数是发散的**。

好了，我说了这些，但是我能证明吗？人所共知，在数学中，你必须用严密的逻辑来证明每一个结论。这里我们有一个结论：调和级数是发散的。你怎样证明它？

事实上，证明相当简单，并且所依赖的东西不超出普通算术。它是在中世纪晚期由法国学者奥雷姆（Nicole d'Oresme，约1323—1382）提出的。奥雷姆指出，$\dfrac{1}{3}+\dfrac{1}{4}$ 大于 $\dfrac{1}{2}$；$\dfrac{1}{5}+\dfrac{1}{6}+\dfrac{1}{7}+\dfrac{1}{8}$ 也大于 $\dfrac{1}{2}$；$\dfrac{1}{9}+\dfrac{1}{10}+\dfrac{1}{11}+\dfrac{1}{12}+\dfrac{1}{13}+\dfrac{1}{14}+\dfrac{1}{15}+\dfrac{1}{16}$ 也是如此；等等。换句话说，取这个级数的 2 项，然后是 4 项，8 项，16 项，等等，你能把这个级数分组，形成无穷多段，其中每一段都大于 $\dfrac{1}{2}$。于是，整个和必定是无穷的。不要因这些段很快变大而困惑。在"无穷"中有着极其大量的空间，无论你取的段有多少，下一个

排好了的段又在等着你。总是又有一个$\frac{1}{2}$被加上;这就意味着总量的增加是没有限度的。

　　奥雷姆关于调和级数发散性的证明似乎被遗忘了几个世纪。门戈利(Pietro Mengoli)在1647年使用不同的方法再次证明了这个结果;接着,40年以后,约翰·伯努利(Johann Bernoulli)又用另一种方法证明了它;不久,约翰的哥哥雅各布(Jakob Bernoulli)用第四种方法作出了证明。不管是门戈利还是伯努利兄弟,似乎都未曾知道奥雷姆在14世纪的证明,而它是中世纪数学仅知的杰作之一。奥雷姆的证明仍然是所有这些证明中最简明、最漂亮的,也是在今天的教科书中通常给出的一种。

　　Ⅳ. 关于级数的令人惊奇之处,不在于其中某些是发散的,而在于其中一些是不发散的。如果你把无穷多的一组数加在一起,你料想会得到无穷大的结果,是吗? 但有时候并非如此,这件事很容易说明。

　　取一把普通的尺,标上$\frac{1}{4}$、$\frac{1}{8}$、$\frac{1}{16}$等等(标得越细越好——图示的尺上标到$\frac{1}{64}$)。拿一支削尖的铅笔对准尺上第一个标记,就是零。把铅笔向右移动一英寸(约2.5厘米)。现在笔尖对准一英寸的标记,你已经把它移动了一共一英寸(见图1.7)。

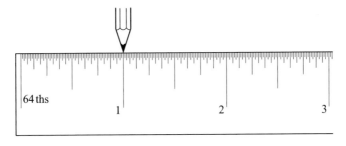

图 1.7

现在把铅笔再向右移动半英寸(见图 1.8)。

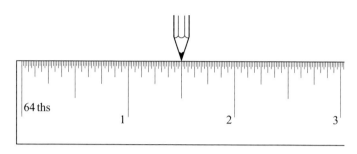

图 1.8

现在把铅笔再向右移动 $\frac{1}{4}$ 英寸……然后 $\frac{1}{8}$ 英寸……然后 $\frac{1}{16}$ 英寸……然后 $\frac{1}{32}$ 英寸……然后 $\frac{1}{64}$ 英寸。你的铅笔所在位置如图 1.9 所示。

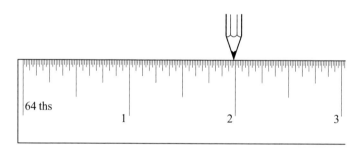

图 1.9

你把它向右移动的总距离是

$$1+\frac{1}{2}+\frac{1}{4}+\frac{1}{8}+\frac{1}{16}+\frac{1}{32}+\frac{1}{64},$$

如你能算出的,是 $1\frac{63}{64}$。显然,如果你这样继续下去,每次的距离减半,你将越来越逼近 2 英寸的标记。你永远不能真的到达它,但是你能无限地接近它。你可以和它接近到一百万分之一英寸以内;或者一万亿分之一英寸;或者一万亿亿亿亿亿亿亿亿亿亿亿亿亿亿分之一英寸。我们可以把这件事表示为

$$1+\frac{1}{2}+\frac{1}{4}+\frac{1}{8}+\frac{1}{16}+\frac{1}{32}+\frac{1}{64}+\frac{1}{128}+\cdots=2。$$

式 1.1

其中,不言而喻,在等号的左侧有无穷多个项相加。

这里我正在说明的是,调和级数与这个新的级数二者之间的不同。对调和级数,我把无穷多个项相加,其结果趋向无穷大。在这里我把无穷多个项相加,其结果趋向 2。调和级数是**发散的**。这个级数是**收敛的**。

调和级数有它的魅力,它位于本书所论述主题——黎曼假设——的中心。不过,一般说来,比起发散级数,数学家们对收敛级数更感兴趣。

V. 刚才的移动方式是向右一英寸,再向右半英寸,再向右 $\frac{1}{4}$ 英寸,等等,假设我决定改为方向交替:向右一英寸,向左半英寸,向右 $\frac{1}{4}$ 英寸,向左 $\frac{1}{8}$ 英寸……这样移动 7 次后,我对准的位置如图 1.10 所示。

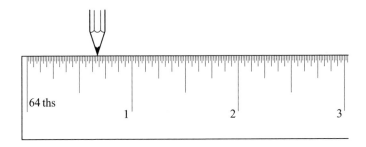

图 1.10

从数学的观点来看,向左移动也就是向右的负移动,因此这就相当于

$$1-\frac{1}{2}+\frac{1}{4}-\frac{1}{8}+\frac{1}{16}-\frac{1}{32}+\frac{1}{64},$$

即$\frac{43}{64}$。事实上,容易证明——我将在后面的某一章中这么做——如果你继续加减下去,以至无穷,你就得到

$$1-\frac{1}{2}+\frac{1}{4}-\frac{1}{8}+\frac{1}{16}-\frac{1}{32}+\frac{1}{64}-\frac{1}{128}+\cdots=\frac{2}{3}。$$

式 1.2

Ⅵ. 现在,假设开始时用的不是标有$\frac{1}{2}$、$\frac{1}{4}$、$\frac{1}{8}$、$\frac{1}{16}$等等的尺子,而是标有$\frac{1}{3}$、$\frac{1}{9}$、$\frac{1}{27}$、$\frac{1}{81}$等等的尺子。换句话说,不是一半、一半的一半、一半的一半的一半……取而代之的是$\frac{1}{3}$、$\frac{1}{3}$的$\frac{1}{3}$、$\frac{1}{3}$的$\frac{1}{3}$的$\frac{1}{3}$,等等。再假设操作和第一个相类似,把铅笔向右移动一英寸,再$\frac{1}{3}$英寸,再$\frac{1}{9}$英寸,再$\frac{1}{27}$英寸(见图 1.11)。

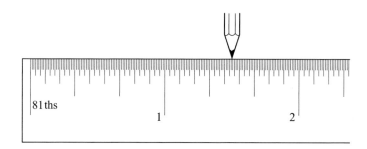

图 1.11

不难看出,如果你一直继续下去,你最终向右移动了总共 $1\frac{1}{2}$ 英寸,如式 1.3 所示。即

$$1+\frac{1}{3}+\frac{1}{9}+\frac{1}{27}+\frac{1}{81}+\frac{1}{243}+\frac{1}{729}+\frac{1}{2187}+\cdots=1\frac{1}{2}。$$

式 1.3

当然,我也可以在这把尺子上作交替移动:向右一英寸,向左 $\frac{1}{3}$ 英寸,向右 $\frac{1}{9}$ 英寸,向左 $\frac{1}{27}$ 英寸,等等(见图 1.12)。

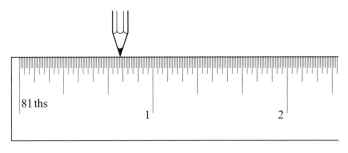

图 1.12

式 1.4 的数学过程不那么直观易见,但下式的确成立:

$$1-\frac{1}{3}+\frac{1}{9}-\frac{1}{27}+\frac{1}{81}-\frac{1}{243}+\frac{1}{729}-\frac{1}{2187}+\cdots=\frac{3}{4}。$$

式 1.4

至此,我们有了 4 个**收敛的**级数,第一个(式 1.1)从左侧越来越接近 2,第二个(式 1.2)从左右两侧交替接近 $\frac{2}{3}$,第三个(式 1.3)从左侧越来越接近 $1\frac{1}{2}$,第四个(式 1.4)从左右两侧交替接近 $\frac{3}{4}$。在它们之

前,我已经展示了一个**发散的**级数,即调和级数。

Ⅶ. 学习数学的时候,很重要的一点是知道你正处在数学的什么地方——你正在研究的问题处在这个广博学科的什么领域。这些无穷级数所处的特定领域,数学家们称之为**分析**。实际上,分析往往被认为是对无穷大,即无限的大,以及无穷小,即无限的小的研究。当欧拉——后面我将更多地写到他——在 1748 年出版第一部关于分析的著名教科书的时候,他把它叫做 *Introductio in analysin infinitorum*,即《无穷小分析引论》。

19 世纪早期,无穷大和无穷小的概念在数学上造成了严重的问题,不过最后它们在一次大变革中一起被扫地出门。现代的分析不接受这些概念。它们一直留在数学术语表中,在本书中,我将自由地使用"无穷大"这个词。然而这里的用法只是代表更严格意义下的一个方便而富于想象的速写记号。所有包含"无穷大"这个词的数学语句,都可以用没有这个词的语句来重新表述。

当我说调和级数加起来等于无穷大时,我的本意是: 给出任意的数 S,无论它有多大,调和级数的和最终要超过 S。看见了吧? 这里没有用"无穷大"。在 19 世纪的中间三分之一世纪,所有的分析都用这种语言重写了。在现代数学中,任何不能被这样的语句重写的都是不被接受的。非数学专业的人有时候问我,"你不是懂数学吗? 有个问题我一直不明白,请你告诉我,无穷大除以无穷大是多少?"我只能回答,"你刚才的话说不通。那不是一个数学上的句子。你把'无穷大'说得像是一个数。但它不是。你照样也可以问,'真除以美是多少?'我无法回答。我只知道怎样用数做除法。'无穷大'、'真'、'美'——那些都不是数。"

那么,分析的现代定义是什么? 我认为就我在这里的意图而言,是关于**极限的研究**。极限的概念处于分析的核心。例如,构成了分析中主要部分的微积分,就建立在极限的概念之上。

考虑以下数列：$\frac{1}{1}$，$\frac{3}{2}$，$\frac{7}{5}$，$\frac{17}{12}$，$\frac{41}{29}$，$\frac{99}{70}$，$\frac{239}{169}$，$\frac{577}{408}$，$\frac{1393}{985}$，$\frac{3363}{2378}$，…。每个分数都是根据一个简单的规则由前一个分数得到：上部加下部得出新的下部，上部加两倍的下部得出新的上部。这个数列收敛于 2 的平方根。例如，你把 $\frac{3363}{2378}$ 平方，得到 $\frac{11309769}{5654884}$，就是 2.000000176838287…。我们说这个数列的极限是 $\sqrt{2}$。

这里是另一个例子：$\frac{4}{1}$，$\frac{8}{3}$，$\frac{32}{9}$，$\frac{128}{45}$，$\frac{768}{225}$，$\frac{4608}{1575}$，$\frac{36864}{11025}$，$\frac{294912}{99225}$，…。数列中的第 N 个数这样得到：如果 N 是偶数，用 $\frac{N}{N+1}$ 乘前一个数；如果 N 是奇数，用 $\frac{N+1}{N}$ 乘前一个数。它收敛于 π。上面最后一个分数是 2.972154…（这个数列收敛得很慢）。还有一个例子：1^1，$\left(1\frac{1}{2}\right)^2$，$\left(1\frac{1}{3}\right)^3$，$\left(1\frac{1}{4}\right)^4$，$\left(1\frac{1}{5}\right)^5$，…。如果你把它们算出来，就得到 1，$2\frac{1}{4}$，$2\frac{10}{27}$，$2\frac{113}{256}$，$2\frac{1526}{3125}$，…这个数列收敛于接近 2.718281828459 的一个数。这是一个极为重要的数——我在后面将用到它。

请注意这些都是**数列**，是用逗号隔开的数组。它们不是**级数**，在级数中，数实际上是要相加的。然而，从分析的观点看，级数不过是作了一点伪装的数列。"级数 $1+\frac{1}{2}+\frac{1}{4}+\frac{1}{8}+\frac{1}{16}+\frac{1}{32}+\cdots$ 收敛于 2"这个句子，在数学上等同于："数列 1，$1\frac{1}{2}$，$1\frac{3}{4}$，$1\frac{7}{8}$，$1\frac{15}{16}$，$1\frac{31}{32}$，…收敛于 2。"这个数列的第四项，就是那个级数的前四项的和，以此类推。（这种数列的专业名称是**部分和数列**。）类似地，"调和级数是发散的"这个句子，当然也等同于"数列 $1, 1\frac{1}{2}, 1\frac{5}{6}, 2\frac{1}{12}, 2\frac{17}{60}, 2\frac{27}{60}, \cdots$ 是发散的",这里数列的

第 N 项,就是前一项加上 $\frac{1}{N}$。

这就是分析,是关于极限的研究,是研究一个数列怎样才能越来越接近一个极限数,而永远不能真的达到它。如果我说这个数列会永远继续下去,那就意味着无论你写下多少项,我总是能再写出一项。如果我说它有极限 a,那就意味着无论你选择一个多么微小的数 x,这个数列从某一处开始的所有数与 a 的距离都比 x 小。如果你愿意说:"这个数列是无穷的",或者:"当 N 趋向无穷大时,第 N 项的极限是 a",你当然可以这么说,但是你要明白这不过是一种粗略而简便的说法而已。

Ⅷ. 按照传统的分法,数学分为下列分支。

■ 算术——研究整数和分数。典型的定理:如果你从一个偶数中减去一个奇数,你会得到一个奇数。

■ 几何——研究空间图形——点,直线,曲线,以及三维的对象。典型的定理:在平面上,三角形的内角和为 180 度。

■ 代数——使用抽象符号表示数学对象(数,线,矩阵,变换),并研究这些符号如何组合的规则。典型的定理:对于任意两个数 x 和 y,$(x+y) \times (x-y) = x^2 - y^2$。

■ 分析——研究极限。典型的定理:调和级数是发散的(就是说,它无限增加)。

现代数学所包括的当然比这多得多。例如,它包括由乔治·康托尔(George Cantor)在 1874 年创立的集合论,以及由另一个乔治,英国人乔治·布尔(George Boole),于 1854 年从古典逻辑中分离出来的,研究所有数学概念的逻辑基础的"基础"*。传统上的范畴也已经被扩大,

---

* 指"数学基础"。——译者

重要的新论题被包括进来——几何包括了拓扑学,代数吸收了博弈论,等等。甚至在 19 世纪初以前就有相当多的从一个领域到另一个领域的渗透。例如,三角学(这个词 1595 年第一次被使用)就包含了几何和代数两者的要素。实际上笛卡儿在 17 世纪就把几何的一大部分算术化、代数化了,尽管欧几里得风格的纯几何论证因其明晰、优美和精巧而仍然被——而且现在也被——普遍接受。

不过,这个四分法对于你在数学中找到你想要的东西,仍然是一个大致不错的向导。这个向导还有助于理解 19 世纪数学中最伟大的成果之一,我在下面将称之为"伟大的聚变"——把算术同分析相结合,产生了一个全新的研究领域——解析数论*。请允许我介绍这位只用一篇八页半篇幅的论文让解析数论离开地面飞起来的人。

---

* "解析的"和"分析的"在英语中是同一个词:analytic。——译者

第 2 章

土地，收获

Ⅰ. 关于黎曼（Bernhard Riemann），我们知道的不多。他没有留下内心活动的记录，我们只能从他的书信来推断。他的朋友和同龄人戴德金（Richard Dedekind）是唯一接近他并写下详细传记的人，但那短短的 17 页，只不过展示了一鳞半爪。因此，以下的文字并不能完整地描述黎曼，我只是希望他留在读者心中的不仅仅是一个名字而已。在本章中，我把他的学术生涯作了一个简短的概述。我将在第 8 章中再来叙述更多的详情。

首先，让我们来到他所处的时代和地方。

Ⅱ. 法国的敌人们料想法国大革命已使法国陷入混乱和低效，又被共和主义者和反君主制理想者搅得心神不定，于是他们利用了这种形势。1792 年，一支以奥地利和普鲁士军队为主、又包括了 15 000 名法国逃亡者的庞大部队推进到巴黎。使他们意外的是，这年 9 月 20 日，革命的法国军队坚守在瓦尔米村，在浓雾中同侵略军进行了一场炮战。克里西（Edward Creasy）在他的经典著作《世界十五个决定性战役》（*Fifteen Decisive Battles of the World*）中，将此称为瓦尔米之战。德国人则称其为瓦尔米炮战。这两个名称对于作为其后 23 年在欧洲不断发生的战争的开端，都是合适的。通常把这一系列事件命名为拿破仑战争;要不是已经确定了这个说法,那么把它们冠以"第一次世界大战"这个名称也是合乎逻辑的,因为它们也包括了在美洲和远东的交战。当这一切最后随着维也纳会议(1815年6月8日)签订和平条约而结束以后,欧洲进入了差不多长达一个世纪的相对和平。

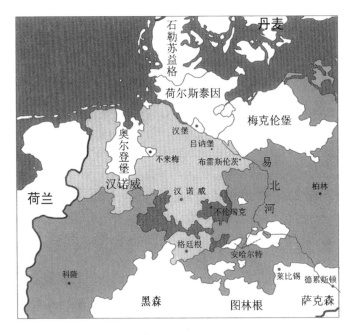

1815年后的德意志西北部。注意汉诺威(国家)有两块,汉诺威(城市)和格丁根都属于它。普鲁士有两大块和一些小块,柏林和科隆都是普鲁士的城市。不伦瑞克公国有三块。

这个条约的结果之一是一定程度上归整了欧洲的德意志人。法国大革命之前,一个说德语的欧洲人可能是一个奥地利哈布斯堡王朝的国民(这种情况下他很可能是一个天主教徒),或是普鲁士王国的国民(这时他更可能是一个新教徒),或是在我们今天称之为德国的这块版图上散布的300多个小公国之一的国民。他还可能是一个法国国王的臣民,或者丹麦国王的臣民,或者瑞士联邦的公民。"归整"是一个相对的词语——那些残留的混乱足以引起几场小规模的战争,并为 20 世纪的两次大战埋下伏笔。奥地利仍然保有它的帝国(它包括了大量非德意志人:匈牙利人、斯拉夫人、罗马尼亚人、捷克人,等等),瑞士、丹麦和法国也仍然包括说德语的人。然而这是一个好的开始。构成 18 世纪德意志的这 300 多个实体组成了 34 个主权国家和 4 个自由城市,它们文化上的一致性由于德意志联邦的创立而被公认。

最大的德意志国家仍然是奥地利和普鲁士。奥地利的人口有大约 3000 万,其中只有 400 万人说德语。普鲁士有大约 1500 万国民,他们大部分都说德语。巴伐利亚是另外唯一的人口超过 200 万的德意志国家。其余只有四个国家超过 100 万人口:汉诺威王国、萨克森王国、符腾堡王国,以及巴登大公国。

汉诺威有点奇特,虽然它是个王国,但它的国王却几乎总是不在。为何如此? 由于错综复杂的王室原因,它的国王同时还是英国的国王。最初的四个被英国人称为"汉诺威王"的人,名字都叫乔治(George),[1]第四个在 1826 年即位,就在这时,黎曼假设的故事主人公第一次出场了。

Ⅲ. 伯恩哈德·黎曼(Georg Friedrich Bernhard Riemann)1826 年 9 月 17 日出生于汉诺威王国东面突出部分的布雷斯伦茨村。王国的这一部分通常被叫做文德兰 *,"文德"是一个古老的德语词,用来指他们遇到的说斯拉夫语的人。文德兰是 6 世纪大批斯拉夫人向西到达的最远的地方。村名"布雷斯伦茨"本身是从斯拉夫语"桦树"(birch-tree)一词派生而来。斯拉夫人的语言和民俗一直保留到现代——哲学家莱布尼茨(Leibnitz,1646—1716)曾倡议对其进行研究——但是从中世纪后期起,德意志移民进入文德兰,到黎曼的时代,那里的居民差不

---

* 原文 Wendland,意即"文德的土地"。——译者

多全部是德意志人了。

文德兰过去是,现在仍然是一个有点死气沉沉的地方。每平方英里(1平方英里约2.6平方千米)只有110个居民,它是在它现在所处的行政区——下萨克森州中人口最稀少的地区。那里几乎没有工业,几乎没有大城镇。滔滔的易北河——在这里大约宽250码(1码约0.9米)——在离布雷斯伦茨只有7英里(1英里约1.6千米)的地方流过,直到现在还是这里和远方世界连接的纽带。在19世纪,帆船和驳船载着木材和农产品,从中欧沿河而下到达汉堡,返回时载着煤炭和工业品。在近代分裂的几十年中,易北河流经文德兰的河段是两德边界的一部分,这完全无助于当地的发展。那是个萧条而沉闷的乡下,有农庄、荒地、沼泽、稀疏的林地,河水经常泛滥。在1830年发过一场大水,那一定成了黎曼小时候经历的第一个重大事件。[2]

黎曼的父亲,老黎曼(Friedrich Bernhard Riemann),是基督教新教路德宗的牧师,又是反拿破仑战争中的老兵。当他和夏洛特·埃贝尔特(Charlotte Ebelt)结婚的时候,他已是中年了。伯恩哈德是他们的第二个孩子,看来和他的姐姐伊达(Ida)特别亲密——他给他自己的女儿也起了和姐姐一样的这个名字。接着又有四个孩子,一个男孩三个女孩。按照今天的生活标准,我们当然很难想象这样的困苦:在19世纪初,一个中等国家的贫穷而不发达的地区,已经进入中年的一个乡村牧师,要养活他的妻子和六个孩子。黎曼家的六个孩子中,只有伊达活到了正常的寿命。其余的都英年早逝了,可能部分是因为营养不良。他们的母亲也在她的孩子们长大之前就去世了,那时她还很年轻。

撇开贫困不谈,对我们生活和工作在现代经济社会中的人来说,需要尽力想象才能理解在那个时代和那种环境下找一份工作的艰难。大城市外面几乎不存在中等阶层。那里散布着商人、牧师、学校教师、医生,以及政府官员。没有土地的人都是手工艺者、家仆或农民。对女人们来说,唯一体面的工作是家庭教师之类;要不然,她们就得依靠她们的丈夫或男性家庭成员养活。

当伯恩哈德还是一个孩子的时候,他的父亲在奎克博恩得到了一个牧师的新职位,那地方离布雷斯伦茨几英里,而离那条大河更近。今天,奎克博恩仍是个寂静的乡村,房子是木架构的,街道几乎没有铺砌过,两边是粗大古老的橡树。这个地方甚至比布雷斯伦茨更小,老黎曼全家住在这里,直到他 1855 年去世。这里是伯恩哈德直到差不多30 岁为止的感情世界的中心。他似乎一有机会就回到这里与他家人相处,只有在这个环境中,他才永远感到安心自在。

因此,在了解黎曼生平的时候,必须放在这个背景之中,这里是生他养他的地方,也是他离开后仍然怀念的地方。平坦而潮湿的乡村;只靠油灯和蜡烛照明的漏风的房舍;冬天取暖很差,夏天通风不畅;兄弟姐妹长期患病从来也不见好转(他们看来都患有肺结核);遥远乡村里一个牧师家庭的极小而单调的社交圈子;乏味的传统厨房的乏味角落里放着不充足、不均衡的食物[诺伊恩施万德(Neuenschwander)曾提到"他长期患有慢性便秘"[3]]。他们是怎样忍受的? 不过他们对除此之外的东西一无所知,而简单的情感足以维持共患难中的人类精神。

Ⅳ. 众多的国家——王国、公国、公爵领地、大公领地——组成了黎曼时代的北德意志,它们大部分互相独立,各自制定自己的国内政策。这种宽松的结构导致了地方自大和国家间的竞争。

在大多数方面,它们以普鲁士为榜样。这个王国的东部是 1806—1807 年战败以后唯一在某种程度上对拿破仑保持独立的德意志国家。由于担心受到威胁,普鲁士人专注于内部改革。1809—1810 年,在哲学家、外交家和语言学家威廉·冯·洪堡(Wilhelm von Humboldt)的指导下,对中等教育制度进行了全面改革。冯·洪堡(他的弟弟亚历山大(Alexander)是一位伟大的探险家和自然科学家)是一个古典主义者和象牙塔里的人,他曾经说过,"Alles Neue ekelt mich an."——"一切新的东西都使我厌恶。"说来也怪,由这样极端的保守者所作出的改革,却使得德意志国家的教育体系在学术上成了欧洲的先锋。

这个教育体系的中心是十年制文理中学,这里涉及的年龄是10岁到20岁。在最早的体系中,这些学校的全部课程分配如下。

拉丁文·····················25%

希腊文·····················16%

德文························15%

数学························20%

历史和地理··················10%

科学························7%

宗教························7%

作为对比,据哈迪(Jonathan Gathorne-Hardy)的《公学现象》(*The Public School Phenomenon*)记载,1840年的大英男童学校,教学时间的75%—80%——每周40小时——都用在古典学上。

奎克博恩没有文理中学,黎曼直到14岁才开始接受正规的学校教育,进入他4年的文理中学课程。学校在王国首都汉诺威城,离奎克博恩有80英里。选择这个地方是因为他的外祖母家在汉诺威,这样黎曼的家庭可以省去寄宿费。上这所中学之前,黎曼接受他父亲的教育,并得到一位名叫舒尔茨(Schultz)的乡村教师的一些帮助。

14岁的黎曼在汉诺威过得很不快乐,非常怕生和想家。我们所知道的他唯一的课外活动是为他的父母亲和兄弟姐妹挑选那些他能买得起的礼物,然后在他们生日的时候送给他们。他的外祖母于1842年去世。黎曼转学到另一所中学,在吕讷堡镇上。关于这个新的环境,戴德金是这样描述的。

离家很近,有机会与家人一起度假,这使得后面的这段学校生活让他很快乐。当然,往返路程主要是靠步行,以这种方式消耗体力是他所不习惯的。[4]他的母亲——说来令人悲伤,他不久就失去了她——在她的信中表达了对他健康的担心,进而又衷心告诫他避免过多的体力活动。

黎曼似乎没有显示出他是个好学生。他的思维模式是只容纳那些他认为有兴趣的东西,主要是数学。此外,他还是个完美主义者,对他来说,认真完成没有瑕疵的作品远比赶紧发表它们重要得多。为了提高他的功课水平,学校校长安排他在一个叫塞弗(Seffer)或塞义弗(Seyffer)的希伯来文教师家膳宿。在这位先生的关照下,黎曼取得了显著的进步,在1846年,他被录取为格丁根大学神学院的学生。当时的想法是他将像他父亲那样成为牧师。

Ⅴ. 格丁根是汉诺威教会辖区内唯一一所大学,所以它就成了合乎逻辑的选择。"格丁根"这个名字将贯穿本书,因此说几句关于这所大学的历史并不是多余的。它在1734年由英王乔治二世(George Ⅱ,他也是汉诺威的选帝侯[5])创立,格丁根很快成为德国最好的地方大学之一,在1823年,注册的学生超过1500名。

然而,19世纪30年代是个动乱的年代。1834年,学生和教员的政治煽动使在校人数剩下不到900名。三年后,事态到了严重关头,格丁根一时在整个欧洲都出了名。英国兼汉诺威的威廉四世国王(King William Ⅳ)1837年去世,他没有留下后嗣,其英国的王位传给了他的侄女维多利亚(Victoria)。然而,汉诺威遵循中世纪法兰克人的萨利法典,根据这个法典,只有男性才能继承王位。英国和汉诺威因此分道扬镳。汉诺威的新统治者是奥古斯塔斯(Ernest Augustus),他是乔治三世(George Ⅲ)的还在世的最年长的儿子。

奥古斯塔斯是个大保守分子。他几乎第一个行动就是取消四年前威廉四世批准的自由宪法。格丁根大学七位知名教授因拒绝宣誓效忠拥护新政体而被解聘。其中三个人竟然被逐出王国。这些被解聘的学者以"格丁根七人"而闻名,成了全欧洲社会和政治改革者的英雄。[6]他们中有以童话闻名的格林兄弟(brothers Grimm),他们是语言学家。

在随着1848年欧洲大陆剧变而来的变革中,汉诺威有了新的自由宪法。格丁根七人中至少有一人,即物理学家威廉·韦伯(Wilhelm Weber)得到复职。正如我们将看到的那样,学校很快恢复了它的光芒,成为一所真正的学府。然而,当1846年伯恩哈德·黎曼到来的时候,这些向上的势头还未曾开始。他发现格丁根大学是个沉闷的地方,学校人员的情况还没有从九年前的骚动中恢复过来。

然而,格丁根确实有一个地方吸引着年轻的黎曼。那就是高斯(Carl Friedrich Gauss)的家。高斯是他那个时代,可能也是任何时代最伟大的数学家。[7]

黎曼来到格丁根的时候,高斯已经69岁了。他最好的工作是藏而不露的,也很少演讲。他把这些看作是讨厌的浪费时间。然而他的存在一定给已经着迷于数学的黎曼留下了深刻的印象。我们知道,黎曼听了高斯的线性代数课和斯特恩(Moritz Stern)的方程论课。在1846—1847年,黎曼一定向他父亲坦陈,他对数学的兴趣远远超过了神学,而他父亲看来是个仁慈的人,同意他以数学为职业。由此,伯恩哈德·黎曼成了一个数学家。

Ⅵ. 黎曼成年之后的生活,只有很少资料流传下来。第一手材料是戴德金写的短篇传记,我在本章开头提到过。这篇传记是在黎曼去世后10年写的,附在他的《选集》(*Collected Works*)第一版中(但是据我所知,一直没有翻译成英文)。[8]我这本书很多地方依赖于它,所以在这里和在第8章中有许多话实在应当附注"据戴德金说……"。你应当把这一点作为不言自明的。戴德金当然可能在事实的细节上会有错误,尽管如此,对黎曼来说,他是个最近乎于朋友的人物。他是个正直可靠的人,我从未看到任何迹象表明他不是以自己的良心来坦诚对待所写的对象,而我马上要提到的则是一个孤立的可以理解的例外。另一个来源是黎曼的不少幸存下来的私人信件,还有一些是学生和同事偶然写下的评注。

这些材料告诉了我们以下情况。

■ 黎曼是个极为羞怯的人。他尽可能避免人际交往,在人群中就会感到不舒服。他唯一的亲密关系——他们确实很亲密——是和他的家人。其他联系,不管是什么方式,都是同其他数学家的。当不在奎克博恩他那个牧师家庭之中时,他就会犯思乡病。

■ 在德意志的新教徒中,他是很虔诚的。(黎曼是路德宗教友。)他认为宗教的本质,从戴德金的德文字面上翻译过来就是,"每天在上帝面前自我反省"。

■ 他对哲学有深入的思考,并把他所有的数学工作都放在更大的哲学背景下来看待。

■ 他是个疑病症患者,在这个词的新旧两种意义上都适用。(以前是"抑郁症"的同义词。)戴德金避免用这个词,显然是因为考虑到黎曼的遗孀,她请求不要让黎曼的疑病症为人所知。不过戴德金坦言,黎曼经常沉浸在痛苦之中,特别是他所崇敬的父亲去世以后。黎曼以全力投入工作来对待这些事情。

■ 他的身体一直不好,并且被长年的贫困摧残,一个穷人如果要在那个时间和地点获得高等教育,就只能听命于这样的贫困。

使人感兴趣的是发现黎曼那相当令人悲哀的和有点让人可怜的特性。但是这些可能只是这个人可见的外表和举止。在羞怯、孤独外表之下,是卓越的才华和勇敢的头脑。无论他在偶然见到他的人面前显得怎样胆怯和倦怠,黎曼的数学却具有如拿破仑的一场战役那样的无畏的冲击力和能量。当然,他的数学方面的朋友和同事都知道这一点,并且尊敬他。

黎曼让我想起了毛姆(Somerset Maugham)的小说《月亮和六便士》(*The Moon and Sixpence*)中的一段情节,这部小说的创作灵感来自画家高更(Gauguin)的生平。毛姆笔下的主人公,一个像高更这样的艺术家,因麻风病死在一个太平洋岛屿上的一间小屋里。他当初流亡到那里,为的是追寻他的艺术幻想。当地的一个医生听说这个人已垂危,去了他的小屋。那是一个简陋破旧的建筑物,摇摇欲坠。然而,当医生走进去的时候,他惊讶地发现,屋内的墙上从地板到天花板都画着光彩而神秘的图画。黎曼正如那所小屋。外表上他是让人可怜的;而他的内心,燃烧得比太阳更明亮。

Ⅶ. 在高等教育领域,冯·洪堡的改革只在普鲁士首都柏林还留下点痕迹。德意志其他大学的情况,正如海因里希·韦伯(Heinrich Weber)在为黎曼的《选集》所作序言中描写的。

> 那些高贵的资助者所构想的大学目标,是成为一个培养律师和医生、教师和传道士的地方,并且是贵族和富人的子孙引人注目而体面地欢度光阴的地方。

其实,冯·洪堡的改革在德意志的高等教育中一度有过消极的影响。改革导致的一个需求是不断提供受过良好教育的中学教师,满足这个需求的唯一方式是由大学进行这种教育。甚至伟大的高斯1846—1847年在格丁根大学主要的工作也是教基础课程。为了汲取更多营养,黎曼转到了柏林大学。在德意志最好的数学精神的训练下,在那所大学的两年使得黎曼作为数学家已经完全成熟。

(通过这里和这些关于早期历史的篇章,你应该了解,在欧洲,当后拿破仑时代的态度转变还没有发生的时候——在某些国家则持续更久——**大学**和**科学院**或**学会**之间有着明显的区别。大学的目标是教育和训练培养各种被认为国家需要的知识精英，而科学院或学会则是为着研究的目标而存在的——这种区别被理解为是为了国家的实际利益，尽管这种理解在不同程度上有赖于时间、地点和统治者的倾向。学校，像创始于 1810 年的柏林大学，也进行一些研究，而早期的圣彼得堡科学院也进行着教学，这是上述一般通例的罕见例外。黎曼假设问世于柏林科学院，它是以英国皇家学会为模型建立的纯研究机构。）

关于黎曼在柏林的除了其数学研究之外的日常生活，我们几乎一无所知。戴德金只记录了一件没什么价值的事件。1848 年 3 月，柏林的造反者受到法国二月革命的鼓舞，占领了街头，要求把德意志国家统一成一个单一的帝国。路障设了起来，军队试图清除它们，发生了流血冲突。那时普鲁士的国王是腓特烈·威廉四世（Friedrich Wilhelm Ⅳ），一个相当爱空想且不谙世故的人。他很大程度上受浪漫主义运动的影响，对他的人民感情用事，把国家看成家长式的君主政体。他在危机中显得稚嫩：他让军队退回到军营，并且在造反者被驱散前让他的宫殿不设防。大学生组成王室卫队保护国王，黎曼在这个卫队里值班，从一天的上午 9:00 直到第二天下午 1:00，整整 28 小时。

1849 年回到格丁根后，黎曼开始攻读博士，两年后，在他 25 岁时提交了一篇关于复变函数论的论文，获得博士学位。三年后他成为格丁根大学讲师，1857 年成为副教授*——他的第一个有薪水的职务。（普通的讲师被认为是靠被他们课程吸引来的学生支付的学费生活。这个职务的名称是 Privatdozent ——"私人讲师"。）

1857 年，用流行的名人传记语言来说，我们可以称之为黎曼的"爆发年"。他 1851 年的博士论文今天被当作 19 世纪数学的经典，但在那时除了曾被高斯关注以外，没有引起什么注意。他 19 世纪 50 年代初

---

* 原文为 associate professor，与第 8 章有出入。——译者

期写的其他论文也没有广为人知,只是到他去世后才公开发表。他的知名度主要还是通过他演讲的内容获得;而那些内容中有许多对于他那个时代来说实在是太超前而不能得到赏识。然而,在1857年,黎曼发表的一篇关于分析的论文,马上就被公认为重要的贡献。论文的题目是"阿贝尔函数理论"(Theory of Abelian Functions)。[9]在论文中,他用独特和创新的方法解决了有关问题。一两年之内,他的名字为全欧洲的数学家所知。1859年,他在格丁根被提升为正教授,最后获得了足够的收入用于结婚——这是在他干了三年之后。他的新娘埃莉泽·科赫(Elise Koch),是他大姐的朋友。

在同一年,1859年8月11日,伯恩哈德·黎曼33岁生日前不久,还被柏林科学院任命为通讯院士。科学院的决定基于黎曼仅有的两篇著名论文,1851年的博士论文和1857关于阿贝尔函数的论文。被柏林科学院选为院士,对于一个年轻的数学家来说,是一个崇高的荣誉。按照惯例,要向科学院提交一篇新论文,叙述他正在从事的一些研究,以此来接受这个任命。黎曼提交的论文题为"论小于一个给定值的素数的个数"(Über die Anzahl der Primzahlen unter einer gegebenen Grösse)。

从此以后,数学和以前完全不一样了。

第3章

素数定理

I. 那么,小于一个给定值的素数有多少呢? 我很快就会告诉你,不过首先有五分钟关于素数的复习课。

取一个正整数——我取 28 为例。什么数能**整除**它? 答案是:1,2,4,7,14 和 28。这些是 28 的因子。我们说:"28 有 6 个因子。"

现在,每个数都有 1 作为一个因子,并且每个数都有它自己作为一个因子。这些是不太能引起兴趣的因子。用数学家们非常喜欢的话来说,它们是"平凡的"因子。能引起兴趣的因子是其余那些: 2,4,7 和 14。这些被称为**真因子**。

因此,数 28 有 4 个真因子。然而,数 29 没有真因子。没有数能整除 29,当然 1 和 29 除外。它是个**素数**。素数是没有真因子的数。

这里是 1000 以下的全部素数。

2	3	5	7	11	13	17	19	23	29	31	37	41	43
47	53	59	61	67	71	73	79	83	89	97	101	103	107
109	113	127	131	137	139	149	151	157	163	167	173	179	181
191	193	197	199	211	223	227	229	233	239	241	251	257	263
269	271	277	281	283	293	307	311	313	317	331	337	347	349

353	359	367	373	379	383	389	397	401	409	419	421	431	433
439	443	449	457	461	463	467	479	487	491	499	503	509	521
523	541	547	557	563	569	571	577	587	593	599	601	607	613
617	619	631	641	643	647	653	659	661	673	677	683	691	701
709	719	727	733	739	743	751	757	761	769	773	787	797	809
811	821	823	827	829	839	853	857	859	863	877	881	883	887
907	911	919	929	937	941	947	953	967	971	977	983	991	997

如你所见,它们有 168 个。在这个问题上,经常有人提出异议: 1 没有被包括在这个和任何一个其他的素数表中,而 1 符合这个定义, 不是吗? 好吧,是的,严格地说,它是素数,如果你要为它做一个能言善 辩的律师,你可以把一个"1"写在这个表的开头,让你得到满足。然而, 把 1 包括在素数中有很大的麻烦,现代数学家的共识是不把它作为素 数。(最后一个把 1 作为素数的著名数学家似乎是勒贝格(Henri Lebesgue),他在 1899 年这样做了。)实际上,甚至把 2 包括进来也是个 麻烦。无数的定理一开头就是"设 p 是任意奇素数……"。不过,2 还 勉强说得过去;而 1 不行,因此,我们不考虑它。

如果你仔细观察素数表,你会发现,随着你往下看,它们越来 越稀疏。1 和 100 之间有 25 个素数,401 和 500 之间有 17 个,而 901 和 1000 之间只有 14 个。在任意一组 100 个整数中,素数的数 目看来是下降的。如果我在表中继续把一个个素数列下去直到 100 万,你会看到最后一个百数段(就是从 999 901 到 1 000 000)中只有 8 个素数。如果列到 10 000 亿,最后一个百数段中 将只有 4 个素数。(它们是: 999 999 999 937,999 999 999 959,999 999 999 961,999 999 999 989。)

Ⅱ.一个问题自然产生了:素数最后会稀疏到没有吗? 如果我把 这个表继续到万亿的万亿,到万亿的万亿的万亿的万亿,我最后是不是会到达一个地方,自那以后就再没有素数,以致在我表上的最后一个素数就将是最后的素数,最大的素数?

这个问题的答案由欧几里得在大约公元前 300 年找到。答案是否定的,素数永远不会稀疏到没有。总是还有。没有最大的素数。不管你找到多么大的素数,总是还有一个更大的素数能被找到。素数会永远继续下去。证明如下:设 N 是一个素数。构造这样一个数:$(1×2×3×\cdots×N)+1$。这个数不能被从 1 到 N 的任何数整除——你总是得到余数 1。所以它要么没有任何真因子——因此它本身是一个大于 N 的素数——要么它最小的真因子是大于 N 的某个数。因为任何数的最小真因子必定是一个素数——如果它不是素数,那么就应该能分解出某个更小的因子——这就证明了结果。例如,如果 N 是 5,那么 $1×2×3×4×5+1$ 是 121,它最小的素因子是 11。无论你从哪个素数开始,你总可以得到一个更大的素数。(我将在第 7 章Ⅳ中,在给你看了"金钥匙"以后,给出素数无穷的另一个证明。)

这个问题在数学史上如此早就得到了解决之后,数学家自然感到好奇的下一件事就是:我们能不能找到一个规则、一条定律,来描述素数的稀疏趋向? 100 以下有 25 个素数。如果素数精确地平均分布,1000 以下当然就会有 10 倍那么多——250 个。实际上因为素数趋向稀疏,1000 以下只有 168 个素数。为什么是 168 个? 为什么不是 158 个,或 178 个,或者什么别的数? 有没有一个规则、一个公式能告诉我,小于一个给定数有多少个素数?

于是我们回到了我,以及黎曼一开始提出的问题:小于一个给定值的素数有多少?

Ⅲ. 我们来做一个小小的逆向工程。我确实知道上述问题对于那些大得令人印象深刻的数的答案。表 3.1 列出了一些。

表3.1

N	小于 N 的素数有多少?
1 000	168
1 000 000	78 498
1 000 000 000	50 847 534
1 000 000 000 000	37 607 912 018
1 000 000 000 000 000	29 844 570 422 669
1 000 000 000 000 000 000	24 739 954 287 740 860

这很妙,但实际上并没有提供大量信息。诚然,素数确实趋向稀疏。如果它们保持在开头 1000 个数中有 168 个素数这样的步幅上,那么上表中最后一项就会是 168 000 000 000 000 000 左右。但实际上只有这个数的七分之一。

我马上要玩个小把戏,它将发出闪光穿透这相当朦胧的局面。不过首先要介绍一下函数。

Ⅳ. 像表 3.1 那样的一个两列的表就是函数的一个实例。"函数"是全部数学中最重要的概念之一,我想它应该是第二或第三重要的,仅次于"数",或许还次于"集合"。函数的主要思想是,某个数(右列中的一个)根据某种固定的规则或程序对应于某个另外的数(左列中的一个)。对表 3.1 中的情况,程序是"数出直到左列中的数为止的素数有多少"。

这个概念的另一种说法是:函数是从一个数转变(数学家说"映射")到另一个数的方式。表 3.1 的函数,把数 1000 转变或映射到数 168——仍然是根据某种程序既定的方式。

专业术语:因为总是说"左列中的数"和"右列中的数"显得冗长可怕,数学家们就把它们分别称为"自变量"和"值"(或"函数值")。所以函数的实质就是你应用某种规则或程序把一个**值**赋予一个**自变量**。

还有一个更关键的术语。居于函数核心的规则可能只适用于某些数,或某些类型的数,而不能适用于其他的数。例如,规则"1 减去自变量,再取其倒数",它定义了一个完全正当的函数——数学家会把这个函数说成 $1/(1-x)$,我们将在第 9 章Ⅲ中更仔细地观察它——但是它不能适用于自变量"1",因为那将导致用零作除数,这是数学所不允许的。("如果我用了那会怎么样?"这样问是没有用的,你不可以问。那是违反规则的。如果你硬要问,游戏就停止,一切归复原位。)

另一个例子,考虑这样一个函数,它的规则是"数出自变量所含有的因子的个数"。你发现 28 有 6 个因子(这里包括平凡的因子),而 29 只有 2 个因子。所以这个函数把 28 转变到 6,把 29(或任何其他素数)转变到 2。这是又一个有用的和正当的函数,通常被写成"$d(N)$"。然而,这个函数只对整数有意义——实际上只是对**正整数**才真正有意义。$12\frac{7}{8}$ 有多少个因子? π 有多少个因子? 我很为难。那些都不是这个函数所适用的。

接下来的专业术语是"定义域"。一个函数的定义域是能作为自变量的数。函数 $1/(1-x)$ 能让除 1 以外的任何数作为自变量,它的定义域就是除 1 以外的所有数。函数 $d(N)$ 能允许任何正整数作为它的自变量,那就是它的定义域。函数 $\sqrt{x}$ 的定义域是所有非负的数,因为负数没有平方根(然而我保留在本书后面改变我这个见解的权利)。

有些函数允许**所有的**数作为它们的定义域。例如,平方函数 x^2 对任何数都起作用。任何数都能被平方(即被自己乘)。这同样适用于任**何多项式**函数——也就是,函数的值由自变量乘方的加减得到。这里是多项式函数的一个例子: $3x^5+11x^3-35x^2-7x+4$。多项式的定义域是所有数。这个事实在第 21 章Ⅲ中将很重要。然而,大部分令人关注的函数在它们的定义域上有一些限制。或者是有一些自变量,规则对它们不起作用,通常是因为你将不得不用零作除数;或者是规则只适用于某些种类的数。

像表3.1那样的表只是其函数的一个**样本**,理解这一点很重要。小于30 000的素数有多少? 小于7 000 000呢? 小于31 556 926呢? 好吧,我可以在这个表上再写更多的行来告诉你们。但是假如我要把这本书的篇幅控制在适当的范围内,我能写多少显然是有限度的。这个表是这个函数的一个样本,一个简要片段,所用的自变量都是为了一个精心考虑的目的而挑选的。

在大多数函数的情况中,实际上没有好的方法来显示一个函数的全貌。有的时候图像有助于说明一个函数的某些特定的状况,但是在这个例子的情况下,图像完全没有用。如果你尝试把表3.1做成图像,你就会明白我的意思。我在第9章Ⅳ中为你们给出ζ函数图像时的困难之大,将充分说明这一点。数学家们要得到对一个特定函数的感觉,一般是通过长期深入研究,观察它的所有外表和特征。一张表或一幅图像很少能包括全部内容。

Ⅴ. 关于函数,另一点要注意的是,重要的函数都有名称;而**真正重要**的函数还有特别的符号来表示它们。我以表3.1作为一个样本而提出的函数,有"素数计数函数"的名称,以及符号$\pi(N)$,它读作"pi-N"。

是的,我知道,这里有些混乱。π难道不是一个圆周的周长对其直径的比率,即写不完的

$$3.14159265358979323846264\cdots吗?$$

这当然是事实,而符号π的这个新用法,与那没有任何关系。希腊字母表中只有24个字母,而到数学家要给这个函数一个符号的时候(在这个事例上应负责的人是兰道(Edmund Landau),时间是1909年——见第14章Ⅳ),24个字母早已被用完,他们不得不开始循环使用它们。关于这点我很遗憾,这不是我的错误,这个符号现在是完全标准的,你们

还将不得不容忍它。

（如果你曾经编过一些复杂的计算机程序，你会熟悉符号**过载**的概念。π 用于两种完全不同的目的，就是 π 这个符号的一种过载。）

这样，$\pi(N)$ 被定义为到 N 为止（包括 N，虽然这不很重要，而当我应该说"小于或等于"时，我将含糊地说"小于"）的素数的个数。回到我们的主要问题：有没有什么规则、什么简洁的公式，能让我们免除逐个数的麻烦而得到 $\pi(N)$？

请允许我在表 3.1 上玩个小把戏。我将用第二列除第一列，用函数值除自变量。我并不追求很高的精确度。事实上，我将使用在超市花 6 美元买来的袖珍计算器。现在开始进行。1000 除以 168 得 5. 5924，1 000 000 除以 78 498 得 12. 7392。另外四次类似的计算使我们得到表 3. 2。

表 3. 2

N	$N/\pi(N)$
1 000	5. 9524
1 000 000	12. 7392
1 000 000 000	19. 6665
1 000 000 000 000	26. 5901
1 000 000 000 000 000	33. 6247
1 000 000 000 000 000 000	40. 4204

仔细看这里的值。它们以 7 为增量逐步递增。更确切地说，以在 6. 8 和 7. 0 之间波动的一个数为增量逐步递增。这对你来说可能并不很精彩，但当一个数学家看到这样一个表的时候，就像一盏明灯照亮了他的头脑，一个特别的词涌上他的心头。让我来说明。

Ⅵ. 有一个函数家族在数学中非常重要，那就是**指数**函数。关于它们你可能知道一些。"指数"这个词是那些已经从数学进入到日常语言的词语之一。我们都希望我们的互助基金呈指数式增长——那就是，越来越快。

从我已经采用的角度出发——用两列的表说明的函数，如表3.1——我可以给你们一个如下所示的指数函数的严格定义。如果你把你的自变量以一行行有规律地**加**的方法递增，再把函数规则应用于它们，如果它产生的结果值以一行行有规律地**乘**的方法递增，你看到的就是一个指数函数。这里的"有规律"指每次加或乘相同的数。

这里是一个例子，它的规则是"计算 $5 \times 5 \times 5 \cdots$，式中有 N 个 5"。

N	5^N
1	5
2	25
3	125
4	625

看到自变量怎样以每次加 1 递增，而函数值以每次乘 5 递增了吧？这就是一个指数函数。自变量以加法递增而函数值以乘法递增。

我选择将这个自变量以每次加 1 递增并如此继续下去，是为了方便起见。在这个特定的函数中，这样做导致用 5 乘函数值。当然，这里乘数 5 没什么特别之处。我可以选一个函数以 2，或 22，或 761，或 1.05（这将给出一个表，显示百分之五复利的各期终值系数），甚至 0.5 作乘数。每个数都能给我一个指数函数。这就是为什么我开始时说"一个函数家族"。

这里还有一个数学家喜欢的词："典范型"。当你遇到这样一种情况：某种现象（在这里是指数函数）可以用许多不同的方式表示，通常会有一种方式被数学家选来代表整个现象。这里就是这样。有一个指数函数，数学家对它的重视程度胜过所有别的指数函数。如果让你猜,你可能以为这个指数函数中的乘数是 2——毕竟对于做乘法来说,它是最简单的数。猜错了。指数函数的典范型含有的乘数是 2.7182818284590452353360287…。这是又一个像 π 那样神奇的数,它出现在数学中的所有地方。[10] 它在本书中已经出现过(第 1 章 Ⅶ)。它是无理数,[11] 所以这个小数永远不循环,不能被写成分数。它的符号是 e,如此命名是为了纪念欧拉,关于他,下一章会更多地提到。

为什么是这个数? 把它当作你的典范型不是臃肿得可怕吗? 2 不是更简单吗? 不错,从这个意义上来说或许是这样。然而我无法脱离微积分来解释 e 的重要性,况且我已郑重发誓,在解释黎曼假设时,只是最低限度地涉及微积分。因此我只是要请你相信,e 确实是一个**实在**重要的数,并且没有别的指数函数能与 e^N 这个函数相比。

N	e^N
1	2.718281828459
2	7.389056098930
3	20.085536923187
4	54.598150033144

(精确至第 12 位小数。)主要原理当然还是一样。左列——自变量——以每次加 1 递增。随着左列的如此递增,右列——函数值——每次乘以 e。

Ⅶ. 反过来的情况怎样? 假设我发现自己在观察一个函数,其规则是:当自变量以乘法递增时,函数值以加法递增。哪种函数会是这样?

这里我们已经进入了**反**函数的领域。数学家们很喜欢把东西逆反过来——把它们翻转过来。如果 y 是 8 乘 x,那么用 y 表示的 x 是什么? 当然是 y/8。除法是乘法的逆反。有一件你们喜欢做的事叫做取数的平方,你们用一个数乘以它自己,是吧? 好,它的逆反是什么? 如

果 $y=x^2$，那么 x 等于 y 的什么？对，它是 y 的平方根。如果你知道一点儿微积分，你就知道有一种方法叫做"微分"，你可以用它把一个函数 f 转变为另一个函数 g，后者告诉你 f 在任意自变量处的瞬时变化率。微分的逆反是什么？是积分。诸如此类。逆反将是后面的关键主题，即当我深入探讨黎曼 1859 年论文的时候。

从我在这里采用的角度出发，用一个表来说明一个函数，则逆反恰恰意味着掉转这个表，右边的到左边，左边的到右边。实际上这是一个快速为你自己制造麻烦的方式。来看看平方函数——或许是你在高中学到的第一个非平凡的函数。对一个数平方，你用它乘它自己。

N	N^2
−3	9
−2	4
−1	1
0	0
1	1
2	4
3	9

（我想你一定记得这里的正负号规则[12]，所以 −3 乘以 −3 是 9，而不是 −9。）现在，如果你掉转这两列，你就得到它的反函数。

N	$\sqrt{N}$
9	−3
4	−2
1	−1
0	0
1	1
4	2
9	3

不过在这里要停一下。自变量 9 的函数值是什么？是−3 还是 3？这个函数能不能被改写成这样：

N	$\sqrt{N}$
0	0
1	1,或者可能−1
4	2,或者也许−2
9	3,或者它也可以是−3？

这根本不行——太混乱了。好了……事实上，**存在**着多值函数的数学理论。黎曼是那个理论的大师，而我将在第 13 章 V 中提供一点他关于这方面的思想。不过现在时间和场合不对，我在这里将不涉及这些。就我所知，铁定的规则是，一个自变量最多有一个函数值（如果自变量不在函数的定义域中，当然根本就没有函数值）。1 的平方根是 1,4 的平方根是 2,9 的平方根是 3。这意味着我不承认−3 乘以−3 等于 9 吗？我当然承认。我只是不把它包括在我对"平方根"一词的定义中。这里，就目前来说，不管怎样，就是我对平方根的定义。N 的平方根是单一的非负数（若是有的话），它自乘得到 N。

  Ⅷ. 幸亏指数函数不会引起任何这些问题。你可以愉快地把它逆反过来而得到这样一个函数：当你把自变量以乘法递增时,它的函数值以加法递增。当然,对于指数函数,存在着一个完整的反函数家族,其中的成员按乘数的不同而不同。而对指数函数的反函数,数学家最最喜欢的是当自变量以乘 e 递增时,函数值以加 1 递增的那个。你们遇到的这个反函数叫做 ln（自然对数）函数,而当一个数学家看到表 3. 2 时,"ln"这个词就会深入他的心,像一盏明灯般照亮了他。若 $y = e^x$,则 $x = \ln y$。（由此通过直接代换方式可得,对于任何正数 y,$y = e^{\ln y}$,我将在后面多次提到它。）

  在与本书有关——就是与黎曼假设有关——的数学论题中,到处都有 ln 函数。我将在第 5 章和第 7 章中更多地说到它,实际上在第 19 章当我转动金钥匙的时候,它将担当主角。暂时先不加怀疑地把它认作我描述过的意义下的一个函数,即一个非常重要的函数,而且是指数函数的反函数:若 $y = e^x$,则 $x = \ln y$。

这里将直奔主题,向你们说明 ln 函数,但我将让自变量不是以乘 e 递增,而是以乘 1000 递增。正如我说过的,用一个表说明函数时,我可以挑选自变量(以及精确到的小数位数,在这里是四位)。我保证,这仍然是同一个函数。为了帮助你们看清出现了什么,我在右边加了两列,首先就是表 3.2 中的右列,其次是给出了第 2 列与第 3 列的百分数差。其结果就是表 3.3。

表 3.3

N	$\ln N$	$N/\pi(N)$	百分数差
1 000	6.9077	5.9524	16.0490
1 000 000	13.8155	12.7392	8.4487
1 000 000 000	20.7232	19.6665	5.3731
1 000 000 000 000	27.6310	26.5901	3.9146
1 000 000 000 000 000	34.5378	33.6247	2.7156
1 000 000 000 000 000 000	41.4465	40.4204	2.5386

下列说法似乎是合理的:$N/\pi(N)$ 接近于 $\ln N$;并且 N 越大,就越(成比例地)接近。

数学家对此有个特别的写法:$N/\pi(N) \sim \ln N$。(读做"N 除以 pi-N 渐近地趋于 $\ln N$"。那条波浪线严格地说应叫做 tilde(鼻音化符号或腭化符号),发音是"*til*-duh"。然而,在我的经验中,数学家更多地把它当作"旋转"(twiddle)符号[13]。)

如果你根据一般的代数规则改写这个式子,你会得到:

素数定理

$$\pi(N) \sim \frac{N}{\ln N}。$$

当然,我没有证明它,我只是说明了它似乎成立。这是一个很重要的结果,它如此重要,以致被称为"素数定理"。不是"素数的一个定理"(a prime number theorem),而是"素数定理"(the Prime Number Theorem)。注意那些大写字母,我在提到这个定理的时候,将使用它们。实际上,当上下文足够清楚的时候,数论专家更经常地简写为"PNT",我在本书中的以后部分都将这样写。

IX. 最后,假设 PNT 是成立的,它有两个推论。为了导出那些推论,请允许我指出有这样一种观念——**对数**观念!——在这个观念中,在处理不大于某个数值较大的 N 的所有数时,认为这些数的大多数在大小上都和 N 类似。例如,从 1 到 10 000 亿的所有数,90% 以上都有 12 位或更多位,就这方面来说,它们与 10 000 亿(它有 13 位)的相似性,要远远大于与 1000(它只有 4 位)这种数的相似性。

如果从 1 到 N 有 $N/\ln N$ 个素数,那么这个范围内素数的平均密度就是 $1/\ln N$;并且因为这个范围内的大部分数在大小上都与 N 相似——在我刚才描述过的很粗略的观念下——因此理所当然地可推断出:在 N 附近的素数的密度是 $1/\ln N$。事实就是这样。在本章第一节的末尾我分别点了点截止到 100、500、1000、100 万和 10 000 亿的最后一个百数段中的素数。这些素数的个数为:25、17、14、8 和 4。$100/\ln N$ 的相应的值(即对于 $N=100$、500 等),以最接近的整数表示:22、16、14、7 和 4。换句话说,在一个大数 N 附近的数中,一个数是素数的概率为 $\sim 1/\ln N$。

依据同样粗略的逻辑,我们可以估计第 N 个素数的大小。对于某个大数 K,考虑从 1 到 K 这个范围。如果在这个范围内素数的个数是

C，那么平均说来，我们可以期望在 $K \div C$ 处发现那些素数中的第一个，而第二个在 $2K \div C$ 处，第三个在 $3K \div C$ 处，等等。第 N 个将在 $NK \div C$ 附近，而第 C 个，就是说这个范围内的最后一个，将在 $CK \div C$ 附近，当然也就是 K 附近。现在，如果 PNT 成立，那么素数个数 C 实际上是 $K/\ln K$，这样第 N 个素数实际上是在 $NK \div (K/\ln K)$ 附近，也就是说在 $N \ln K$ 附近。因为这个范围内的大部分数在大小上都与 K 相似，我可以把 K 和 N 看作可互换的，那么第 N 个素数就是 $\sim N \ln N$。我知道这看起来靠不住，但实际上这是一个不坏的估计，而且会依波浪线原则成比例地变得越来越好。例如，它预言第一万亿个素数将是 27 631 021 115 929；实际上，第一万亿个素数是 30 019 171 804 121，百分误差是 8。而对于第一千、第一百万、第十亿个素数而言的百分误差则分别是 13、10 和 9。

PNT 的推论

N 是素数的概率是 $\sim \dfrac{1}{\ln N}$。

第 N 个素数是 $\sim N \ln N$。

不仅这些是 PNT 的推论；它（PNT）也是它们的一个推论。如果你能在数学上证明这二者成立，那么 PNT 也成立。这两个结果中的每一个都与 PNT 同等重要（即具有相同的分量），并且可以被看作是它的替代表述法。在第 7 章Ⅷ中我将说明 PNT 的另一个更重要的表达方式。

第 4 章

在巨人的肩膀上

Ⅰ. 第一个接受素数定理(PNT)的是高斯,他 1777 年到 1855 年在世。正如我在第 2 章 Ⅴ 中提到的,他完全可以被称为历史上最伟大的数学家。他在世时以 Princeps Mathematicorum ——数学王子——而闻名,他去世后,汉诺威国王乔治五世(George Ⅴ)授予他纪念勋章,勋章上就用了这个称号。[14]

高斯出身极为低微。他祖父是一个无地的农民,他父亲是个临时的园艺工和砌砖工。高斯上的是最简陋的那种地方学校。从那个学校流传出来的一个有名的传说,比起大多数这样的故事来,更像是真实的。一天,学校老师为了给他自己半小时的休息,让全班把前 100 个数加起来。高斯几乎是立即就把他写的石板放到老师的桌子上,说道,"Ligget se!"在那个地点和时间的农民土语中,意思是"这就是!"高斯在心里把这些数按顺序排成一横排(1,2,3,…,100),然后颠倒顺序(100,99,98,…,1),再把这两横排竖着相加(101,101,101,…,101)。那就是 101 出现了 100 次,而因为所有这些数都列出了两次,要求的答案就是总数的一半:50 乘 101,就是 5050。你知道了就很容易,但它不是普通的 10 岁孩子能想到的一个方法;对这个问题,甚至 30 岁的普通人也不行。

高斯的幸运是,他的老师看出了他的能力,并心甘情愿地培养他。他更大的幸运就是生活在不伦瑞克这个小小的德意志公国——在第2章Ⅱ的地图中,把汉诺威分成两部分的那一块。不伦瑞克此时由卡尔·威廉·斐迪南(Carl Wilhelm Ferdinand)统治,他享有不伦瑞克-沃尔芬比特尔-贝沃恩的Herzog(意即"公爵")的头衔。我们提到了这位公爵却还不了解他当时的情况。他是一个久经沙场的战士,在普鲁士军队中获得陆军元帅军衔,并且统率着1792年9月20日在瓦尔米被法国人挡住的普鲁士-奥地利联军。

卡尔·威廉是个真正的绅士。如果存在着一个数学家的天堂,一定要给他留出一些豪华的房间,以供他无论何时想去访问时使用。公爵听说了小高斯的天资,就召见了他。年轻的高斯这时在社交方式的优雅性方面还可能不是很成熟。后来,在熟识了宫廷和大学之后,他被描述为温和而可亲的人;但他一直有着农民出身的粗糙外貌和粗壮体格。然而,公爵有足够的眼力,马上就喜欢上了这个孩子,与他结成终身朋友,并且提供了稳定的资金支持,直到死神把他们分开。这使得年轻的高斯能够长期作为数学家、物理学家和天文学家从事他辉煌的事业。[15]

公爵支持高斯这件事终止得非常有悲剧性。1806年,拿破仑(Napoleon)处在他事业的顶峰。前一年的出征,他在奥斯特利茨会战中打败了俄国和奥地利的联军。在这之前,他把汉诺威交给普鲁士,暂时地收买了普鲁士人。然后他建立了莱茵邦联,把今天德国的西部全都置于法国的统治之下,却又背弃了在汉诺威上的交易协定,把它给了英国。只有普鲁士和萨克森坚持对抗他;而它们唯一的盟友是俄国,却因在奥斯特利茨的失败而风声鹤唳。

为防止萨克森成为法国的卫星国,普鲁士人占领了它,并要求不伦瑞克公爵放弃退位——这时他71岁——来统率他们的军队,并对拿破仑宣战。他的军队取道西北通过萨克森直扑柏林。普鲁士人试图集结军队，但是法国人更快，在耶拿打垮了普鲁士的主力部队。公爵和一个支队正在耶拿北面几英里处的奥尔施塔特；拿破仑的一支侧翼军团揪住了他，击溃了他的军队。

战败并负了致命伤的公爵，通过一个使者请求拿破仑放他回家去等死。这位皇帝，一个彻头彻尾的现代独裁者，他不怎么在乎骑士风度，当面嘲笑了使者。这位不幸的公爵，双目失明，濒临死亡，只得匆匆离开，乘一辆车去往易北河那边的自由领土。拿破仑的秘书德布里耶纳（Louis de Bourienne）在他的《回忆录》（*Memoirs*）中讲述了这个故事的悲惨结局。

> 不伦瑞克公爵在奥尔施塔特战役中受了重伤，10 月 29 日到达阿尔托纳［过易北河，就在汉堡西面］。他进入这个城市，是命运变化无常的一个明显的新例证。人们注视着一个君主，他在军事上享有显赫的名声（不管他应不应该享有），不过近来在他的首都执掌大权，平静安逸。现在因伤将死，躺在由十个人抬的简陋担架上进入阿尔托纳，没有官员，没有仆人，只有一群孩子陪着。在公爵最后的日子里，他看不到任何人，除了他的妻子，她是 11 月 1 日到的。他坚持拒绝一切探视，并在 11 月 10 日死去。

他曾在逃亡的路上穿过不伦瑞克，据说高斯从位于城门对面的房间窗口处看见了那辆车。不伦瑞克公国紧接着就完蛋了，被并入拿破仑的傀儡国"威斯特伐利亚王国"。公爵的继承人弗里德里希·威廉（Friedrich Wilhelm）被驱逐，不得不逃亡到英国。在 1815 年滑铁卢战役前几天的卡特勒布拉战役中，他也死于对拿破仑的战斗，但是在这之前，他的公国已经回到他手中。

（为了严格公正地对待拿破仑，我应该补充一点，在后来的一次穿过德意志西部的进袭中，由于当时高斯在格丁根就职，这位皇帝放过了这个城市，因为"历史上最伟大的数学家生活在那里"。）

Ⅱ. 失去了资助人以后，高斯不得不找了一份工作。他申请并得到了格丁根大学天文台台长的职位，1807年底就任。[16]格丁根已经以装备较好的德国地方大学之一而闻名。高斯自己1795—1798年在那里学习过，显然是为它出色的图书馆所吸引，他的大部分时间曾在那里度过。现在他成了这所大学的天文学负责人，并且一直住在格丁根直到他1855年2月去世，就在他78岁生日前几个星期。在他生命的后27年里，他只有一个夜晚远离他所热爱的天文台，那是去柏林出席会议。

为了讲述高斯同PNT的关系，我必须说明他作为数学家的主要特点。高斯所发表的远远少于他所写的。我们知道——从他的书信、他残存的未发表论文，以及他发表的著作中的蛛丝马迹中可以看出——他奉献给世界的仅仅是他所发现的一部分。对别人来说能带来荣誉的定理和证明，高斯却把它们搁置在他的私人日记中。

对于这显然的淡泊名利，看来有两个原因。其一是缺乏野心。高斯是一个平静、沉默寡言而简朴的人，他在没有物质财富的环境中长大，而且看来也从未要求享用一下财富，他几乎不需要任何人的认可，也不追求社会地位的提升。另一个原因是，所有年龄段的数学家都有一个共同特点，就是追求完美。高斯对于他自己得出的任何成果，在推敲到洗练流畅、逻辑条理上无懈可击之前，是决不会公之于世的。他的私人印章上是一棵只有稀疏果实的树，以及格言：Pauca sed matura——"虽然少，但却成熟"。

以我的观点，这是数学家共同的毛病，这常常使得阅读已发表的数学论文成了一件很乏味的事情。在现代心理学文献的小经典之一《自我在日常生活中的呈现》(*The Presentation of Self in Everyday Life*)中，戈夫曼(Erving Goffman)提出了一种关于"表演"的理论。按照这个理论，在某种"后台"环境中的混乱和机会并存的情况下产生的产品或活动，在"前台"出现时却很光鲜、很完整。餐馆就说明了这一点。在喧闹、残破并充斥着叫嚷声的热烘烘的厨房里烹制出的菜肴，出现在众人面前时却是完美地盛放在干净无暇的盘子里，由衣冠楚楚低声细语的侍者送上。大量的脑力工作也像这一样。戈夫曼说：

> （在）那些由个人向别人介绍成果的交往中，介绍者将倾向于只向人们展示最后成果，而人们将被引导着在某些已经完成的、光鲜的、包装过的东西的基础上来评价他。在某些情况下，如果实际上只需要通过很小的努力就能完成的目标，则通常会被隐瞒。与此同时，那些经过漫长时间的努力才能完成的目标也会被隐瞒……

已发表的数学论文常常有这种类型的恼人说法："现在可以得出……"，或者："现在很显然有……"，而这时并不能得出什么结论也根本不显然，除非你像作者一样花上 6 个小时来补出省略的步骤并检查它们。有一个关于英国数学家哈代(G. H. Hardy)的故事（关于他，我们以后还会说到）。在一次演讲中，哈代说到了他证明中的一个要点，他说，"现在很显然有……"，他在这里停住了，陷入沉思，皱起眉头一动不动地站了几秒钟。随后他走出了演讲厅。20 分钟后他回来了，笑着开始，"是的，**确实**很显然……"。

然而，如果说高斯缺乏野心，那么他也缺乏处世技巧。由于他的一些发现的归属问题，他给自己也给他的数学家同行们制造了大量麻烦，那些发现是他已经得出但没有发表的，而且是在别人也发现并发表之前若干年得出的。这不是虚荣——高斯没有虚荣心——而是约翰逊博士(Dr. Johnson)所谓"刻板的冷漠"。例如,在 1809 年出版的一本书中,高斯谈到他 1794 年对最小二乘法(为一系列实验观测数据找到最"符合"的公式的一种方法)的发现。当然,他在得到这个发现的当时,并没有发表它。年龄比他大的法国数学家勒让德(Adrien-Marie Legendre)在 1806 年发现并发表了这个方法,他对于高斯比他更早发现的说法大发雷霆。高斯这个说法的真实性毋庸置疑——我们有书面证明——但是如果他想要这个荣誉,他确实应当发表它。不过他不在乎这个荣誉;如果他没有足够的时间来把一篇论文润饰得尽善尽美,他就不会发表它。

Ⅲ. 1849 年 12 月,高斯同天文学家恩克(Johann Franz Encke,一颗著名的彗星以他的名字命名)通信。恩克做过一些关于素数出现频率的评论。高斯在信中谈到:

> 你亲切的来信中对素数出现频率的评论,对我来说其意义远不止一种参考。它使我想起我自己在同一个课题上的工作,这在很久以前就开始了,那是 1792 或 1793 年……。我最初做的事情之一是把我的注意力集中在不断降低的素数分布率上,为此我计算了几个一千中的素数分布,并把结果记在所附的白页上。**我很快就发觉,尽管有波动起伏,但这个分布率平均地接近于其对数的倒数**……。我经常(因为我没有耐心在这方面做持续的计算)在这里或那里用空闲的一刻钟计算另一个一千;但是我最后在快要做到一百万时放弃了。
>
> [字体变化是我设的]

高斯的"一千"是指 1000 个数的数段。这样,从 1792 年开始——那时他才 15 岁!——高斯就以一次计算一段 1000 个数中的全部素数的方式来自我消遣,持续到高达数百个一千("快要做到一百万")。

为了感受这里所付出的努力,我自己做了个试验,找出从700 001 到 701 000 这一千个数中的素数,只使用高斯当时能得到的工具:一支铅笔,一些纸张,一张 829 以内的素数表。你想对 701 000 以下的数应用基本的方法寻找素数,所需要的就是这些。[17]我承认,一小时以后我放弃了,这时我用来计算的素除数轮到了 47……这意味着我要用的素除数还有 130 个。欢迎你自己尝试同样的练习。这就是高斯的"空闲的一刻钟"(unbeschäftigte Viertelstunde)。

在上面摘录的高斯给恩克的信中我用变化了的字体所表示的那个句子,就是我在第 3 章Ⅸ中说明的同 PNT 有关的两个结果中的第一个。正如我在那里说过的,它与 PNT 是等价的。毫无疑问,高斯确实是在1790 年代初致力于此。他的说法得到了充分证明,正如同类的其他说法那样。他只是没有费心去发表它们。

Ⅳ. 说来也怪,触及 PNT 的第一部**发表了的**著作同样出自勒让德,他曾经因为高斯声称早先已发现了最小二乘法而大为光火。1798年——在此之前五六年高斯就已发现了 PNT,但没有把他的结果公之于世——勒让德出版了一本名为《论数论》(*Essay on the Theory of Numbers*)的书,在这本书中他在自己所作的某些素数计算的基础上猜想:

$$\pi(x) \sim \frac{x}{A \ln x + B},$$

其中数 A 和 B"有待确定"。在这本书以后的版本中,他把这个猜想改进为(他未能证明)

$$\pi(x) \sim \frac{x}{\ln x - A}$$

对于大的 x 值,这里的 A 趋向于某个接近 1.08366 的数。高斯 1849 年在他给恩克的信中讨论了勒让德的猜想。他推翻了 1.08366 这个值，但是没有得出其他十分确切的结论。

无疑，这封给恩克的信假如被勒让德看到，一定会使可怜的他再一次大发雷霆。幸运的是，勒让德在高斯这封信写出之前若干年就已经去世了。[18]

V. 由于我在这里概述了 1800 年以前的有关发现和猜想，又由于他是我将在以后的章节中充分展开的"金钥匙"的作者，所以这是个恰当的地方来介绍又一位出生在 18 世纪的第一流数学天才，欧拉（读音如 oiler（加油工））。欧拉（1707—1783），正如贝尔（E. T. Bell）在《数学大师》（*Men of Mathematics*）中所说，"也许是瑞士所产生的最伟大的科学家"。就我所知，他还是唯一的有**两个**数以其名字命名的数学家：一个是 e，我已经提到过，它等于 2.71828…，一个是欧拉-马斯凯罗尼（Mascheroni）常数，我在本书中还没有足够的篇幅来叙述它，[19] 它等于 0.57721…。为了介绍欧拉，我必须先为这个论题的历史开辟一个新地域，俄国。

俄国，正如人所共知的那样，它进入现代社会比欧洲其他地方要晚一些，而它能进入现代主要是由彼得大帝（Peter the Great）的活力和创造力所完成的，彼得 1682 年被加冕为沙皇时还是个 10 岁的孩子。彼得统治的年代一般都标为 1682—1725 年。事实上，那些年中的前七年，他是和他那又瞎又瘸又有语言障碍的同父异母哥哥伊凡（Ivan）共同统治的，而政权则实际上由伊凡的姐姐索菲娅（Sophia）掌握。彼得只是到了 1689 年他 17 岁的时候才得以单独掌权。即使在这时，他也没有显示出对权术的兴趣，而是把其后的五年花在自我消遣上。幸亏他是一个有着敏锐智力和强烈好奇心的人，他的大部分消遣都是能提高素质的一类。他特别喜欢同那伙外国人交往，就是那时候生活在莫斯科附近的一个大定居点，即所谓"德意志郊区"的外国人。在这里，从苏格兰雇佣兵、荷兰商人、德意志和瑞士技师身上，彼得接受了欧洲的科学和文化，并（在狂欢宴会和彻夜狂饮之余）沉迷于他对烟火和船的爱好。1692—1693 年在莫斯科附近的普列希湖，彼得竟然自己建造了一艘战舰的龙骨以上部分。次年，1694 年，他的母亲去世，彼得开始认真地执掌政权。

在 1695—1696 年，这位不寻常的，有不寻常**外表**的人——他身高 6 英尺 7 英寸*，患有偶然但可怕的面部抽搐——进攻了黑海的亚速港，并从奥斯曼土耳其人手中夺取了它。1697—1698 年，他匿名到法国、英国和荷兰旅行，他是第一个到国外边旅行边学习的俄国君主。（关于他在英国的旅行有个出名的故事，尽管这几乎可以肯定是靠不住的。彼得住在伊夫林（John Evelyn）在伦敦郊外的乡村住所，一天他肩上扛着一支猎枪走进客厅，用口齿不清的英语宣称，"我开枪打了一个农民（peasant）。""不，不，我亲爱的朋友，"他的房主笑着回答，"你的意思是一只**野鸡**（pheasant）。""不，"彼得摇着头说，"那是一个农民。他很傲慢，所以我向他开枪。"）回到俄国以后，他开始了他那伟大的改革运动，命令贵族剃掉他们的胡须，降低教会的地位，镇压他小时候非常害怕的旧莫斯科皇家卫队——射击军。1700 年，他开始了同瑞典国王查理（Charles of Sweden）的 20 年战争；1703 年他侵入瑞典领土，占领了从拉多加湖到波罗的海岸边的整条涅瓦河的沿岸地区。在那里，在仍为一个强大而未被击败的敌人所合法拥有的领土上，在涅瓦河口的沼泽中，他建立了他的新首都，圣彼得堡。

非凡人物往往把任何认为历史仅仅是一种非个人力量控制的自动皮影戏的观念斥为谎言。作为那种人物之一，彼得不断改革政府、贵族、商业、教育，甚至他人民的传统服装。不是所有都取得了成功，就是

---

* 约合 2.01 米。——译者

说,不是所有都"站住了";并且不是所有都能贯彻到这个庞大而古老国家那边远的茫茫密林深处;但是毫无疑问,彼得把他即位时的俄国完全变了一个样子。

与本书所论及的方面最切合的是,他使得他的国家对数学和数学家款待有加。[20]

VI. 1724 年 1 月,彼得颁布法令,在圣彼得堡建立科学院。法令阐明,在一般情况下,科学院不同于大学,科学院的学者要为了国家的应用而开展研究和发明创造,而大学是为教育年轻人而存在的。然而,在俄国因为知识的匮乏,圣彼得堡科学院应当下辖一所大学和一所预科(即中学)。它还应当有自己的天文台、实验室、工场、出版社、印刷所和图书馆。彼得做事不会半途而废。

在俄国,知识的匮乏确实是如此严重,以至于没有一个俄国人能担当科学院的院士。事实上,因为缺乏相当数量的小学和中学,甚至没有俄国的年轻人有资格在科学院附属的大学当学生。这些问题完全靠引进需要的人员来解决,这在欧洲是惯例。此前 60 年建立的巴黎科学院,第一任院长就是荷兰物理学家惠更斯(Christiaan Huygens)。圣彼得堡远离伟大的欧洲文化中心,而且西欧人仍然认为俄国是一个黑暗野蛮的国度,因此必须提供优厚的条件。然而最后一切就绪,大学生源的匮乏靠引入 8 个德意志年轻人而解决。圣彼得堡科学院在 1725 年 8 月揭幕——对沙皇彼得来说太晚了,他没能主持揭幕典礼,因为他已经在 6 个月前去世了。

在第一批来到圣彼得堡科学院的外国学者中有两兄弟,尼古拉·伯努利(Nicholas Bernoulli)和丹尼尔·伯努利(Daniel Bernoulli)。他们分别是 30 岁和 25 岁,是瑞士巴塞尔的约翰·伯努利的儿子——我们在第 1 章 III 谈到调和级数时认识了这位先生。[有整整一个朝代的伯努利数学家王朝;这一辈实际上还有第三个兄弟,他继他父亲之后在巴塞尔大学担任了数学教授,据《科学家传记词典》(*Dictionary of Scientific Biography*)称,他"代表了 18 世纪后半叶他故乡城市的数学天才"。]

不幸的是,不到一年之后,尼古拉·伯努利在圣彼得堡去世("因患瘰病病热"——《科学家传记词典》),这在科学院造成了空缺。丹尼尔·伯努利在巴塞尔就认识欧拉,于是推荐了他。欧拉在他 20 岁生日之后一个月的 1727 年 5 月 17 日来到圣彼得堡,他很高兴在这样年轻的时候就有机会得到科学院院士的职位。

那又是一个不幸的日子,叶卡捷琳娜女皇(Empress Catherine)在 10 天前去世,她是彼得的妻子,继承了彼得的皇位,并坚持完成了他创建科学院的计划。那不是一个去俄国的好时候。从彼得去世到他女儿伊丽莎白(Elizabeth)掌权的这 15 年期间,统治无力,派系政治猖獗,排外事件时有爆发。敌对的派系都网罗了密探和告密者,首都(此时是圣彼得堡)的气氛越来越恶劣。1730—1740 年,在残暴的安娜女皇(Empress Anna)统治下,俄国陷入了一个国家恐怖主义时期,她看起来特别倾向于无休止地审讯反叛者,大量处决犯人,还有其他的暴行。这就是臭名昭著的"羊皮比龙"(Bironovschina)时期,这是以她的亲信、德国人比龙(Ernst Johann Biron)的名字命名的,普通的俄国人把罪行都归于比龙。

欧拉坚持了 13 年,埋头于工作,始终没有受到法庭和阴谋的干扰。贝尔写道,"起码的谨慎迫使他养成了不可动摇的勤勉习惯",看来这也能很好地解释为什么欧拉惊人地高产。即使到现在,他的选集的最详尽版本也不能完整记录他的成就。迄今它包括数学 29 卷、力学和天文学 31 卷、物理学 13 卷,以及书信 8 卷。

欧拉在圣彼得堡的最初几年借宿在他的朋友丹尼尔·伯努利那里,对丹尼尔来说,在彼得之后的俄国,政治气氛实在是太令人窒息了。1733 年丹尼尔离开圣彼得堡回到巴塞尔,欧拉接任科学院的数学教授。

这使他有足够的收入来结婚。他选择了一个瑞士姑娘凯瑟琳·格塞尔（Catherine Gsell），她的父亲是住在圣彼得堡的一位画家。

就在这样的环境中，1735 年欧拉解决了巴塞尔问题；我将在下一章里说明这个问题。两年后，通过在一张小便条纸上演算无穷级数，欧拉发现了我称之为"金钥匙"的结果，在第 7 章的前半部分我将专门来谈这个方法。总之，他是我正在讲的这个故事的一位主人公——随着这个故事的数学方面的展开，这一点在后面将体现得更为清晰。

Ⅶ. 到 1741 年，欧拉已经被秘密警察监视很久，也足以被公开置于"叛逆者"的尴尬境地。腓特烈大帝（Frederick the Great）此时登上了普鲁士的王位，并且已经开始他的计划，要让普鲁士王国——1700 年以前只是一个公国——成为欧洲列强之一。他计划在柏林建立科学院，以代替或者说重建那个城市濒临消亡的科学学会，并邀请欧拉——此时已名扬欧洲——担任科学院的数学部主任。欧拉从圣彼得堡出发，经一个月的海陆行程之后，于 1741 年 7 月 25 日到达柏林。腓特烈的母亲，英国的索菲娅·多罗西娅（Sophia Doro-thea）——她是乔治二世（George Ⅱ）的妹妹——很喜欢欧拉（他还只有 34 岁），可是她无法使他多说话。"你为什么不跟我说话呢？"她问他。欧拉回答："夫人，因为我来自一个国家，在那里每个说话的人都会被绞死。"

实际上，腓特烈让欧拉来到柏林的部分目的就是他**应当说话**。腓特烈希望他的宫廷成为一种沙龙，在那里许许多多聪明的人互相说着聪明的话。欧拉确实是个非常聪明的人，但不幸的是这仅仅体现在数学上。他关于哲学、文学、宗教以及世界性事件的见解，既有见多识广而明智的，同时也有平凡而缺乏创见的。此外，腓特烈是一个喜欢操纵他人的自高自大的人。他原则上希望天才人物围绕着他，而实际上更喜欢那些会奉承他的二流人物。若把伏尔泰（Voltaire）和欧拉等少数几个杰出人物放在一边不算,则腓特烈宫廷里的平均智力水平,大概谈不上才华横溢。1745—1747 年,腓特烈在柏林城外 20 英里的波茨坦为他自己建造无忧宫*,又称夏宫。(欧拉为此帮助设计了那里的抽水系统。)一位到无忧宫的访问者问一位王子:"你们在这里干什么?"王子回答:"我们在列举动词 s'ennuyer** 的变化形式。"S'ennuyer 的意思是"使厌烦"。腓特烈的宫廷语言是法语,这是全欧洲上流社会的语言。[21]

欧拉对**那种环境**忍耐了 25 年,经历了七年战争的所有恐怖,那时外敌两次占领柏林,腓特烈十分之一的臣民死于饥饿、疾病或战火。接着是第二个叶卡捷琳娜,叶卡捷琳娜大帝(Catherine the Great)在俄国登上了皇位。(有趣的是,18 世纪的三分之二时间——100 年中的67 年——俄国这个最难管理的国家之一,是由女人统治的,而且总的来说很成功。)叶卡捷琳娜显示出了作为一个开明君主的所有标志,强有力地掌握着她的皇权。另外,她还是德国的公主,在她被送到圣彼得堡同彼得大帝的孙子结婚以前,欧拉在腓特烈的宫廷里可能同她有所认识。也许因为这个,欧拉脱离了无忧宫上流社会的勾心斗角而回到他在圣彼得堡的职位——那个职位奇迹般地还给他保留着。他在俄国度过了他最后的 17 年,工作到最后,并在一刹那间就去世了,那时他76 岁。除视力外其他一切能力正常,膝盖上还坐着他的小孙子。

Ⅷ. 在对欧拉作这个粗略的描述时,我不得不严格要求自己,因为他是数学史上我最喜欢的人之一,这有许多理由。其中之一是读他的著作是一件乐事。欧拉总是简洁而清楚地表达他的意思,没有任何小题大做,也没有像高斯追求的那么光鲜。欧拉主要用拉丁文写作,但这并不怎么妨碍人们对他的欣赏,因为他有简朴而实用的文风。[22]

欧拉清晰的拉丁文使人认识到,当学者们停止使用这种语言写作

---

* Sans Souci,源自法语,意为"无忧无虑"。——译者

** 法语词。——译者

时,西方文明失去了什么。高斯是最后一个用它写作的重要的数学家,而不再使用它是拿破仑战争以后发生的那些变化之一。荒谬的是,在标志那些战争结束的维也纳会议期间,有一场反动分子的集会,旨在让欧洲恢复 status quo ante *。事实上战争改变了一切,没有什么东西能在战后保持原样。历史学家保罗·约翰逊(Paul Johnson)就此写过一本好书《现代的诞生》(*Birth of the Modern*)。

我之所以认为欧拉有如此大的吸引力的另一个理由是,他没有任何惊人的、古怪的或有趣的特别之处,他是一个非常令人钦佩的人。当你读到有关他的生平时,你会得到一种平静而内心充满力量的强烈印象。欧拉刚到 30 岁时,他的右眼失明[无情的腓特烈叫他"我的库克罗普斯(Cyclops)**"],60 岁以后他就全盲了。无论是部分还是全部的失明,看来都一点儿也没有使他变得迟钝。他的 13 个孩子只有 5 个活到成年,而且只有 3 个活到欧拉去世以后。欧拉 69 岁时,他的妻子凯瑟琳去世,一年以后他再婚——同另一个格塞尔,她是凯瑟琳同父异母的妹妹。

他喜欢孩子,据说即使有小孩在他脚边玩耍他也能搞复杂的数学研究。(就像一位作家在家里工作的时候,有两个小孩围着他跑,这确实给了我深刻的印象。)他看起来不会耍阴谋诡计,也从未失去过一个朋友(除非是去世),而且他为人处世都很坦诚——尽管[如果斯特雷奇(Strachey)的话是可信的]他愿意稍稍偏离他的原则以求得一种平静的生活。[23]他写了第一本科学普及畅销书《给一位德国公主的信》(*Letters to a German Princess*),向普通读者解释了为什么天空是蓝色的,为什么月亮升起的时候看起来比较大,以及令公众困扰的类似问题。[24]

这都是由坚定不移的宗教信仰所支持的。欧拉受教而成为一名加

---

* 拉丁文:原来状态。——译者
** 希腊神话中的独眼巨人。——译者

尔文派教徒,且从未动摇过他的信仰。他的父亲同黎曼的父亲一样,曾经是一个乡村教堂的牧师,而欧拉也同黎曼一样,最初曾打算做一名牧师。我们听说当他在柏林时,"每天晚上把全家聚集在一起,读一章圣经,随即是他的一段劝诫。"据麦考利(Macaulay)说,在宫廷里的时候,"谈话的主题就是关于宗教所了解的人们所有的荒唐行为。"努力工作,虔诚,淡泊,专心于他的家庭,平凡的生活,平凡的言谈——难怪腓特烈不喜欢他。而现在是我们从他的生活转到他的工作的时候了,来看看欧拉第一个伟大的成就——巴塞尔问题。

第5章

黎曼的 ζ 函数

Ⅰ.   ——巴塞尔问题——

寻找以下无穷级数的一个闭型：

$$1+\frac{1}{2^2}+\frac{1}{3^2}+\frac{1}{4^2}+\frac{1}{5^2}+\frac{1}{6^2}+\frac{1}{7^2}+\cdots$$

巴塞尔问题[25]得名于瑞士的城市巴塞尔，伯努利兄弟中的两位曾相继在巴塞尔大学担任数学教授（雅各布1687—1705年，约翰1705—1748年）。我在第1章Ⅲ中提到过这两位伯努利对调和级数发散性的证明。雅各布·伯努利在一本书中发表了他弟弟的证明，然后是他自己的证明。在这同一本书中，他提出了上述问题，并要求任何能解决这个问题的人把答案告诉他。（等一会儿我将解释"闭型"这个词。）

请注意，同巴塞尔问题有关的那个级数——我将称之为"巴塞尔级数"——同调和级数差不多。实际上，其每一个项就是调和级数中相应项的平方。现在，如果你把一个小于1的数平方，你就得到一个更小的数；二分之一的平方是四分之一，它更小了。你用的数越小，它缩小的效果就越强；四分之一只比二分之一小得不太多，而十分之一的平方是百分之一，它比十分之一就小得**多**了。

因此，巴塞尔级数中的每一项都比调和级数中相应的项小，并且随着你继续下去,它们会变得更小。因为调和级数只不过是刚好发散的,对于由更小的、接着是还要小的项排成的巴塞尔级数,期望它是**收敛的**,这并不过分。计算表明确实如此。这个级数前 10 项的和是 1.5497677…,前 100 项的和是 1.6349839…,前 1 000 项的和是 1.6439345…,而前 10 000 项的和是 1.6448340…。它确实显示出收敛于 1.644 或 1.645 附近的某个数。但这个数是多少呢?

在类似的情况下,数学家们不满足于只得到一个近似值,特别是对于级数收敛得相当慢,正如这个级数的情况。(前 10 000 项的和比起真正的、最终的无穷和 1.6449340668…只差 0.006%。)答案是不是一个分数,例如 $\frac{9108}{5537}$,或是 $\frac{560837199}{340948133}$? 又或许是结构更复杂的什么数,也许包含根式,例如 $\sqrt{\frac{46}{17}}$,或是 $\frac{11983}{995}$ 的 15 次根,或是 7766 的 18 次根? 它到底**是**多少呢? 一个外行人可能认为,对于这个数了解到六位小数就足够满意了。错: 数学家们要求**准确地**了解它,如果他们能做到的话。不仅仅因为他们是古怪的痴迷者,而且因为他们知道,在求得那个**准确**值的过程中常常会打开意想不到的大门,照亮潜在的数学领域。用来精确表达一个数的方式,其数学术语就是"闭型"。一个纯粹的小数近似值,无论多么接近,都是"开型"。1.6449340668…这个数就是一个开型。请看——那三个点告诉你,它在右端是开放的,对你计算出更多位数开放,如果你想要计算的话。

这就是巴塞尔问题: 为平方倒数级数寻找一个闭型。这个问题在其公布 46 年后的 1735 年,终于被年轻的欧拉破解,那时他正在圣彼得堡辛勤工作。令人吃惊的答案是 $\pi^2/6$。这是大家熟悉的 π,有魔力的 3.14159265…,一个圆的周长与它直径的比。它到一个并不出现圆,或者说根本同几何无关的问题中来干什么? 这对于现代数学家来说并不很吃惊,他们已经习惯于看到 π 出现在所有地方,但这在 1735 年是很令人吃惊的。

巴塞尔问题打开了通向 ζ 函数的大门,ζ 函数是黎曼假设所关注的数学对象。不过,在我们能通过这扇大门之前,我必须概述几个基本的数学概念:幂、根和对数。

Ⅱ. 幂最初是作为重复的乘法而出现的。12^3 这个数就是 $12 \times 12 \times 12$,三个数相乘;12^5 是 $12 \times 12 \times 12 \times 12 \times 12$,五个数相乘。如果我用 12^3 乘以 12^5 会怎样? 那就是 $(12 \times 12 \times 12) \times (12 \times 12 \times 12 \times 12 \times 12)$,当然就是 12^8。我只需要把指数相加,$3 + 5 = 8$。这就是幂运算的第一条重要规则。

幂运算规则 1:$x^m \times x^n = x^{m+n}$。

(我在此补充一下:整个这一节只涉及 x 的正值。将零自乘几乎是浪费时间,而将负数自乘带来的棘手问题我将在后面论及。)

如果我用 12^5 除以 12^3 会怎样? 那就是 $(12 \times 12 \times 12 \times 12 \times 12)/(12 \times 12 \times 12)$。我可以在分式的上面和下面各消掉三个 12,剩下 12×12,这当然就是 12^2。你们可以看到,这相当于只对指数做减法。

幂运算规则 2:$x^m \div x^n = x^{m-n}$。

假定我求 12^5 的立方:$(12 \times 12 \times 12 \times 12 \times 12) \times (12 \times 12 \times 12 \times 12 \times 12) \times (12 \times 12 \times 12 \times 12 \times 12)$ 就是 12^{15}。在这里,要把指数相乘。

幂运算规则 3:$(x^m)^n = x^{m \times n}$。

这些是关于幂运算的最基本规则。在本书中我将一直把它们称为"幂运算的规则 1"等等,而不再进一步说明。不过我并不是经常提到这些幂运算规则。我需要再增加一些,因为到现在为止我只是使用正整数指数的幂。负指数幂和分数指数幂是怎样的? 零指数幂又是怎样的？

我先说最后的，如果 a^0 将意味着什么，它应该也符合我已经列举的幂运算规则，因为它们十分符合常识。假定我在幂运算规则 2 中让 m 等于 n，那么右边就确实是 a^0 了，而左边是 $a^m \div a^m$。好，如果我让任何数除以它自己，答案是 1。

幂运算规则 4：对任意正数 x，$x^0 = 1$。

幂运算规则 2 也能用以给出负数指数幂的意义。12^3 除以 12^5，按照幂运算规则 2，答案将是 12^{-2}。答案实际上是 $(12 \times 12 \times 12) / (12 \times 12 \times 12 \times 12 \times 12)$，在上面和下面各消掉三个 12，它就是 $\dfrac{1}{12^2}$。

幂运算规则 5：$x^{-n} = \dfrac{1}{x^n}$（特别是，$x^{-1} = \dfrac{1}{x}$）。

幂运算规则 3 对于分数指数幂应该意味着什么给出了思路。我能对 $x^{\frac{1}{3}}$ 做什么？是的，我可以求它的立方；如果我求它的立方，按照规则 3，我应该得到 x^1，它就是 x。因此，$x^{\frac{1}{3}}$ 就是 x 的立方根。（"x 的立方根"的定义：立方后就得到 x 的那个数。）于是幂运算规则 3 告诉了我们任意分数指数幂的意义。$x^{\frac{2}{3}}$ 是把 x 的立方根平方——或者是 x^2 的立方根，这样得到的是同一个数。

幂运算规则 6：$x^{\frac{m}{n}}$ 是 x^m 的 n 次根。

12 是 3×4，由此可得出 12^5 是 $(3 \times 4) \times (3 \times 4) \times (3 \times 4) \times (3 \times 4) \times (3 \times 4)$。它可以被重新排成 $(3 \times 3 \times 3 \times 3 \times 3) \times (4 \times 4 \times 4 \times 4 \times 4)$。简言之，$12^5 = 3^5 \times 4^5$。这是普遍正确的。

幂运算规则 7：$(x \times y)^n = x^n \times y^n$。

x 的无理数指数幂是什么？$12^{\sqrt{2}}$ 意味着什么？12^{π} 呢？12^{e} 呢？这里我们回到分析的领域。回顾第 1 章Ⅶ提到的那个收敛于 $\sqrt{2}$ 的数列。它看来像是这样：$\dfrac{1}{1}$，$\dfrac{3}{2}$，$\dfrac{7}{5}$，$\dfrac{17}{12}$，$\dfrac{41}{29}$，$\dfrac{99}{70}$，$\dfrac{239}{169}$，$\dfrac{577}{408}$，$\dfrac{1393}{985}$，$\dfrac{3363}{2378}$，…。把这个数列排得足够长，你就能想多接近就多接近于 $\sqrt{2}$。好，因为幂运算规则 6 告诉了我们任意分数指数幂的意义，我可以算出 12 的以这些分数为指数的幂。当然，12^{1} 是 12；$12^{\frac{3}{2}}$ 是 12 的平方根再立方：41.569219381…；而 $12^{\frac{7}{5}}$ 是 12 的 5 次根再自乘 7 次的幂，它的结果是 32.423040924 …。类似地，$12^{\frac{17}{12}}$ 是 33.794038815 …，$12^{\frac{41}{29}}$ 是 33.553590738…，$12^{\frac{99}{70}}$ 是 33.594688567 …，等等。正如你所看到的，12 的这些分数指数幂正在趋近一个数——实际上是 33.588665890…。因为这些分数本身趋近于 $\sqrt{2}$，我有充分的理由说 $12^{\sqrt{2}} =$ 33.588665890…。

因此，给出一个正数 x，我可以取 x 的任意指数幂——正指数数，负指数数，分数指数，或无理数指数；并总可以按照我已经说明的幂运算规则来计算，因为我对它们都给出了确切的定义！图 5.1 对于不同的数 a 给出了 x^a 的图形，a 的范围从 −2 到 8。特别注意 x 的零次幂，它恰好是在 x 轴上方高度为 1 的水平线——数学家们称之为"常值函数"（而重症监护室的护士们则称之为"心脏停搏线"）。对所有自变量 x，它的函数值都是 1。还要注意 x 的整数指数幂（x^2，x^3，x^8）增长得有多快，以及与本书更为切合的，像 $x^{0.5}$ 那样的正分数指数幂增长得有多**慢**。

Ⅲ. 将一个数自乘——术语是"取幂"——一开始可与乘法相比拟。乘法首先是作为重复的加法而出现的：$12 \times 5 = 12 + 12 + 12 + 12 + 12$。

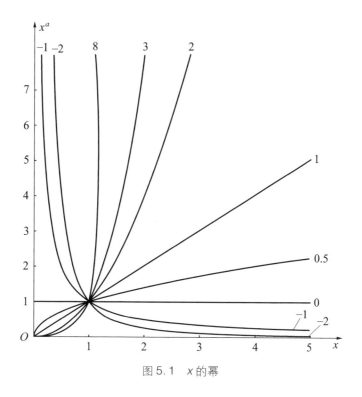

图5.1 x的幂

然后你升到一个更高的水平上,学会如何做 $12 \times 5\frac{1}{2}$,它比起仅仅重复的加法进了一步。对于幂也是这样。我们可以很容易地定义 12^5。它是重复的乘法,$12 \times 12 \times 12 \times 12 \times 12$。要了解 $12^{5\frac{1}{2}}$ 则需要另外的解释——我在上一节尝试提供的解释。

像我前面说的,数学家们喜欢把表达式逆反过来。我不是有一个用 Q 表示 P 的式子吗?好,看我能不能用 P 表示 Q!而在这里,取幂和乘法之间的比拟是不成立的。把乘法逆反过来很容易。如果 $x = a \times b$,那么 $a = x \div b$ 且 $b = x \div a$。除法为乘法的逆运算问题提供了完满的解答。

这里的比拟不成立是因为,$a \times b$ 总是等于 $b \times a$,始终如一,绝对可靠;而遗憾的是,$a^b = b^a$ 却不成立,除非是偶然或意外。(当整数 a 和 b

不相同时,仅有的成立情况是 $2^4 = 4^2$。)例如,10^2 是 100,但 2^{10} 是 1024。因此,如果我寻找 $x = a^b$ 的逆运算,我将需要两个不同的方法:一个是用 x 和 b 表示 a,另一个是用 x 和 a 表示 b。第一个很容易。两边都取幂 $\frac{1}{b}$,由幂运算规则 3,我们得到 $a = x^{\frac{1}{b}}$,按照幂运算规则 6,它意味着 a 是 x 的 b 次根。但是用 x 和 a 怎么表示 b 呢?幂运算规则没有提供线索。

这就是对数大显身手的地方了。答案是,b 是 x 的以 a 为底的对数。这正是对数的定义。x 的以 a 为底的对数(通常写作"$\log_a x$")被定义为使得 $x = a^b$ 成立的数 b。从这里引出对数函数的整个家族:x 的以 2 为底的对数,x 的以 10 为底的对数(年长一点的读者会记得,直到大约 1980 年,它都是高中所教的一个计算辅助工具),等等。我本可以用图像来表示它们的全部,就像我在图 5.1 中表示 x^a 的图像一样。

我不准备这样做,是因为在对数家族中除了其中一个以外,我对其他所有成员都毫无兴趣,而这一个就是以 e 为底的对数,其中的 e 是极其重要的数 2.71828182845…,虽然很遗憾它是无理数。以 e 为底的对数是我唯一关心的一种对数,也是我在本书中唯一将使用的一种对数。实际上,我将不再说"以 e 为底的对数",而只是用"ln"表示。所以什么是 $\ln x$?根据以上定义,它就是使式子 $x = e^b$ 成立的数 b。

因为 $\ln x$ 是使式子 $x = e^b$ 成立的数 b,显然有 $x = e^{\ln x}$。数学上就是这样来写"$\ln x$"定义的,但它太重要了,以至于我要在下面根据它推出一条规则。

幂运算规则 8:$x = e^{\ln x}$。

这对于所有正数 x 都成立。例如,7 的自然对数是 1.945910…,因为精确到 6 位小数,$7 = 2.718281^{1.945910}$。负数没有自然对数(不过我保留在以后改变我想法的权利,那是另一回事);零也没有自然对数。没有一个幂能让你给 e 取幂后得到负数或零的结果。ln 函数的定义域是全体正数。

ln 函数在数学的这个领域到处存在。我们已经在第 3 章的 Ⅷ—Ⅸ，在素数定理及其等价命题中见过它。本书中它将在与素数和 ζ 函数有关的所有地方一次又一次地出现。

由于 ln 函数如此频繁地出现，我需要给出它的一些更详细的情况。图 5.2 是 lnx 的图像，[26]自变量一直取到 55。我特别标出了自变量为 2，6，18 和 54 的函数值。这些自变量以乘 3 递增；而你可以从图上看到，相应的函数值以均等的步伐递增——它用的是加法。这就是我在第 3 章Ⅷ中说到的 ln 函数的特点。

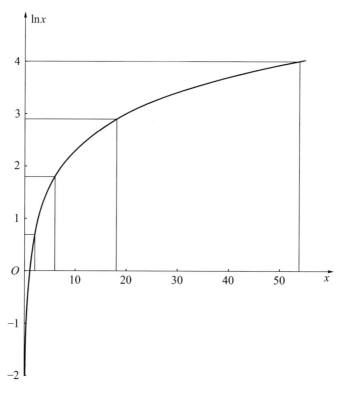

图 5.2 ln 函数

这里有必要说得详细一点。ln 函数的重要作用是它把乘法转变为了加法。请观察图中我标明的那些线条。自变量是 $2,6,18,54$——我从 2 开始，乘以 3，再乘以 3，接着再乘以 3。函数值我保留四位小数，并允许在四舍五入上的小小误差，它们是 0.6931，1.7918，2.8904，3.9890——从 0.6931 开始，加 1.0987，再加 1.0986，接着再加 1.0986。ln 函数把乘法（乘以 3）转变成了加法（加 ln3，它是 $1.09861228866810\cdots$）。

以下是根据 lnx 的定义和幂运算规则推出的。根据幂运算规则 8，如果 a 和 b 是任意两个正数，那么 $a \times b = e^{\ln a} \times e^{\ln b}$。而根据幂运算规则 1，我可以把右边作如下替换，$a \times b = e^{\ln a + \ln b}$。然而，$a \times b$ 本身就是一个数，因此，再根据幂运算规则 8，$a \times b = e^{\ln(a \times b)}$。令这两个关于 $a \times b$ 的不同表达式相等，就给出了一条新的幂运算规则。

幂运算规则 9：$\ln(a \times b) = \ln a + \ln b$。

这是一件奇妙的事。它意味着，当面对一个含有乘法的困难问题时，用"取对数"（即运用这个原理：如果 $P = Q$，那就必定有 $\ln P = \ln Q$），我们可以把它降为一个加法问题，它可能更容易处理。它听起来几乎微不足道；但这个小工具恰恰是我在第 19 章 V 中需要用来拧动"金钥匙"的东西。

因为 $\ln(a \times b) = \ln a + \ln b$，由此得出 $\ln(a \times a \times a \times \cdots) = \ln a + \ln a + \ln a + \cdots$。这就给出了我的最后一条幂运算规则。

幂运算规则 10：$\ln(a^N) = N \times \ln a$。

我只告诉你它适用于 a 的所有幂，包括分数指数幂和负指数幂，其中的道理就不去探究了。一个很重要的特例是 $\ln(1/a) = -\ln a$，因为 $1/a$ 恰是 a^{-1}。所以一旦你知道 ln 3 是 $1.09861228866810\cdots$，你马上就

知道 $\ln\left(\dfrac{1}{3}\right) = -1.09861228866810\cdots$。这就是为什么当 x 越来越接近零的时候，$\ln x$ 的曲线向负无穷大急剧下降。这个事实也将帮助我拧动"金钥匙"。

Ⅳ. $\ln x$ 增长得很慢，正如你可以看到的。$\ln x$ 增长之缓慢本身就是一件非常迷人、非常重要的事。关键点是 $\ln x$ 比 x 的任何幂都增长得慢。乍一想，这似乎很明显。当我说"x 的幂"的时候，你可能想到平方和立方；而且你知道随着自变量的增长，平方函数或立方函数的曲线会急速上蹿到视野之外，把磨磨蹭蹭的 $\ln$ 函数远远甩在后面。不错，但这还不是我要说的关键点。在这里我想的不是像 x^2, x^3 这样的幂，而是像 $x^{0.1}$ 这样的幂。

图 5.3 显示了对于小数 a 的 x^a 的一些图像。我选择了 $a = 0.5$，$0.4, 0.3, 0.2$ 和 0.1（以 $\ln$ 函数——虚线——作对照）。你可以看到，a 越小，x^a 的曲线越平。你还可以看到，对小于某一值的 a（实际上就是对小于 $1/e$ 即 $0.3678794\cdots$ 的 a）的值来说，$\ln$ 曲线与 x^a 曲线相交于东面*不远处（决不会远于 e^e，即 $15.1542\cdots$）。

好吧，无论你使 a 多么小，$\ln x$ 的曲线最终会比 x^a 的曲线要平。如果 a 大于 $1/e$，甚至在这图像上就可以看出这一点已经成立。如果 a 小于 $1/e$，那么只要向东走得足够远——自变量 x 取得足够大——$\ln x$ 的曲线最终会**再次**与 x^a 的曲线相交，然后永远处于它的下方。

当然，你可能不得不多走一些路。$\ln$ 曲线和 $x^{0.3}$ 的曲线在 $x = 379$ 的稍微东面一点的地方再次相交；它和 $x^{0.2}$ 的曲线的再次相交的地方大约在 $x = 332\ 105$；它一直到过了 $x = 3\ 430\ 631\ 121\ 407\ 801$ 才和 $x^{0.1}$ 的曲线再次相交。如果我作出了 x 的一万亿分之一次幂（就是

---

* 此处的"东面"指图中的右面，下文中还会出现"西面"，指图中的左面。——译者

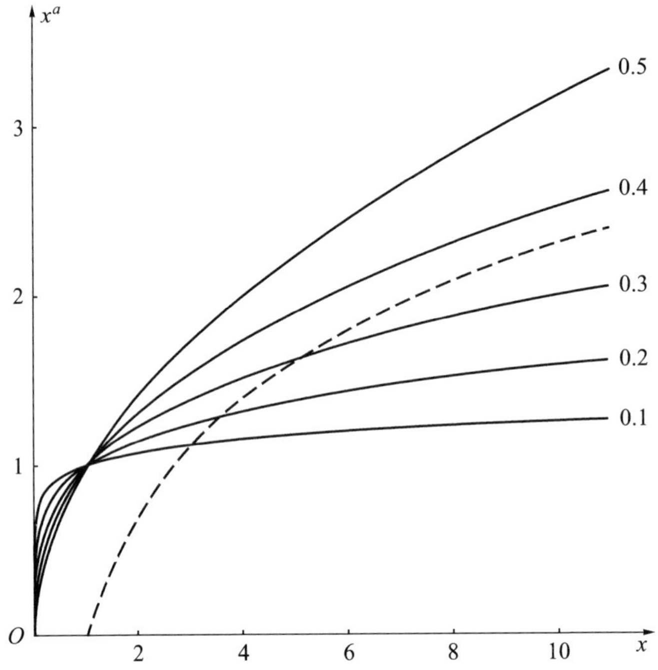

图 5.3　函数 x^a（对于小的正数 a）

$x^{0.00000000001}$）的曲线，它看起来会相当平直。事实上，很难把它同 x 轴上方高度为 1 的"心脏停搏线"区分开来——一点也不像 ln 函数那样优美上升的曲线。ln 曲线会在 e 东面极微小的距离处和它相交。然而它还是在增长，即使是惊人地缓慢，而 ln 曲线正在变得平直；它们迟早会再次相交，然后，ln 曲线永远地处在 $x^{0.00000000001}$ 这条曲线的下方。在这个特定的例子中，相交点实际出现处的自变量大得对我来说无法写出；这个数字开头是：44 556 503 846 304 183…，后面继续跟着 13 492 301 733 606 位数字。

似乎 ln$x$ 正在试图变成 x^0。当然，它**不是** x^0；根据幂运算规则 4，对任意正数 x，x^0 被定义为 1。它的图像是心脏停搏线，正如我在前面说明的。然而即使 ln$x$ 不等于 x^0，当 x 足够大时，对于无论多么微小的任

意数 ε，$\ln x$ 仍然会落到 x^{ε} 以下，并永远地处在其下方。[27]

实际上，事情甚至比这更奇妙。考虑这个句子："函数 $\ln x$ 最终增长得比 $x^{0.001}$，或 $x^{0.00001}$，或 $x^{0.0000001}$，或……慢得多。"假设我把**这整个句子**取某次幂——比如说一百次幂。（我承认这不是很严格的数学步骤，但它得出一个正确的结论。）运用幂运算规则 3，那么这个句子将读作："函数 $(\ln x)^{100}$ 最终增长得比 $x^{0.1}$，或 $x^{0.001}$，或 $x^{0.00001}$，或……慢得多。"换句话说，既然 $\ln x$ 增长得比 x 的任意次幂都慢得多，那么**对 $\ln x$ 的任意次幂这同样成立**。函数 $(\ln x)^2$，$(\ln x)^3$，$(\ln x)^4$，…，$(\ln x)^{100}$，…中的每一个都增长得比 x 的任意次幂慢得多。**$\ln x$ 的任意次幂最终增长得比 x 的任意次幂慢得多**。$(\ln x)^N$ 的曲线最终将落到 x^{ε} 的曲线之下，并且以后永远处于其下方，无论 N 多么大，也无论 ε 多么小。

这个很难想象。那些 $(\ln x)^N$ 函数增长得很快，然后**极快**。尽管如此，如果你在图 5.3 上向东走出足够远，那些函数的每一个最后仍将在某个巨大的自变量处落到 $x^{0.3}$ 的曲线、$x^{0.2}$ 的曲线、$x^{0.1}$ 的曲线，以及你能画出的这个家族的任何其他曲线之下。在 $(\ln x)^{100}$ 落到 $x^{0.1}$ 的曲线下面之前，你需要向东走到邻近 $x = 7.9414 \times 10^{3959}$ 的地方；但最终它能做到。

V. 这里的有些东西我们马上就要用到；有些东西则留着以备今后参考。所有这些对于理解黎曼假设都是重要的，我劝你们在继续看下去之前，先对一些要点进行尝试，以检验你对它们的理解。用一个袖珍计算器来做尝试是很合适的。例如，你可以求 $\ln 2$（它是 $0.693147\cdots$），$\ln 3$（它是 $1.098612\cdots$），并进一步证实把它们加在一起你确实能得到 $\ln 6$（它是 $1.791759\cdots$）。不过请注意，因为我提到过以 10 为底的对数的老用法，许多袖珍计算器上的"log"键表示的是以 10 为底的对数。对于我只关心的那种对数，即以 e 为底的对数，这种计算器通常设有一个标着"ln"的选择键。那就是你需要的键。［这里的"n"代表"natural"

（自然）；以 e 为底的对数准确地称为"自然对数"。]

现在，让我们回到巴塞尔问题。

Ⅵ. 我在第Ⅰ节中说到对闭型解的寻求导致了重要的见解。作为这方面的一个具体例子，欧拉对巴塞尔问题的解答不仅仅对这个平方倒数级数给出了闭型；作为一个附带的结果，他还对 $1+\dfrac{1}{2^4}+\dfrac{1}{3^4}+\dfrac{1}{4^4}+\dfrac{1}{5^4}+\cdots,1+\dfrac{1}{2^6}+\dfrac{1}{3^6}+\dfrac{1}{4^6}+\dfrac{1}{5^6}+\cdots,$ 等等，给出了闭型。只要 N 是一个偶数，欧拉的结果以一个闭型的方式告诉你由式 5.1 表示的无穷级数的准确值。

$$1+\frac{1}{2^N}+\frac{1}{3^N}+\frac{1}{4^N}+\frac{1}{5^N}+\frac{1}{6^N}+\frac{1}{7^N}+\frac{1}{8^N}+\frac{1}{9^N}+\frac{1}{10^N}+\frac{1}{11^N}+\cdots$$

式 5.1

我说过，当 N 是 2 时，这个级数收敛于 $\pi^2/6$。当 N 是 4 时，它收敛于 $\pi^4/90$；当 N 是 6 时，它收敛于 $\pi^6/945$，等等。欧拉的论证对所有偶数 N 提供了答案。他自己后来发表了他得到的直到 $N=26$ 的论证，$N=26$ 的级数收敛于 $1315862\pi^{26}/11094481976030578125$。

但如果 N 是奇数呢？欧拉的结果对此什么也没有说。在后来的 260 多年里也没有任何其他结果。我们对于 $1+\dfrac{1}{2^3}+\dfrac{1}{3^3}+\dfrac{1}{4^3}+\dfrac{1}{5^3}+\cdots$ 的闭型没有任何线索，即使有一个，也不能等效地适用于任何其他奇数。没有人能找到这些级数的闭型。我们知道它们是收敛的，并且我们用笨算也能得到它们的任何所需精度的值。我们就是不知道它们意味着什么。事实上，它们是很难对付的数。直到 1978 年，$1+\dfrac{1}{2^3}+\dfrac{1}{3^3}+\dfrac{1}{4^3}+\dfrac{1}{5^3}+\cdots$ 才被证明是无理数。[28]

所以在 18 世纪中期，很多数学家都在思考式 5.1 中的无穷级数。准确的值——闭型——对于所有偶数 N 都是已知的，而对于奇数，只能把足够多的项相加而得到其近似值。记住，当 N 是 1 时，这个级数就是调和级数，它是发散的。表 5.1 显示了式 5.1 的值——提醒一下，它是 $1+\dfrac{1}{2^N}+\dfrac{1}{3^N}+\dfrac{1}{4^N}+\dfrac{1}{5^N}+\dfrac{1}{6^N}+\cdots$（精确到 12 位小数）。

表 5.1

N	式 5.1 的值
1	（没有值）
2	1.644934066848
3	1.202056903159
4	1.082323233711
5	1.036927755143
6	1.017343061984

这就像是我在第 3 章 Ⅳ 说过的函数的那些简要片段之一。不错，就是那么回事。回想我在序言中给出的黎曼假设的陈述。

黎曼假设

ζ 函数的所有非平凡零点的实部都是 $\dfrac{1}{2}$。

表 5.1 是你们对黎曼 ζ 函数的最初一瞥，因此也是向着理解黎曼假设迈出的第一步。

Ⅶ. 因为在本章前几节中，我不怕费事地对任意数 a，而不是只对整数，定义了"x^a"的意义，所以我没有必要将式 5.1 中的数 N 局限于整数。在我的想象中，我能让它在分数、负数和无理数的领域中到处自由逛荡。不能保证这个无穷级数对所有数收敛——我们从第 1 章 Ⅲ 已经知道,当 $N=1$ 的时候,它不是收敛的。但我们至少还能考虑其可能性。

为了对这个新的认识表示敬意,我将把这个"N"换成一个不同的字母,一个较少同整数有传统联系的字母。当然,最明显的选择是"x"。然而,黎曼本人在他 1859 年的论文中没有用"x"。这些东西在他那个时代没有这么固定。作为替代,他用的是"s";而 1859 年的那篇论文是如此重要,以至于所有后来的数学家都跟着他用。在有关 ζ 函数的研究中,自变量总是被写作"s"。

最后,下面就是黎曼 ζ 函数(ζ,读作 zeta,是希腊字母表的第六个字母)。

$$\zeta(s) = 1 + \frac{1}{2^s} + \frac{1}{3^s} + \frac{1}{4^s} + \frac{1}{5^s} + \frac{1}{6^s} + \frac{1}{7^s} + \frac{1}{8^s} + \frac{1}{9^s} + \frac{1}{10^s} + \frac{1}{11^s} + \cdots$$

式 5.2

Ⅷ. 在进一步深入之前,让我引入一个方便的数学符号,它可以减少打字量。(你认为将式 5.2 那样的东西输入 Microsoft Word 容易吗?)

如果数学家们要把许多有着同样形式的项相加,他们会使用符号 $\sum$,它是希腊字母表的第 18 个字母(sigma)的大写,就是希腊文中与"s"对应的字母(代表"sum")。使用的方法是,你把相加项的形式放在 $\sum$ 符号的"下面"(实际上的意思是右面,虽然我们不合逻辑地说成"下面")。然后在 $\sum$ 的底部和顶部,你标明你的求和从哪里开始和结束。例如,

$$\sum_{n=12}^{15} \sqrt{n}$$

这个式子就是数学家们对 $\sqrt{12} + \sqrt{13} + \sqrt{14} + \sqrt{15}$ 的缩写。$\sum$ 表示"把它们相加";$\sum$ 底部和顶部的式子告诉我们何时开始、何时结束相加;

$\sum$ "下面"(指右面)的式子确切地告诉我们是什么被相加——在这个例子中是$\sqrt{n}$。

数学家们对这些式子的格式不是特别严格。例如,刚才那个式子很可能被写作

$$\sum_{12}^{15} \sqrt{n} \, 。$$

因为很显然,一定是"n"从 12 到 15。现在,使用 $\sum$ 符号,我可以把我自己从瞎摆弄一大堆符号中解脱出来了,将式 5.2 改写为

$$\zeta(s) = \sum_{n=1}^{\infty} \frac{1}{n^s} \, 。$$

或者等价地,回想幂运算规则 5,有

$$\zeta(s) = \sum_{n=1}^{\infty} n^{-s} \, 。$$

事实上,因为"n"如此普遍而明显地用于代表正整数 1,2,3,4,…,数学家通常更为简化,只写

$$\zeta(s) = \sum_{n} n^{-s} \, 。$$

这又是黎曼的 ζ 函数的一种表达。这表示"s 的 ζ 函数定义为 n 的负 s 次幂的取遍所有 n 的和"。这里,"所有 n"被理解为"所有正整数 n"的意思。

Ⅸ. 把 ζ 函数写成一个简洁的式子以后,让我们把注意力转到自变量"s"上来。由第 1 章Ⅲ我们知道,当 s 是 1 时,这个级数是发散的,所以这个 ζ 函数没有值。不过当 s 是 2,3,4,…时,它总是**收敛**的,而我们能得出 ζ 函数的值(见表 5.1)。事实上,你可以证明这个级数对于**任何**大于 1 的数收敛。当 s 是 1.5 时,它收敛于 2.612375…。当 s 是 1.1 时,它收敛于 10.584448…。当 s 是 1.0001 时,它收敛于

10 000.577 222…。也许看起来很奇怪,当 $s=1$ 时这个级数是发散的,而当 $s=1.0001$ 时它竟然就是收敛的。然而在数学中,这种情况很普通。事实上,当 s 非常接近于 1 的时候,ζ 函数引人注目地表现得像是 $1/(s-1)$。这个式子也是对任何数 s 都有一个值,除了当 s 恰好等于 1 的时候,因为那时分母就是零,而你不能除以零。

或许一幅图将使问题更清楚。图 5.4 是 ζ 函数的图像。你可以看到,当 s 从右边靠近 1 这个数的时候,函数值冲向无穷大;而当 s 本身向右边的远处走向无穷大的时候,函数值变得越来越接近 1。(我画出了代表 $s=1$ 和常值函数 1 的直线,二者都用的是虚线。)

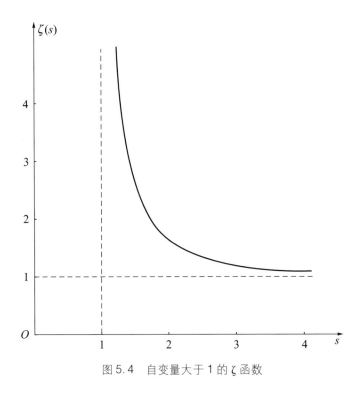

图5.4 自变量大于 1 的 ζ 函数

这幅图没有表示出这个函数在 $s=1$ 这条线左边的任何部分。那是因为迄今为止我假定 s 是大于 1 的。如果不是这样呢? 例如,如果 s 是零呢？好，那么式5.3就像这样：

$$\zeta(0) = 1 + \frac{1}{2^0} + \frac{1}{3^0} + \frac{1}{4^0} + \frac{1}{5^0} + \frac{1}{6^0} + \frac{1}{7^0} + \frac{1}{8^0} + \frac{1}{9^0} + \frac{1}{10^0} + \frac{1}{11^0} + \cdots$$

式5.3

由幂运算规则4，这个和是 $1+1+1+1+1+1+\cdots$，它很显然是发散的。加一百个项，和是一百；加一千个项，和是一千；加一百万个项，和是一百万。不错，它是发散的。

对于负数，事情变得更糟。如果 s 是 -1，式5.2有什么样的值？由幂运算规则5，2^{-1} 就是 $\frac{1}{2}$，3^{-1} 就是 $\frac{1}{3}$，等等。因为 $1/\frac{1}{2}$ 就是2，$1/\frac{1}{3}$ 就是3，等等，这个级数就像这样：$1+2+3+4+5+\cdots$。肯定发散。$s = \frac{1}{2}$ 又怎么样？因为 $2^{\frac{1}{2}}$ 就是 $\sqrt{2}$ 等等，这个级数就是

$$\zeta\left(\frac{1}{2}\right) = 1 + \frac{1}{\sqrt{2}} + \frac{1}{\sqrt{3}} + \frac{1}{\sqrt{4}} + \frac{1}{\sqrt{5}} + \frac{1}{\sqrt{6}} + \frac{1}{\sqrt{7}} + \frac{1}{\sqrt{8}} + \cdots$$

因为任何正整数的平方根都小于这个数本身，所以这个级数中的每个项都大于 $1 + \frac{1}{2} + \frac{1}{3} + \frac{1}{4} + \frac{1}{5} + \frac{1}{6} + \frac{1}{7} + \cdots$ 中相应的项。（基本代数原理：如果 a 小于 b，那么 $1/a$ 大于 $1/b$。例如，2小于4，但 $\frac{1}{2}$ 大于 $\frac{1}{4}$。）那个级数是发散的，所以这个也一定是发散的。千真万确，如果你真的费力去做这个求和工作，把它们都加起来，你会看到前十项加起来是 5.020997899…，前一百项加起来是 18.589603824…，前一千项加起来是 61.801008765…，前一万项加起来是 198.544645449…，等等。

看来，这幅图显示了所有能被显示的黎曼 ζ 函数。没有更多的了。这个函数只是当 s 大于1的时候具有值。或者，使用专门术语，以我们现在知道的说法，ζ 函数的定义域是所有大于1的数。对吗？错了！

◆ 第6章

伟大的聚变

  I．中文词"太爷"（读作"tie-yeah"）字面上翻译为"最大的祖父"。这是在我妻子家对她祖父的称号。我们在2001年夏天访问中国时，第一个任务就是拜访"太爷"。这个家庭都以他为极大的骄傲，因为他已经活到97岁，身体健康，头脑清楚。"他现在97岁！"他们都告诉我，"你应该见见他！"好吧，我真的去见了他——一个健康、快乐的菩萨般的人，他红光满面，头脑依然敏锐。然而，那时他是不是确实97岁，是一个有趣的问题。

  "太爷"出生于传统的"天地"纪年系统＊中名为"乙巳"的农历年农历十二月的第三天。这一天在西方历法中是1905年12月28日。因为我的拜访发生在2001年7月初，按现在西方的算法，"太爷"在那时的年龄是 $95\frac{1}{2}$ 岁零几天。可为什么所有人都告诉我他是97岁？因为按照"太爷"所奉行的中国传统习俗，他出生的时候就是一岁，而每当农历新年来临的时候——例如公历的1906年1月24日，他出生后27天，他就大了一岁。来到世界上还不到一个月，而他已经两岁了！这样，当2001年的农历新年来到时（恰巧也在1月24日，尽管农历新年可能在

---

1 月 21 日到 2 月 20 日之间的任何日子降临），"太爷"迎来了他的 97 岁。

这种中国传统的年龄计算方法本质上并没有什么逻辑错误。你在某一天来到这世界上。这一天属于某一年。显然，这就是你的第一年。如果 28 天以后，一个新的年开始——好，那就将是你的第二年。它完全讲得通。它看起来奇怪的唯一理由是，就计算我们的年龄而言，现代人（在中国也在西方）已经习惯于把时间作为某种要**度量**的东西来处理。而在"太爷"年轻的时候，中国人把人的年龄作为某种要**计数**的东西来考虑。

Ⅱ．用于计数的数和用于度量的数这两者之间的区别深深影响到了人们思维和语言的习惯。这就好像我们头脑的一部分让我们感到这个世界是由不同的固体对象组成的，它们可以被计数；而另一部分又让我们把这个世界看作是一个由纤维、谷粒或流体组成的集合体，它可以被分割和度量。正确掌握这两个概念是不容易做到的。我的儿子六岁了，仍然分不清"many"和"much"。圣诞节后，他问一个朋友，"How much presents did you get?" *

我们对世界的认识反映在我们的语言中。英语把这个世界主要当作一个可计数的地方：one cow, two fishes, three mountains, four doors, five stars。虽然不那么经常，我们的语言把这个世界当作可度量的：one blade of grass, two sheets of paper, three head of cattle, four grains of rice, five gallons of gasoline。"blade"、"sheet"、"head"、"grain"、"gallon"这些词尽管有些有它们自己的用法，但在这里是作为度量的单位。和英语相比，中文几乎把天地万物都当成可度量的。学中文的一个小麻烦就

---

* 英语中，many 和 much 都是"许多"的意思，前者用于可数名词，后者用于不可数名词。这个句子"你得到了多少礼物？"应该用 many，这个孩子误用了 much。——译者

是要对每个名词记住正确的"度量词"(这是对中文语法术语"量词"的直译):一头牛,两条鱼,三座山,四扇门,五颗星。在全部中文里只有两个词可以**始终**在语法上放宽而不用度量词:"天"和"年"。所有其他事物——牛,鱼,山,门,星——都是一类**东西**,在我们能谈论它之前,必须被分开并度量出来。

对 much/many 的混淆引起了许多的(much)争论和许多的(many)不便。例如,在千禧年的时候,我们大多数人在 1999 年转入 2000 年的时候举行庆祝,有少数扫兴的持不同意见者说我们都弄错了。他们的异议来源于这个事实:我们通用的历法没有设置一个零年。公元 1 年的第一天前面就是公元前 1 年的最后一天。这是因为(小)狄奥尼西(Dionysius Exiguus),这个 6 世纪的修道士,他把一个基督纪年系统硬加在恺撒(Julius Caesar)历法的月和日之上,把年当作可计数的东西,正如我们的"太爷"那样。这样,基督纪元的第一年就被当作 1 年,第二年当作 2 年,等等。

这个错误是容易理解的。观察一把普通的文具尺。(本书中这不是第一次出现。令人吃惊的是在数学——甚至高等数学——中有多少次会回过头来提到这种标价 1.89 美元的尺上的刻度。)是的,上面标有 12 个英寸。是的,你可以数出它们:1,2,3,4,…,12。但如果你是一只蚂蚁,并且你从尺的左端开始走向右端,而你恰好走过了第一个半英寸,你在哪里?在第一个英寸的中间吗?是的。那么,是在 1 英寸的中间?当然,如果你喜欢这样说的话。但是你已经走过的距离的精确**度量**是多少?好啦,它是 0.5 英寸。因为行走是一个持续的过程——因为蚂蚁最终将走过尺上**所有的点**——这对数学家来说是一个有趣得多也重要得多的数。因此他更愿意说你在第零英寸的一半处(也就是第零英寸这段路程的 0.5 处),给出的位置是 0.5。

现代人对数学足够精通,他们大多数时间会很自然地这样想。事实上,在那些对千禧年持异议的人看来——或许在 1999 年 12 月 31 日午夜狂欢的人看来,依你所要采取的观点而定——这就是造成混淆的根源。持异议者说:"如果你们把从公元纪年开始的那一刻直到 1999 年末的这段时间进行**度量**,你们只有 1999 个整年。你们应当等到 2000 个整年过去之后。"他们把度量的逻辑硬加在一个根据计数的逻辑所创立的系统之上。另一方面,狂欢者说:"来到的这一年编号是 2000!嗬!"——完全是计数的逻辑。然而同样是这些狂欢者,如果问到他们小宝宝的年龄,他们也许会回到度量的逻辑上去:"哦,他只有半岁。"这就是说,他的年龄是 0.5 岁——度量的逻辑,至少和中国传统的做法相比是这样。(当然,他们也许会说"6 个月……",使得这个问题更混乱。)

我有一次同作家和文字学家小巴克利(William F. Buckley, Jr)就"data"(数据)一词展开了友好的争论。这是个单数词还是个复数词?这个词来源于拉丁语的动词 dare,"给予"。由此,按照拉丁语语法的一般变化过程,可以形成一个动名词(即动词性的名词):datum,意思是"那个被给予的"。由此你可以转而得出一个复数:data——"那些被给予的东西"。然而,我们正在说的是英语,不是拉丁语。很多拉丁语中的复数词在英语中被用作单数词——例如,agenda(日常工作事项)。没有人会说"The agenda are prepared"*。英语是**我们的**语言;如果我们从别的语言中借来一个词,我们可以按照我们的意愿使用它。

我成年后一直同数据打交道,我很了解它是什么。它是一种**东西**,由无数微小的部分组成,很难把它们一一区分开。——正如米饭、沙或草。这种东西在英语中需要和单数动词形式连用("The rice is cooked")或者和度量词连用。如果你要取出一小部分并表述它,你就

---

* 这里的 agenda 原为 agendum 的复数形式,但英语中一般用作单数,而在本例句中仍用作复数。——译者

要用一个度量词:"A grain of rice","An item of data"。事实上,一个正在处理数据的人,凭直觉**就是**这样说的。以数据为业的人当中,从来没有人说"One datum, two data"。* 如果有人真这样说,那么没有人会听得懂。然而,语法学家们仍然要求我们说"The data are..."。我断定在这个问题上,语法学家最终将打败仗。

作为最后一个例子,我学生时代做礼拜时,一个问题总是困扰着我:根据耶稣基督自己的预言,"三天后我将重生",那么在复活前,耶稣基督要在他的墓中躺三天。三天? 耶稣被钉死在十字架上发生在星期五——受难节(复活节前的星期五)。复活发生在星期日。用度量方式算,是 48 小时,而用计数方式算,确实是 3 天(星期五,星期六,星期日),编写《新约全书》的希腊化的学者们就是这样计算的。

Ⅲ.   黎 曼 假 设

ζ 函数的所有非平凡零点的实部都是 $\frac{1}{2}$。

黎曼假设的产生来自计数逻辑和度量逻辑的邂逅,本章标题称之为伟大的聚变。把它放入精确的数学名词中;当来自**算术**的某些观念同来自**分析**的某些观念结合在一起的时候,就产生了一个新的事物,数学之树上的一个新的分支,解析数论。

概述一下我在第 1 章Ⅷ中给出的数学传统范畴。

- 算术——研究整数和分数。

- 几何——研究空间图形。

- 代数——使用抽象符号表示数学对象(数,线,矩阵,变换),并研究这些符号如何组合的规则。

- 分析——研究极限。

这个四分体系于 1800 年前后在人们心中完全确立,而我在本章中

---

* 这里前者使用理论上的单数形式,后者使用理论上的复数形式。——译者

将要描述的伟大的聚变是观念的聚变,这些观念直到 1837 年还分别存在于上述两个标题即算术和分析之下。这个聚变开创了**解析数论**这门学科。

我们如今对这种想象力上的飞跃已经习以为常了,或许有点儿擅长这种事。事实上在今天,除了解析数论,还有代数数论和几何数论。(我将在第 20 章 V 介绍一点代数数论。)然而,在 1830 年代,把原先被认为没有关联的两个领域中的概念结合起来,还是一件十分令人吃惊的事。在我向你介绍关于这方面故事的主角之前,我还是需要再说一点他所联结的那两个学科。

Ⅳ. 在我要说的那个时代——19 世纪初——分析还是数学中最新和最迷人的分支,最伟大的进展在这个领域发生,最敏锐的头脑在这个领域工作。在 19 世纪末,同这个世纪之初比起来,我们对算术、几何和代数知道得更多,但我们对分析知道得多得**太多**。事实上,在那个世纪开始的时候,分析的最基本概念,即极限的概念,甚至对最好的头脑来说也不是理解得很清楚。如果你问欧拉,甚至问年轻的高斯,分析都是关于什么的,他会说:"它是关于无穷大和无穷小的。"如果你再问欧拉,准确地说无穷大**是**什么,他会咳嗽一阵,走出房间,要不然就开始讨论"是"的意义。

分析学真正开始于 17 世纪 70 年代牛顿(Newton)和莱布尼茨对微积分的发明。**极限**的概念,这个把分析从数学其他部分分离出来的概念,无疑是微积分的基础。如果你在学校坚持上完一堂微积分的课,你可能对一张画着一条曲线同一条直线在两个点上相交的图有一些朦胧的记忆。"现在",教员说,"如果你让这两个点靠得越来越近,**在极限处……**"其余的你就忘了。

微积分不是分析的全部——调和级数的发散就是分析的一个定理,但它不属于微积分,微积分在德奥雷姆的时代还不存在。分析中还有别的相当大的领域严格说来不属于微积分。例如,1901 年由勒贝格开创的测度论,以及集合论的大部分。不过我认为,公平地说,甚至分析学的这些新的非微积分的领域也是随着完善中的微积分概念开始发展的——在勒贝格的例子中,是对"积分"给出一个更好的定义。

分析所讨论的概念——是"无穷大和无穷小",欧拉会这样说;是"极限和连续性",他的现代同行会这样主张——是人类头脑最难把握的概念之一。这就是为什么微积分对那么多聪明人来说也如此可怕。所有这些困惑的起因,在数学史上很早就提到了——大约在公元前 450 年,一位名叫芝诺(Zeno)的希腊哲学家就提出过。(芝诺问)运动怎么可能发生? 一支箭,如果它在任何给定的瞬间必定处于**某个地方**,那我们怎么能说它是运动的呢? 如果全部时间由一个个瞬间组成,而运动在任何给定的瞬间都不可能发生,那么运动在整体上怎么可能发生呢?

在 18 世纪初,当微积分第一次被受过普通教育的公众所知的时候,无穷小的概念受到很多嘲笑。爱尔兰哲学家贝克莱(George Berkeley,1685—1753 年——加利福尼亚州一个城市以他的名字命名*)就是一个著名的怀疑论者:"那么这些微小的增量是什么? 它们既不是有限的量,也不是无限小的量,更不是什么也不是。难道我们不可以把它们叫做死去的量的幽灵吗?"

人们在对这些观念的把握中遇到的困难揭示了数学思想在某种程度上是极度非自然的。它变得与人类的思想和语言完全格格不入。不用说分析,甚至连基础算术也是如此。在《数学原理》(*Principia Mathematica*)的前言中,怀特黑德(Whitehead)和罗素(Russell)特别提到:

---

* 该城市中文译名为"伯克利"。——译者

这部著作观念的抽象性使语言无法胜任。语言可以把复杂的观念表述得比较简单。命题"鲸是大的"体现了语言的最高水平,为一个复杂的事实给出了简洁的表达;而对"1是一个数字"的真正分析却会导致语言上难以忍受的冗长。

(他们没有瞎说。《数学原理》用了345页来定义数"1"。)

这确实是对的。一头鲸,以任何说得通的复杂标准,它都是远远比"五"复杂得多的事物,然而对于人类头脑的理解来说,它又是简单得多的事物。任何知道鲸的人类部落,在他们的语言中一定会有一个词用来指鲸;然而有的民族他们的语言中却没有用来指"五"的词,即使五个一组的状态就确确实实地存在于他们的手指头上!我再说一遍,数学思想是一种极度非自然的思维方式,这大概就是为什么它使那么多人反感。然而,如果这种反感能真正被克服,是有很多好处的!想一想,引进"零"的概念经过了2000年的斗争——只是到大约400年前它才被广泛接受为数学中一个合法的数字。如今我们哪里缺得了它?

和分析比起来,算术是被广泛使用的。最容易、最方便理解的数学分支。整数?显然对计数是有用的。负数?在一个寒冷的日子里,如果你想知道温度,就不能没有它。分数?对,我当然知道一个$\frac{3}{8}$的螺帽拧不到一个$\frac{13}{32}$的螺栓上去。如果你给我一点时间以及纸和铅笔,我也许能告诉你一个$\frac{15}{23}$的螺帽能否拧到一个$\frac{29}{44}$的螺栓上去。这有什么可怕的呢?

实际上,算术有一个奇怪的特点,在算术中陈述一个问题相当容易,要证明它却极为困难。那是在1742年,哥德巴赫(Christian Goldbach)提出了他的著名猜想:每个大于2的偶数,都能被表示为两个素数之和。为了证明或证否这个简单的断言,这个星球上一些最好的头脑努力了 260 年还是失败[这至少已促成了一部小说的产生,佐克西亚季斯(Apostolos Doxiadis)的《彼得罗斯大叔和哥德巴赫猜想》(*Uncle Petros and Goldbach's Conjecture*)[29]]。在算术[30]中有一千个像这样的猜想;有些被证明了,但大部分仍然悬而未决。

无疑,高斯在拒绝参与竞逐解决费马大定理的奖金的时候,他心里对这一点知道得非常清楚。奥伯斯(Heinrich Olbers)要求高斯参加竞逐,高斯回答他"说实话费马定理……对我来说没多大吸引力,因为我能容易地做出一大批这样的命题,既不能证明也不能推翻它们"。

必须说,在这件事情上,高斯的冷漠态度反映了一种少数人的观点。一个能用几句简单的话表述的问题,却几十年或者——对哥德巴赫猜想和费马大定理来说——几个世纪也不能被最好的数学天才证明,这样的问题对大部分数学家来说,有一种不可抗拒的吸引力。他们知道,通过解决这样的问题可以得到巨大的名声,就像怀尔斯(Andrew Wiles)解决了费马大定理的时候那样。他们也从这些题目的历史中知道,甚至失败的尝试也能产生有用的新的结果和技巧。当然,这里还有马洛里因素。当《纽约时报》的记者问马洛里(George Mallory)为什么他要攀登珠穆朗玛峰的时候,马洛里回答:"因为它在那里。"

Ⅴ. 度量和连续性二者之间的联系是这样的。既然理论上对一个量能被测到的精度没有极限,那么把可能的度量结果全部列出来就是无穷的,并且是无穷精确的。在 2.3 英寸和 2.4 英寸的度量结果之间有中间的、更精确的度量结果 2.31,2.32,2.33,…,2.39 英寸;而这些又能被依次分得更小,**以至无穷**。因此,我们可以想象从一个测量值到任何另一个值之间连贯地旅行,经过位于两者之间的无穷多个其他测量值,从没发现自己(可以说)在某个数上不能立足。这个连贯性观念——经过某个空间或某个间隔而不曾跃过一个空隙——隐藏在极其重要的数学概念即**连续性**和**极限**的背后。换句话说,它隐藏在整个分析学的背后。

与此对照,当计数的时候,在七和八之间什么也没有;我们必须从一个跳到另一个,在两者之间没有踏脚石。你可以量出某个东西是七个半单位,但是你不能数出七个半物体。(你可能提出反对,说:"如果我说我有七个半苹果呢? 那不是数出来的吗?"对此的答案是"我可以同意你这么说……但是除非你确信那**精确地**是一个苹果的一半,如同拉里、柯利和穆厄精确地是三个人一样精确。它难道不可能是0.501个苹果吗,或者0.497个……?"于是立刻就有:如果我们要解决这个问题,我们就必须走进度量的王国。"七个半弦乐四重奏"只能是**骗人**的。)

算术和分析——亦即计数和度量,数的**断奏**和数的**连奏**——的伟大聚变是作为探究素数的结果而产生的,这一探究在 1830 年代由狄利克雷(Lejeune Dirichlet)领衔。狄利克雷(1805—1859 年)虽然名字如此*,但他是德国人,出生于科隆附近的一个小镇,在那里他接受了他的大部分教育。[31]他是德国人这个事实本身值得一提,因为由狄利克雷和黎曼实现的算术和分析中的观念的聚变,发生在整个数学的一个意义比较广泛的社会变化中,这一变化即德国人的崛起。

Ⅵ. 如果你写一个表,列出一打左右工作在 1800 年前后的最伟大的数学家,看来多少是像这样的:阿尔冈(Argand),波尔约(Bolyai),波尔查诺(Bolzano),柯西(Cauchy),傅里叶(Fourier),高斯,热尔曼(Germain),拉格朗日(Lagrange,也许是),拉普拉斯(Laplace),勒让德,蒙日(Monge),泊松(Poisson),华莱士(Wallace)。不同的写表者,或者

---

* 这个名字来自法文。——译者

这个写表者在不同的心情下,当然可能在这里加一个名字,或者在那里减一个名字,但是在这个表的最显著特征上不会有任何区别,那就是总体上几乎没有德国人。高斯是仅有的一个。有一个苏格兰人,一个捷克人,一个匈牙利人,还有一个是"有争议的"[拉格朗日,教名朱塞佩·拉格朗吉亚(Giuseppe Lagrangia),意大利和法国都声称他是本国人]。其余都是法国人。

工作在1900年前后的数学家要多得多,所以开列那一年的表将相应地更像是一场短兵相接的争斗。然而,我相信以下各位在某种程度上引起的争议最少:波雷尔(Borel),康托尔,卡拉泰奥多里(Carathéodory),戴德金,阿达马(Hadamard),哈代,希尔伯特(Hilbert),克莱因(Klein),勒贝格,米塔-列夫勒(Mittag-Leffler),庞加莱(Poincaré),沃尔泰拉(Volterra)。四个法国人,一个意大利人,一个英国人,一个瑞典人,以及**五个德国人**。[32]

德国在数学上的声望提高同我在第2章和第4章概述过的某些历史事件有密切关系。由于腓特烈大帝的各种改革,1806年在耶拿的战败让普鲁士人看到,他们仍然有某种方法使他们的国家实现现代化和变得强大。尽管因维也纳会议在统一各德语民族上失败而遭到打击(正如民族主义者所看到的),由反对拿破仑的长期战争和浪漫主义运动激发起来的不断高涨的民族主义激情还是进一步促进了改革。在耶拿战败后的那几年,普鲁士军队在普遍征兵制的基础上实行改编,农奴制被废除,对工业的限制被撤销,税收和整个财政制度被彻底变革,第2章Ⅳ中已经提到的威廉·冯·洪堡的教育改革付诸实施。较小的德意志国家都以普鲁士为榜样,整个德意志很快就成为一块适宜的土壤,适合于科学、工业、发展、教育——当然,还有数学。

19世纪德国数学地位的提高或许还要加上另一个较为次要的原因。那就是高斯。他是我开列的1800年前后名单中唯一的德国人;而正如十个一角硬币等于一块钱,一个高斯至少抵得上十个普通的数学家。他曾经在格丁根的天文台就职并在那里教过书(虽然他不喜欢教书,而且尽可能少教书,以远离这个工作),这个事实就足以把德国和格丁根放在任何对数学有兴趣的人的精神地图上了。

Ⅶ. 那就是狄利克雷在其中成长的世界。他生于 1805 年,比黎曼早一代,是普鲁士莱茵省科隆以东 20 英里一个小镇上的邮政局长的儿子,也是冯·洪堡改革中等教育的高级中学体系的第一代受益者之一。他一定是学得特别快,到 16 岁时他已经获得了进入大学所必需的所有资格。已经着迷于数学的他,动身前往仍然是世界数学之都的巴黎,随身携带着比其他一切都更珍视的那部书,高斯的《算术研究》(*Disquisitiones Arithmeticae*)。1822—1825 年在巴黎期间,狄利克雷听了当时许多法国巨星所开的课,至少包括我在前面开列的表上的四位:傅里叶、拉普拉斯、勒让德和泊松。

1827 年,当时 22 岁的狄利克雷回到德国,在西里西亚的布雷斯劳大学任教。(布雷斯劳今属波兰,在现代地图上的名称是弗罗茨瓦夫市。)他在探险家、也是威廉·冯·洪堡的兄弟亚历山大·冯·洪堡(Alexander von Humboldt)的帮助和鼓励下得到这个职位。两位冯·洪堡在德国 19 世纪初的这些文化发展中都是关键人物。

然而在柏林以外,德国的大学处于我在第 2 章Ⅶ描述过的环境之中,主要是培养教师、律师等。因为不满意布雷斯劳,狄利克雷在柏林大学谋得了一个职位,在那里教书,度过了他的大部分教授生涯——1828—1855 年。在他教过的那些学生中,就有来自德国北部文德兰地区的卓越而害羞的年轻学者伯恩哈德·黎曼,他从格丁根大学转来,以寻求最好的数学教育。我将在第 8 章中更多地谈论狄利克雷对黎曼的影响;在这里我只是提一下这种联系。事实上,通过这种联系,黎曼开始对狄利克雷崇敬万分,认为他是继高斯之后在世的第二个最伟大的数学家。

狄利克雷同丽贝卡·门德尔松（Rebecca Mendelssohn）结了婚，她是作曲家费利克斯·门德尔松（Felix Mendelssohn）的妹妹，因此成了许多对门德尔松-数学联姻中的一对。[33]

我们还有一些关于狄利克雷和他在柏林期间教学风格的片断。这些材料来自托马斯·赫斯特（Thomas Hirst），他是一个英国数学家和日记作家，1850年代花了很多时间在欧洲旅行，关注所有他能找到的与数学有关的东西。1852—1853年的秋冬季节他在柏林，在那里他和狄利克雷交了朋友，还听了狄利克雷的课。赫斯特的日记中写道：

1852年10月31日：狄利克雷在材料的丰富性和洞察力的清晰性方面不可能被超越：作为一个演讲者他没有什么优势——他说话一点儿也不流利，但清澈的目光和理解力使得流利与否可以被忽略：你不在意的话就注意不到他结结巴巴的言谈。他的特点是，他永远看不见他的听众——当他不用黑板的时候，就面对着我们坐在高高的课桌前，把他的眼镜推到他的额头上，双手支着脑袋，他的眼睛不被手遮着的时候通常是闭着的。他不用笔记，从他的手中看出了想象中的算式，念出来给我们听——而我们也就理解了这个算式，就好像我们也看到了它。我喜欢这样的讲课。

1852年11月14日：……星期三晚上我和狄利克雷一起度过：再次见到狄利克雷夫人，发现她是门德尔松的妹妹——她给我演奏了几支她哥哥的曲子，我非常乐意地听着。

1853年2月20日：……狄利克雷也有他的怪僻——其一是忘记时间；他把他的表掏出来，发现过了三点钟，**甚至一**

句话没说完就跑出去了。

Ⅷ. 对于我们这个故事的意图来说,狄利克雷的主要意义如下。为欧拉在 100 年前已经严格证明了的我称之为"金钥匙"的结果所鼓舞,1837 年狄利克雷把分析和算术中的概念结合在一起,证明了关于素数的一个重要定理。这被公认为解析数论的开端;它是关于算术和极限的。狄利克雷那篇开创性论文的题目是:(我抱歉地用德语说)Beweis des Satzes, dass jede unbegrenzte arithmetische Progression, deren erstes Glied und Differenz ganze Zahlen ohne gemeinschaftlichen Factor sind, unendlich viele Primzahlen enthält——"关于如下定理的证明:每个无穷等差数列,若它的首项与公差都是整数且没有公因子,则该数列包含无穷多个素数"。

取任意两个正整数,并且反复地把一个加到另一个上。如果两个数有公因子,得出的每个数也都有那个公因子;如反复地把 6 加到 15 上,你得到 15, 21, 27, 33, 39, 45, …其中每一个都有因子 3。然而,如果两个数没有公因子,就有可能在这个列表中得到一些素数。例如,如果我反复地把 6 加到 35 上,我就得到 35, 41, 47, 53, 59, 65, 71, 77, 83, …这里有许多素数——当然,也伴随着许多非素数如 65, 77。会有多少素数? 这个序列能包含无穷多个素数吗? 换句话说,对任意数 N,不管它有多大,我都能反复地把 6 加到 35 上足够多次而得到多于 N 个的素数吗? 由任意两个没有公因子的数构成的任何像这样的数列,都能够包含无穷多个素数吗?

是的,能够。事实上,情况确实如此。取任意两个没有公因子的数,并且反复地把一个加到另一个上。你将得出无穷多个素数(与无穷多个非素数混杂在一起)。高斯曾猜想情况就是如此——知道高斯的能力,人们往往会说他是凭直觉发现了它——但它是由狄利克雷在 1837 年的那篇论文中明确地证明的。正是在狄利克雷的证明中,那个伟大聚变的第一部分完成了。

实际情况甚至更有趣。取任意正整数,比如说9。若1不算作因子,则小于9的数中和9没有公因子的数有多少? 对,有6个这样的数,它们是:1,2,4,5,7,8。依次取这些数的每一个,并反复地把9加到其上。

1:10,19,28,37,46,55,64,73,82,91,100,109,118,127,…

2:11,20,29,38,47,56,65,74,83,92,101,110,119,128,…

4:13,22,31,40,49,58,67,76,85,94,103,112,121,130,…

5:14,23,32,41,50,59,68,77,86,95,104,113,122,131,…

7:16,25,34,43,52,61,70,79,88,97,106,115,124,133,…

8:17,26,35,44,53,62,71,80,89,98,107,116,125,134,…

不但这些数列的每一个都包含无穷多个素数(我在它们下面画了线),而且这6个数列的每一个都包含**相同比例**的素数。换句话说,如果你想象每个数列都延续下去直到邻近某个非常大的数 N,而不是仅仅到邻近134,那么每个数列将包含大致相同数目的素数,如果素数定理成立(在狄利克雷的时代它还没有被证明),那么这个数目大约是 $\frac{1}{6}(N/\ln N)$。如果 N 是134,$\frac{1}{6}(N/\ln N)$ 大约是4.55983336…。我列举的这6个数列分别出现5个、5个、4个、5个、4个和5个素数,平均数是4.6666…;偏高2.3%,对这样小的一个样本规模来说,这是相当好的了。

为了证明他的结果,狄利克雷从高斯在《算术研究》中用很大篇幅阐述的一种算术形式入手。数学家们称之为"同余算术"。你可以把它想象为时钟上的算术。暂时把钟面上的12替换为0。钟面上的12个小时现在读作0,1,2,3,…直到11。如果时间是8点钟,而你加上9个小时,你得到什么? 对,你得到5点钟。所以在这种算术中,8+9=5;或者如数学家们所说，$8+9 \equiv 5 (\text{mod } 12)$，读作"8 加 9 与 5 关于模 12 同余"。"模 12"这个说法的意思是"我根据一个把 12 个小时标记为 0 到 11 的钟面计算"。这可能看起来并不重要，但实际上同余算术非常深奥，充满了奇妙而难懂的结果。高斯是这方面杰出的大师；《算术研究》的七节内容没有一节能离开"$\equiv$"这个符号。

记住，《算术研究》是狄利克雷青年时代永恒的伙伴。当 1836 或 1837 年他开始研究这个问题的时候，才 30 岁出头，但对高斯关于同余的著作一定已经全部融会贯通了。其后不知怎的，欧拉 1737 年的成果——"金钥匙"——引起了他的注意。这给了他一个灵感；他把这两个东西放在一起，运用分析的一些基本技巧，得出了他的证明。

Ⅸ. 狄利克雷就这样首先拿起了算术与分析的联系这把金钥匙，并认真地加以利用。以我所使用的比拟，可以稍加夸张地说，他拧动了这把钥匙。我更倾向于说，他拿起了钥匙，领悟到它的美妙和潜能，再放下它，然后以它为原型做了一把相似的钥匙——你可以说，是把银钥匙——用来解决他面临的那个特殊问题。解析数论，这个伟大的聚变，直到 22 年后在黎曼 1859 年的论文中才展现出它所有的光辉。

不过回想一下，黎曼是狄利克雷的学生之一，而且当然了解这位长者的著作。事实上，在 1859 年论文的开头一段中，他就提到了狄利克雷的名字，同时也提到了高斯的名字。他们是他在数学上的两个偶像。如果说拧动了这把钥匙的是黎曼，那么正是狄利克雷首先向他展示了这把钥匙，并且证实了它确实**是**一把针对某些东西的钥匙；创立解析数论的不朽荣耀名副其实地属于狄利克雷。

但是确切地说，什么是金钥匙呢？欧拉在他房间里的烛光不停地工作，外面圣彼得堡的大街上"羊皮比龙"的秘密警察在来回巡逻，他留在世上让一百年后狄利克雷再来发现的东西究竟是什么呢？

第 7 章

金钥匙，以及改进了的素数定理

Ⅰ. 细心的读者会注意到，本书有关数学的各章在两条轨迹上进展。第 1 章和第 5 章都是关于那些无穷和的，一直说到由黎曼命名的一个数学对象"ζ 函数"；第 3 章是有关素数的，以黎曼 1859 年论文的题目为引导，由此说到素数定理（PNT）。显然，两个问题——ζ 函数和素数——通过黎曼对它们的兴趣而联结起来。事实上，通过以某种方式把这两个概念结合在一起，通过拧动金钥匙，黎曼开辟了解析数论的全部领域。但他是怎么做的？这个联结是什么？金钥匙**究竟**是什么？本章中我旨在回答这个问题——向你展示这把金钥匙。然后我将通过给出 PNT 的一个改进的版本来开始准备拧动金钥匙。

Ⅱ. 从"埃拉托色尼筛法"开始。实际上，金钥匙正是欧拉寻找的用分析的语言来表述埃拉托色尼筛法的一种方式。

昔兰尼（如今是利比亚舍哈特的一个小镇）的埃拉托色尼（Eratosthenes）[34]是宏大的亚历山大图书馆的一个图书管理员。大约在公元前 230 年——欧几里得之后 70 年左右——他提出了用以寻找素数的著名筛法。这个方法是这样的。首先，从 2 开始写出所有的整数。当然，你不可能全都写出来，我们写到 100 上下。

| 2 | 3 | 4 | 5 | 6 | 7 | 8 | 9 | 10 | 11 | 12 | 13 | 14 | 15 |

16	17	18	19	20	21	22	23	24	25	26	27	28	29
30	31	32	33	34	35	36	37	38	39	40	41	42	43
44	45	46	47	48	49	50	51	52	53	54	55	56	57
58	59	60	61	62	63	64	65	66	67	68	69	70	71
72	73	74	75	76	77	78	79	80	81	82	83	84	85
86	87	88	89	90	91	92	93	94	95	96	97	98	99
100	101	102	103	104	105	106	107	108	109	110	111	112	113

好,从 2 开始,留下 2 不动,在 2 之后每隔一个数去掉一个。结果是:

2	3	.	5	.	7	.	9	.	11	.	13	.	15
.	17	.	19	.	21	.	23	.	25	.	27	.	29
.	31	.	33	.	35	.	37	.	39	.	41	.	43
.	45	.	47	.	49	.	51	.	53	.	55	.	57
.	59	.	61	.	63	.	65	.	67	.	69	.	71
.	73	.	75	.	77	.	79	.	81	.	83	.	85
.	87	.	89	.	91	.	93	.	95	.	97	.	99
.	101	.	103	.	105	.	107	.	109	.	111	.	113

2 之后没有被去掉的第一个数是 3。留下 3 不动,在 3 之后每隔两个数去掉一个,如果它还没有被去掉的话。结果是:

2	3	.	5	.	7	.	.	.	11	.	13	.	.
.	17	.	19	.	.	.	23	.	25	.	.	.	29
.	31	.	.	.	35	.	37	.	.	.	41	.	43
.	.	.	47	.	49	.	.	.	53	.	55	.	.
.	59	.	61	.	.	.	65	.	67	.	.	.	71
.	73	.	.	.	77	.	79	.	.	.	83	.	85
.	.	.	89	.	91	.	.	.	95	.	97	.	.
.	101	.	103	.	.	.	107	.	109	.	.	.	113

3 之后没有被去掉的第一个数是 5。留下 5 不动,在 5 之后每隔四个数去掉一个,如果它还没有被去掉的话。结果是:

2	3	.	5	.	7	.	.	11	.	13	.	.
.	17	.	19	.	.	.	23	.	.	.	.	29
.	31	.	.	.	.	.	37	.	.	41	.	43
.	.	.	47	49	.	.	.	53	.	.	.	.
.	59	.	61	.	.	.	.	67	.	.	.	71
.	73	.	.	.	77	79	.	.	.	83	.	.
.	.	.	89	.	91	.	.	.	.	97	.	.
.	101	.	103	.	.	.	107	.	109	.	.	113

5 之后没有被去掉的第一个数是 7。下一步就将是留下 7 不动,在 7 之后每隔六个数去掉一个,如果它还没有被去掉的话。7 之后没有被 去掉的第一个数则将是 11,如此等等。

如果你一直这样继续下去,你留下的数就全部是素数了。这就是 埃拉托色尼筛法。如果你恰在处理素数 p 之前——就是说,恰在做每 隔 $p-1$ 个数去掉一个之前——停止,你就得到了小于 p^2 的全部素数。 因为我是在处理 7 之前停止的,我就得到了直至 7^2 即 49 的全部素数。 在这些数的后面,你会看到某个数,像 77,就不是素数。

Ⅲ. 埃拉托色尼筛法相当直截了当,而且已经有 2230 年的历史了。 它怎样使我们进入 19 世纪中叶,进入函数论的深刻结果的呢? 事情是 这样的。

我将重复上面进行的过程。(这也是我如此细致地进行上述操作 的原因。)然而,这一次我要运用我在第 5 章末尾定义的黎曼 ζ 函数。 下面是关于某个大于 1 的数 s 的 ζ 函数。

$$\zeta(s) = 1 + \frac{1}{2^s} + \frac{1}{3^s} + \frac{1}{4^s} + \frac{1}{5^s} + \frac{1}{6^s} + \frac{1}{7^s}$$

$$+ \frac{1}{8^s} + \frac{1}{9^s} + \frac{1}{10^s} + \frac{1}{11^s} + \cdots$$

注意,以这种方式写的就表示写出了所有正整数——我们也是这样着手埃拉托色尼筛法的(但这次我把 1 也包括在内)。

我将要做的是在等号两边都乘以 $\frac{1}{2^s}$。由幂运算规则 7(例如,用 2^s 乘 7^s 等于 14^s),我得到

$$\frac{1}{2^s}\zeta(s) = \frac{1}{2^s}+\frac{1}{4^s}+\frac{1}{6^s}+\frac{1}{8^s}+\frac{1}{10^s}+\frac{1}{12^s}$$
$$+\frac{1}{14^s}+\frac{1}{16^s}+\frac{1}{18^s}+\cdots$$

现在我将要从第一个式子中减去第二个式子。在左边我有一个 $\zeta(s)$,又有它的 $\frac{1}{2^s}$。做减法得

$$\left(1-\frac{1}{2^s}\right)\zeta(s) = 1+\frac{1}{3^s}+\frac{1}{5^s}+\frac{1}{7^s}+\frac{1}{9^s}+\frac{1}{11^s}+\frac{1}{13^s}$$
$$+\frac{1}{15^s}+\frac{1}{17^s}+\frac{1}{19^s}+\cdots$$

这个减法从那个无穷和中去掉了所有的偶数项。我现在只剩下奇数项了。

回想一下埃拉托色尼筛法,现在我要在等号两边都乘以 $\frac{1}{3^s}$,而 3 是右边第一个还没有被去掉的数。

$$\frac{1}{3^s}\left(1-\frac{1}{2^s}\right)\zeta(s) = \frac{1}{3^s}+\frac{1}{9^s}+\frac{1}{15^s}+\frac{1}{21^s}+\frac{1}{27^s}+\frac{1}{33^s}$$
$$+\frac{1}{39^s}+\frac{1}{45^s}+\frac{1}{51^s}+\cdots$$

现在从前面一个式子中减去这个式子。在减左边的时候,把 $\left(1-\frac{1}{2^s}\right)\zeta(s)$ 当作一个整体,或者说是一个单独的数字(当然这是对于任

意给定的 s 而言的）。我有一个这样的整体，又有它的 $\dfrac{1}{3^s}$。做减法，我

得到它的 $\left(1-\dfrac{1}{3^s}\right)$。

$$\left(1-\frac{1}{3^s}\right)\left(1-\frac{1}{2^s}\right)\zeta(s)=1+\frac{1}{5^s}+\frac{1}{7^s}+\frac{1}{11^s}+\frac{1}{13^s}+\frac{1}{17^s}$$

$$+\frac{1}{19^s}+\frac{1}{23^s}+\frac{1}{25^s}+\frac{1}{29^s}+\cdots$$

3 的所有倍数都从那个无穷和中消失了。右边第一个还没有被去掉的数现在是 5。

如果我在两边都乘以 $\dfrac{1}{5^s}$，结果是

$$\frac{1}{5^s}\left(1-\frac{1}{3^s}\right)\left(1-\frac{1}{2^s}\right)\zeta(s)=\frac{1}{5^s}+\frac{1}{25^s}+\frac{1}{35^s}+\frac{1}{55^s}+\frac{1}{65^s}$$

$$+\frac{1}{85^s}+\frac{1}{95^s}+\frac{1}{115^s}+\cdots$$

现在，从前面那个等式中减去这个等式，而这次把 $\left(1-\dfrac{1}{3^s}\right)\left(1-\dfrac{1}{2^s}\right)\zeta(s)$ 当作一个单独的整体，我有一个这样的整体，又有它的 $\dfrac{1}{5^s}$。做减法

$$\left(1-\frac{1}{5^s}\right)\left(1-\frac{1}{3^s}\right)\left(1-\frac{1}{2^s}\right)\zeta(s)$$

$$=1+\frac{1}{7^s}+\frac{1}{11^s}+\frac{1}{13^s}+\frac{1}{17^s}+\frac{1}{19^s}+\frac{1}{23^s}+\frac{1}{29^s}+\frac{1}{31^s}+\cdots$$

5 的所有倍数都在这个减法中消失了，在右边还没有被去掉的第一个数是 7。

注意到这里同埃拉托色尼筛法的相似之处了吧？实际上，你应当首先注意到它们的区别。在进行前面的筛法时，我选择把每个原来的素数留在那里，只去掉它的 2,3,4,… 的倍数。而在这里，我在减法中把右边原来的素数连同它们的所有倍数一起都去掉了。

如果我继续进行下去直到某个相当大的素数，比方说 997，我将得到下式。

$$\left(1-\frac{1}{997^s}\right)\left(1-\frac{1}{991^s}\right)\cdots\left(1-\frac{1}{5^s}\right)\left(1-\frac{1}{3^s}\right)\left(1-\frac{1}{2^s}\right)\zeta(s)$$

$$=1+\frac{1}{1009^s}+\frac{1}{1013^s}+\frac{1}{1019^s}+\frac{1}{1021^s}+\cdots$$

现在，如果 s 是大于 1 的任意数，那么等号右边就只比 1 本身大极微小的一点儿。例如，如果 s 是 3，其计算结果是 1.0000006731036081534…。因此可以并非毫无把握地说，如果你一直重复下去，你会得到式 7.1 所示的结果。

$$\cdots\left(1-\frac{1}{13^s}\right)\left(1-\frac{1}{11^s}\right)\left(1-\frac{1}{7^s}\right)\left(1-\frac{1}{5^s}\right)\left(1-\frac{1}{3^s}\right)\left(1-\frac{1}{2^s}\right)\zeta(s)=1。$$

式 7.1

对大于 1 的任意数 s，左边对**每一个**素数都有一个带括号的表达式，并向左边一直延续下去。对这个式子的两边都依次逐个除以这些括号内的表达式，我就得到式 7.2 所示的结果。

$$\zeta(s)=\frac{1}{1-\frac{1}{2^s}}\times\frac{1}{1-\frac{1}{3^s}}\times\frac{1}{1-\frac{1}{5^s}}\times\frac{1}{1-\frac{1}{7^s}}\times\frac{1}{1-\frac{1}{11^s}}$$

$$\times\frac{1}{1-\frac{1}{13^s}}\times\cdots$$

式 7.2

Ⅳ. 这就是金钥匙。为了把它简练地展示给你们,先让我来做一点处理。我比你们更不喜欢分母为分数的分数,而我在这里可以介绍一个对减少打字有点用处的数学符号。

首先,回想幂运算规则 5,a^{-N} 意味着 $1/a^N$,而 a^{-1} 意味着 $1/a$。因此我可以把式 7.2 稍微简化一点,写成

$$\zeta(s) = (1-2^{-s})^{-1}(1-3^{-s})^{-1}(1-5^{-s})^{-1}(1-7^{-s})^{-1}(1-11^{-s})^{-1}\cdots$$

还有一个更简洁的方式来写这个式子。回想第 5 章Ⅷ中的符号 $\sum$ 。当我把一组具有相同形式的项相加的时候,我可以使用 $\sum$ 符号来缩写这个总和。好,当我把那些具有相同形式的项**相乘**的时候,也有一个相应的东西,即符号 $\prod$ 。它是希腊字母 π 的大写,代表"乘积"。下面是用 $\prod$ 符号写的式 7.2。

$$\zeta(s) = \prod_p (1-p^{-s})^{-1}。$$

这表示"s 的 ζ 函数等于对 1 减去 p 的负 s 次幂所得到的差的负 1 次幂取遍所有素数 p 的总乘积"。在 $\prod$ 符号下方的小"p"可理解为"取遍所有素数"[35]。回想一下 $\zeta(s)$ 作为无穷和的那个定义,我可以把左边重写,并得到式 7.3。

金钥匙

$$\sum_n n^{-s} = \prod_p (1-p^{-s})^{-1}。$$

式 7.3

左边的求和与右边的求乘积这两者都一路无穷尽地做下去。事实上,这提供了关于素数没有穷尽的另一个证明。如果素数有穷尽,那么右边的乘积就会穷尽,这样就会得出某个有限的数,而无论 s 的值是什

么。然而,当 $s=1$ 时,左边就是第 1 章中的调和级数,它"加起来就是无穷大"。因为左边的无穷大与右边的一个有限的数相等这种情况是不可能的,所以素数的数量必定是无穷的。

Ⅴ. 可能使你困惑的是,式 7.3 有多么了不起,以至于我给了它这样一个夸张的名字?

答案要到后面的章节我实际拧动金钥匙的时候才会完全清楚。在这个问题上,主要给人留下印象的——无论如何,数学家们会从它得到极深的印象——是这个事实: 在式 7.3 的左边我们有一个无穷和,它取遍所有的正整数 $1,2,3,4,5,6,\cdots$,同时在右边我们有一个无穷积,它取遍所有的素数 $2,3,5,7,11,13,\cdots$。

式 7.3——金钥匙——实际上被命名为"欧拉积公式"。[36]它第一次得见天日,是在一篇由欧拉所写的,并于 1737 年由圣彼得堡科学院发表的题为 Variae observationes circa series infinitas 的论文之中,虽然写法与此稍有区别。(题目可翻译成"关于无穷级数的几个观点"——把拉丁文和译文相比较,你就可以体会到我在第 4 章Ⅷ中说过的阅读欧拉的拉丁文时的那种舒畅感。)金钥匙在那篇论文中的实际表述如下:

定理 8

Si ex serie numerorum primorum sequens formetur expressio

$$\frac{2^n \cdot 3^n \cdot 5^n \cdot 7^n \cdot 11^n \cdot \text{etc.}}{(2^n-1)(3^n-1)(5^n-1)(7^n-1)(11^n-1)\text{etc.}}$$

erit eius valor aequalis summae huius seriei

$$1+\frac{1}{2^n}+\frac{1}{3^n}+\frac{1}{4^n}+\frac{1}{5^n}+\frac{1}{6^n}+\frac{1}{7^n}+\text{etc.}$$

这里的拉丁文意思是"如果根据素数序列形成下列式子……那么它的值将等于下面这个级数的和……"。另外,只要你知道一点拉丁文的词根("-orum"是所有格;"-etur"是现在时虚拟态被动式,等等),看欧拉的拉丁文就不用害怕了。

当我草草写下编写本书的一些想法时,我首先浏览了我书架上的一些数学教科书,以找出适合非专业读者们的对金钥匙的证明。我选定了一种在我看来容易接受的证明并把它收入书中。在书的写作进展到后面阶段时,我想我应该体现作为一个作者所应付出的努力,所以就去了一家学术图书馆(即位于曼哈顿市中心的纽约公共图书馆科学、工业和商业分馆,这是一个新建的馆,条件极好),从欧拉的著作集中找出了那篇原始论文。他对金钥匙的证明占了十行,比我从我那本教科书中选出的证明容易得多也漂亮得多。因此我抛开了我原先选择的证明,代之以欧拉的证明。本章第Ⅲ部分中的证明基本上就是欧拉的。下面这句话我知道是书生气的老一套,但它仍然是对的:你不可能找到比查找原始资料更好的方法。

Ⅵ. 向你们展示了金钥匙以后,现在我必须来做拧动它的准备了。这需要概括介绍相当多的数学知识,包括很少量的微积分。在本章剩下的部分,我将介绍让你理解这个假设及其意义所需要的那点微积分知识。然后,虽不得已但还是要为之,我将使用微积分来介绍PNT的经过改进了的版本——一种同黎曼的工作贴切得多的形式。

微积分教学在传统上是从一幅曲线图像着手。我马上要着手的图像就是在第5章Ⅲ中说明 ln 函数的那幅——我重新绘制了它,作为这里的图 7.1。想象你是一个非常小的——无穷小,如果你能做到的话——小人,从左向右沿着 ln 函数的曲线攀爬。首先,如果你从接近零的某个地方开始,坡度会非常陡,你需要攀岩的装备。然而,当你继续攀爬下去,坡度会变得越来越平坦。当你到达自变量 10 附近的时候,

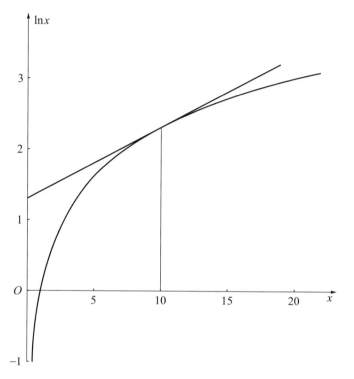

图 7.1　函数 lnx

你可以直立起来行走了。

　　曲线的坡度逐点地在变化。然而在每一个点上它都有一个确定的数值,正如当你在加速的时候,你的汽车在每一个点上都有一个确定的速度——就是说,如果你瞥一眼仪表盘,你就能看到速度值。如果你过一小会儿之后再瞥一眼,你会看到一个稍稍不同的速度值;而在这段时间中的每一个点都有某个确定的速度值。正是如此,ln 函数对于其域内的任意自变量(即所有大于零的数)都有某个确定的斜率。

　　我们怎样测量那个斜率? 它又是多少? 首先,让我来给出一条倾斜直线的"斜率"的定义。它是垂直方向的高度除以水平方向的宽度。如果走过 5 个单位的水平距离,我升高了 2 个单位的垂直距离,斜率就

是 $\dfrac{2}{5}$，或 0.4。见图 7.2。

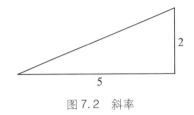

图7.2　斜率

　　为了得到曲线上任一点的斜率，我过那一点作那条曲线的切线。显然这样的直线只有一条；如果把这条直线稍稍"滚动"一下（设想它是一根钢条，而那条曲线是一个钢圈），那它在稍有差异的另外一点上与曲线相切。曲线在这一点上的斜率，就是那条唯一与它相切的直线的斜率。$\ln x$ 在自变量 $x=10$ 处的斜率，如果你测量它，结果就是 $\dfrac{1}{10}$。在自变量 20 处的斜率当然要小一些；它的测量值是 $\dfrac{1}{20}$。在自变量 5 处的斜率比较陡；它的测量值是 $\dfrac{1}{5}$。实际上，这是 ln 函数的又一个令人惊异的性质：在任一自变量 x 处的斜率是 $1/x$，即 x 的倒数，通常也写作 x^{-1}。

　　如果你上过微积分的课，这些听起来都会十分熟悉。实际上，微积分的起点就是：从任一函数 f，我可以导出另一个函数 g，它能度量 f 在任一自变量处的斜率。如果 f 是 $\ln x$，那么 g 就是 $1/x$。这个导出的函数就叫做 f 的"导数"，信不信由你。例如，$1/x$ 是 $\ln x$ 的导数。给你某个函数 f，你求导数的方法就叫做"微分法"。

　　微分法遵循一些简单的规则。例如它对于一些基本算术运算来说显而易见的。如果 f 的导数是 g，那么 $7f$ 的导数是 $7g$。（所以 7 乘以 $\ln x$ 的导数就是 7 乘以 $1/x$。）f 加 g 的导数就是 f 的导数加 g 的导数。但是这对于乘法不成立;f 乘以 g 的导数**不是** f 的导数乘以 g 的导数。

在本书中,除 $\ln x$ 以外,我关心其导数的唯一函数是简单的幂函数 x^N。我将不加证明地告诉你们,对任意数 N,x^N 的导数是 Nx^{N-1}。表 7.1 列出了全体幂函数导数的一部分。

表 7.1　x^N 的导数

函数	$\cdots$	x^{-3}	x^{-2}	x^{-1}	x^0	x^1	x^2	x^3	$\cdots$
导数	$\cdots$	$-3x^{-4}$	$-2x^{-3}$	$-x^{-2}$	0	1	$2x$	$3x^2$	$\cdots$

当然 x^0 就是 1,它的图像是平伸的水平线。它没有坡度,斜率为零。如果你对任何固定的数求微分,你得到的是零。而 x^1 就是 x;其图像是沿着对角线上升的直线,从图纸的右上角延伸出去;其导数是不变的 1。注意,没有一个幂函数的导数是 x^{-1},虽然看起来 x^0 好像适合这个地位。这并不意外,因为我们已经知道 $\ln x$ 的导数是 x^{-1}。$\ln x$ 又一次好像在试图冒充 x^0。

Ⅶ. 无疑你能回想起我不止一次说过的话,数学家们喜欢将事情逆反过来。这里有以 Q 表示 P 的形式;那么怎样以 P 表示 Q? 我先前就是这样引入 ln 函数的——把它作为指数函数的逆。如果 $a = e^b$,那么 b 怎样用 a 来表示? 它就是 $\ln a$。

于是假定,我对函数 f 求微分得到函数 g,那么 g 是 f 的导数。而 f 是……什么? 是 g 的什么? 微分的逆是什么? $\ln x$ 的导数是 $1/x$,那么 $\ln x$ 是……什么? 是 $1/x$ 的什么? 答案是:它是**积分**,就是这个。导数的逆是积分,微分的逆是**积分**。既然整个事情对于乘以一个固定的数来说是显而易见的,那么把表 7.1 上下掉转并作一点小改动,就得出表 7.2 所示的逆转表。

表 7.2 x^N 的积分

函数	...	x^{-3}	x^{-2}	x^{-1}	x^0	x^1	x^2	x^3	...
积分	...	$-\dfrac{1}{2}x^{-2}$	$-x^{-1}$	$\ln x$	x	$\dfrac{1}{2}x^2$	$\dfrac{1}{3}x^3$	$\dfrac{1}{4}x^4$	...

而实际上,只要 N 不等于 -1,x^N 的积分是 $x^{N+1}/(N+1)$。(看着上面的表,你可以又一次觉察到函数 $\ln x$ 如何力图表现得似乎它是 x^0,而实际上当然不是。)

如果导数有助于告诉我们函数的斜率——也就是在任意一点上的变化率——那么积分有助于什么?答案是:有助于求得图像下方的面积。

我在图 7.3 中展示的函数——它实际上是 $1/x^4$,或者说 x^{-4}——围出了在自变量 $x=2$ 和 $x=3$ 之间的一块特定区域。为了计算它的面积,你首先要算出 x^{-4} 的积分函数。根据上面的一般规则,它是 $-\dfrac{1}{3}x^{-3}$,也就是 $-1/(3x^3)$。像任何其他函数一样,它对于其域内的所有自变量都

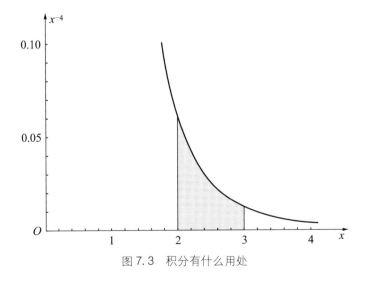

图 7.3 积分有什么用处

有一个值。为了得到从自变量 2 到自变量 3 的面积，你先计算在自变量 3 处的积分函数值，再计算在自变量 2 处的积分函数值，然后从第一个值中减去第二个值。

当 $x=3$ 时，$-1/(3x^3)$ 的值是 $-\dfrac{1}{81}$；当 $x=2$ 时，它是 $-\dfrac{1}{24}$。做减法，回想一下减一个负数就如同加一个相应的正数，$\left(-\dfrac{1}{81}\right)-\left(-\dfrac{1}{24}\right)=\dfrac{1}{24}-\dfrac{1}{81}$，就是 $\dfrac{19}{648}$，大约 0.029321。

数学家们对此有一种写法，$\displaystyle\int_{2}^{3}x^{-4}\mathrm{d}x$，读作"$x$ 负四次幂的关于 x 从 2 到 3 的积分"。（不必过分介意"关于 x"。它的意图是表明 x 作为我们正在计算的主要变量，它的积分需要算出来。如果在积分符号下出现其他变量，它们只是依附在那里；它们不用被积分。第 19 章对此有说明。）

现在，有时候你能使积分的右端走向无穷而得到一个有限的面积。它就像无穷和。如果取合适的值，它们可以收敛于一个确定的值。这里也一样。如果取合适的函数，它下方的面积可以是有限的，即使其长度无限。积分与和在一个很深的层次上有联系。积分的符号——首先由莱布尼茨在 1675 年使用——正是拉长了的"S"，它代表"sum"（和）。

请看，假设围出的这个区域不是到 3 为止，我把它一直延伸到 $x=100$。那么，因为 100 的立方是 1 000 000，我的计算就会像是这样：

$$\left(-\frac{1}{3000000}\right)-\left(-\frac{1}{24}\right)=\frac{1}{24}-\frac{1}{3000000}。$$

如果我继续向右延伸，显然第二个分数会更小。当我趋向于无穷大的时候，它逐渐减小到零，而我确实有理由写成 $\displaystyle\int_{2}^{\infty}x^{-4}\mathrm{d}x=\frac{1}{24}$。请注意当我实际使用积分算出一个面积的时候 x 是怎样消失的。我用数字代替它,最后又以一个数字作为我的答案。

就这么简单。我保证,本书中全部的微积分就是这些。然而,虽然我将不再对微积分作更多的介绍,但我马上就要开始使用微积分。我要用它来定义一个全新的函数,一个在素数理论和 ζ 函数中极为重要的函数。

Ⅷ. 首先,考虑函数 $1/\ln t$。图 7.4 显示了它的图像。我把自变量的符号由 x 改为 t,因为我对 x 还有不同于哑变量的其他用处。

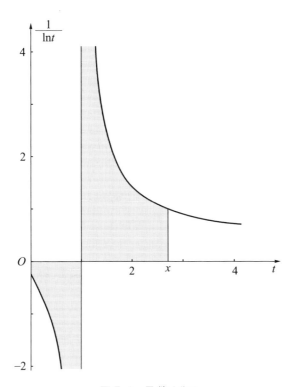

图 7.4　函数 $1/\ln t$

我同样把图像下方的一块区域涂成了阴影,因为我将做一些积分。积分法,正如我刚才介绍的,是计算函数图像下方面积的方法。首先你写出这个函数的积分,然后你按计算器。好,$1/\ln t$ 的积分是什么?

遗憾的是,没有普通常见的函数能用于表达 $1/\ln t$ 的积分。然而,这个积分非常重要。它在我们对黎曼假设的研究中频频出现。因为我们不想在每次提到这个麻烦的东西时总是不得不写 $\int_0^x (1/\ln t)\,dt$,我们就把它定义为一个新的函数,并声明它是具有同等资格的正常的像模像样的函数。

这个新的函数名为"积分对数函数"。通常代表它的符号是 $Li(x)$。(有时也用"$li(x)$"。)它被定义为[37] 那个图像——$1/\ln t$ 的图像——下方从 0 到 x 之间的面积。

这里涉及某个小把戏,因为 $1/\ln t$ 在 $t=1$ 处没有值(因为 1 的自然对数是零)。我将轻轻地一笔带过这个小麻烦,并向你们保证有一个巧妙的办法来应付它。只要注意当计算积分时,将水平轴下方的面积计为负的,使得随着 t 的增长,1 右边的面积要扣除其左边的面积。换句话说,$Li(x)$ 是图 7.4 中的阴影部分面积,以 $t=1$ 的左边的负值净抵其右边的正值(当 x 向右伸展时)。

图 7.5 是 $Li(x)$ 的图像。注意到当 x 小于 1 时它具有负值(因为在图 7.4 中的那部分面积是负的),在 $x=1$ 处它冲向负无穷大(正如你所预期的),但是随着 x 向 1 的右边进展,正的面积逐渐抵消负的面积,使得 $Li(x)$ 从负无穷大回来,在 $x=1.4513692348828\cdots$ 处达到零(即负的面积被完全抵消),此后则稳步增长。当然,它的斜率在任一点处都是 $1/\ln x$。请注意,正如我在第 3 章 IX 中表明的,这就是在 x 附近的一个整数是素数的概率。[38]

这就是为什么这个函数在数论中如此重要。你可以看到,随着 N 变得更大,$Li(N) \sim N/\ln N$。现在,PNT 断言 $\pi(N) \sim N/\ln N$。稍稍想一想就能让你确信,这里的波纹号是可传递的——就是说,如果 $P \sim Q$ 且

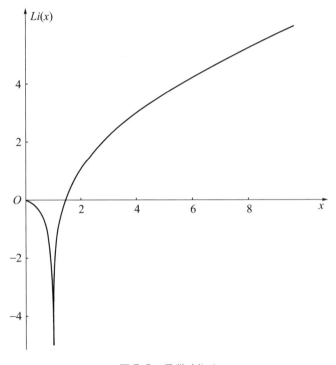

图 7.5　函数 $Li(x)$

$Q \sim R$,那么一定有 $P \sim R$。所以如果 PNT 成立——我们知道它确实成立,它在 1896 年已被证明——那么 $\pi(N) \sim Li(N)$ 一定也成立。

它不仅仅是成立的;不妨说,**它比成立还要成立**。我的意思是,$Li(N)$ 实际上是一个比 $N/\ln N$ 更好的对 $\pi(N)$ 的估计。一个好得多的估计。

表 7.3 说明,$Li(x)$ 是我们的整个研究中心。事实上,PNT 最常被说成 $\pi(N) \sim Li(N)$,而不是 $\pi(N) \sim N/\ln N$。因为波纹号是可传递的,所以两个式子是等价的,正如在图 7.6 中可以看到的。从黎曼 1859 年的论文中出现了一个准确的(虽然是未经证明的)关于 $\pi(x)$ 的式子,而 $Li(x)$ 是这个式子的先导。

表 7.3

N	$\pi(N)$	$\dfrac{N}{\ln N}-\pi(N)$	$Li(N)-\pi(N)$
100 000 000	5 761 455	−332 774	754
1 000 000 000	50 847 534	−2 592 592	1 701
10 000 000 000	455 052 511	−20 758 030	3 104
100 000 000 000	4 118 054 813	−169 923 160	11 588
1 000 000 000 000	37 607 912 018	−1 416 706 193	38 263
10 000 000 000 000	346 065 536 839	−11 992 858 452	108 971
100 000 000 000 000	3 204 941 750 802	−102 838 308 636	314 890

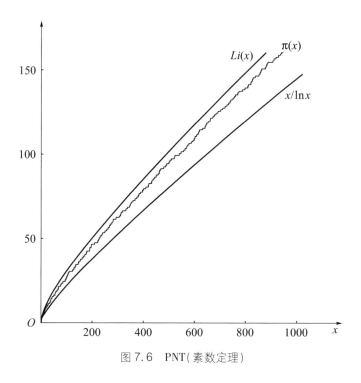

图 7.6　PNT(素数定理)

素数定理 PNT(经改进了的版本)

$$\pi(N) \sim Li(N)$$

还请注意关于表7.3的另一个问题。对于表上显示的所有 N 值，$N/\ln N$ 给出了对 $\pi(N)$ 的一个低的估计，而 $Li(x)$ 给出了一个高的估计。我把它作为一个评注留在这里，以备将来引用。

第8章

并非完全没有价值

I．到现在为止，我已经介绍了关于黎曼假设——关于素数定理（PNT），关于以其为主题的黎曼1859年的论文，其中第一次提出了这个假设——的深层背景。在本章中我将描述那篇论文的直接背景。这其实是两个缠绕在一起的故事：伯恩哈德·黎曼的故事，及19世纪50年代格丁根大学的故事，并偶尔去俄国和美国新泽西州去领略一下当地的风光。

你们心中应该有一幅关于19世纪30年代、40年代和50年代欧洲知识分子生活的宏大而概括的图景。当然，那是一个巨大变革的时代。拿破仑战争的动乱激发了民族主义和改革的新势力。工业革命在进行之中。我们习惯地置于"浪漫主义运动"名义之下的思想和感情的变化渗入到普通民众之中。19世纪30年代是一个动荡的时代，在长期战争消耗之后，精神运动获得了复苏，标志是法国的七月革命，波兰（那时它是俄罗斯帝国的一部分[39]）的民族主义起义，在德国人中对民族统一的鼓动，以及英国重要的选举法修正法案。托克维尔（Alexis de Tocqueville）访问美国，写下了关于平民政府的奇特新实验的深刻分析。在随后的十年中，更黑暗的势力开始活跃，并于1848年"革命之年"达到顶点，正如我们在第2章中看到的，它引起的动乱甚至一度深入到黎曼的领地。

在整个这段时期,格丁根大学都是个死气沉沉的地方,主要是由于高斯的存在才有了一丝光彩。这个大学在 1837 年由于我已经介绍过的"格丁根七人"被解雇而一度在政治上很出名,这件事最重要的影响是降低了这个大学的声望。巴黎仍然是名副其实的数学研究中心,同时柏林的地位上升得很快。在巴黎,柯西和傅里叶全面整理了分析学,使之建立在对极限、连续性和微积分的现代处理的基础之上。在柏林,狄利克雷在算术领域,雅可比(Jacobi)在代数领域,施泰纳(Steiner)在几何领域,艾森斯坦(Eisenstein)在分析领域,都取得了新的进展。在 19 世纪 40 年代,任何想要从事严谨数学研究的人,都想要住在巴黎或者柏林。这就是为什么年轻的黎曼去了柏林。那是 1847 年春,他 20 岁,对格丁根的教育水准感到失望,并强烈希望从事严谨数学研究。他在那里学习了两年,在这个期间对他影响最大的是狄利克雷,就是在 1837 年拿起金钥匙的那个人。狄利克雷私下里很喜欢腼腆而贫困的年轻人黎曼,他的态度,用海因里希·韦伯的话说,是让黎曼"感恩戴德"。

1849 年复活节过后,黎曼回到格丁根,在高斯的亲自指导下,开始了他的博士学位课程。很明显,他的愿望是成为这个大学的讲师。不过,那有很长的路要走。在格丁根执教不仅需要一个博士学位,而且还需要一张进一步的证书——"执教资格证书",那是一种第二博士学位,要通过写一篇论文和做一次试验性演讲才会被授予。这整个过程,博士学位和执教资格证书,花了黎曼五年多的时间——从 22 岁半到将近 28 岁——在这期间,他根本没有收入。

很快,黎曼在数学课以外听了物理和哲学的课程。这都是那些想在为大学准备生源的高级中学体系中任教的人的必修科目,如果黎曼得不到讲师的职位,中学教师几乎就是他唯一的职业选择。他可能以完成这些课程来为自己做两手准备。不过,他对这两门课都深感兴趣,因此纯粹的个人爱好可能对于他学这些课至少也是一个因素。格丁根的水准也提高了。1837年被解聘的格丁根七人之一，物理学家威廉·韦伯回到学校授课，政治气氛大大缓和。作为高斯的一位老朋友和同事——他们两人一起发明了电报——韦伯讲授一门实验物理学课，黎曼听了这门课。[40]

Ⅱ. 那五年没有报酬的研究工作对黎曼来说一定是艰苦的。他离家很远；从格丁根到奎克博恩有120英里，需要两天艰难且花费不菲的行程。不过他确实有一些同伴。1850年戴德金到了这个大学。那时戴德金19岁，比黎曼小5岁，也在力求获得博士学位。从《选集》中戴德金关于黎曼的传记性笔记可以清楚地知道，戴德金对他这位年长的同僚感到亲切和投契，并对他的数学才能表示极大的钦佩；而据此来判定黎曼在这方面的感受却要难得多。

他们两人在几个月之内分别获得了博士学位，黎曼在1851年12月，戴德金在下一年。两个人都是由高斯进行考核的，那时高斯75岁左右，但仍然能敏锐地留意到罕见的数学天才。对年轻的戴德金提交的数学上还不够成熟的论文，高斯的评语只比同意通过的套话略好一点。对黎曼的论文，他动了感情——而高斯是个很少动感情的人——"一项重大而有价值的成果，不仅符合对博士论文所要求的各项标准，而且远远超出了它们。"

高斯说得不错。（在数学上，我不能肯定他一贯如此。）黎曼的博士论文是复变函数论发展史上关键性的成果。我将在第13章中尝试对复变函数论作一个解释。眼下，只要说它是分析学的一个非常深刻、有影响而漂亮的分支就够了。在今天，你在复变函数论的课上首先学到的几乎就是关于一个表现良好并值得进一步研究的函数——柯西-黎曼方程。这些方程在黎曼的博士论文中第一次以现代的形式出现。这篇论文还包括对黎曼曲面理论的最初概述，那是函数论与拓扑学的融合——后者在当时是如此之新,以至于还没有形成有条理的知识体系,只有一些追溯到欧拉时代的零星结果。[41]黎曼的博士论文总而言之是一篇杰作。

黎曼和戴德金两人后来都继续投身于这场学术马拉松的第二段赛程,这是他们给自己委派的任务,即准备为获得大学教席所需要的资格论文和试验性演讲。

Ⅲ. 让我们暂且离开在格丁根的房间里辛苦地做着资格论文的黎曼,在时间上跳回一两年,在空间上跃出一千英里,去往圣彼得堡。从上次我们到那里以来,滔滔河水从那个城市的桥下流过,它们注视着欧拉在叶卡捷琳娜大帝的统治下心满意足地生活和富有成果地工作,尽管他老了,失明了。欧拉死于1783年,女皇本人死于1796年。叶卡捷琳娜那古怪而不负责任的儿子保罗(Paul)继承了她的皇位。保罗四年半时间的表现让贵族们受够了,贵族们发动了一场政变,绞死了保罗,让他的儿子亚历山大(Alexander)取代他。这个国家此后很快被卷入了同拿破仑以及本国说法语的贵族之间的冲突,托尔斯泰(Tolstoy)在《战争与和平》(War and Peace)中对这个时期的社会图景做了光彩夺目的描写。经过了战后一段时期亚历山大的专制统治,尽管发生了称为十二月党人的自由主义小集团的失败的起义,皇位还是在1825年传到了更守旧的专制主义者尼古拉一世(Nicholas I)手中。

然而,一而再、再而三地重申专制主义的原则也无法阻止巨大的社会变革,最令人难忘的是以普希金(Pushkin)、莱蒙托夫(Lermontov)和果戈理(Gogol)[42]为代表的现代俄国文学第一次大繁荣。圣彼得堡大学,这时是从科学院独立出来的机构,已经兴旺发达,而新的大学已在莫斯科、哈尔科夫和喀山建立起来。在喀山,大学以拥有伟大的数学家罗巴切夫斯基(Nikolai Lobachevsky)而自豪,他担任校长直到1846年被免职。罗巴切夫斯基是非欧几何的创立者,[43]关于非欧几何我还将作些简要的说明。

而这时,在 1849—1850 年,尼古拉一世已经统治了 25 年,作为尼古拉对欧洲 1848 年革命的反应,俄国知识分子的生命力遭受了又一次的压制。大学的入学人数大大减少,在国外从事研究工作的俄国人都被命令回国。在这样的氛围中,圣彼得堡大学的一位年轻讲师发表了关于素数定理 PNT 的两篇卓越的论文。

关于帕夫努季·利沃维奇·切比雪夫(Pafnuty Lvovich Chebyshev),要说的第一件事就是,他的姓氏对于资料检索来说是一场噩梦。为写作本书,我找到了这个姓氏的 32 种不同译法:谢比谢夫(Cebysev),谢比雪夫(Cebyshev),切彼切夫(Chebichev),切比切弗(Chebycheff),切比切夫(Chebychev),等等,等等。

如果帕夫努季这个罕见的名字引起了你的注意,那不只是你一个人会这样。它在 1971 年左右便引起了数学家戴维斯(Philip J. Davis)的注意。戴维斯着手探究"帕夫努季"的由来,并写了一本关于他研究工作的极有趣的书《线索》(*The Thread*,1983 年)。很简单地说,"帕夫努季"(Pafnuty)这个名字源于由埃及基督教带入欧洲的科普特语(Papnute="上帝的人"),它还是 4 世纪一位不太出名的神父的名字。帕夫努季斯(Paphnutius,按照他通常的拼法)主教生活在尼恰教区,他反对教士的禁欲。戴维斯顺便注意到的较晚的一位帕夫努季,那是博罗夫斯克的圣帕夫努季(St. Pafnuty),他是一位鞑靼贵族的儿子,20 岁时进入修道院,在那里一直待到 1478 年 94 岁时去世。这位帕夫努季的传记作者说:"他是一名童男子和苦行者,并且因此而成为伟大的奇迹创造者和先知。"(在本章的写作过程中,我收到我的网络专栏的一位读者发来的电子邮件,要我为她的新狗起个名字。于是在美国中西部某地,现在有一位帕夫努季是追猎松鼠的。)

我们的这位帕夫努季,可以说就是一个奇迹创造者。在 1837 年狄利克雷拿起金钥匙和1859年黎曼拧动它之间,在PNT的证明上唯一真正获得进展的荣誉应归于帕夫努季。离奇的是,他最初大部分的工作没有汇入对PNT研究的主流,而是开拓了这条小河的一条更小的支流,它流入地下,过了100年之后才重见天日。

切比雪夫实际上写了两篇关于PNT的论文。第一篇标注的时间是1849年,题为"论确定小于一个给定限度的所有素数之和的函数";请注意它与10年以后黎曼论文的题目的相似性。在这篇论文中,切比雪夫拿起了欧拉的金钥匙,用比12年前狄利克雷更进一步的方法拨弄它,并且得出了下面的有趣结果。

切比雪夫的第一个结果

如果对于某个固定的数 $C, \pi(N) \sim \dfrac{CN}{\ln N}$,

那么 C 一定等于1。

当然,问题是有那个"如果"。切比雪夫没能超越它,半个世纪中也没有其他任何人能超越它。

切比雪夫的第二篇论文,标注的时间是1850年,要深奥得多。这篇论文没有再使用金钥匙,而是从苏格兰数学家斯特林(James Stirling)在1730年为得到对大数的阶乘函数的近似值而证明的一个公式出发。(N 的阶乘是 $1 \times 2 \times 3 \times 4 \times \cdots \times N$。例如,5的阶乘是120:$1 \times 2 \times 3 \times 4 \times 5 = 120$。对 N 的阶乘常用的符号是"N!"。斯特林的公式讲的是,对于大的 N 值,N 的阶乘大约是 $N^N \mathrm{e}^{-N} \sqrt{2\pi N}$。)切比雪夫将此变换成一个不同的公式,其中包含一个阶梯函数——即这样一个函数,它对一个范围内的自变量具有相同的值,然后跳跃到另一个值。

正是用这些工具,以及一些很基本的计算,切比雪夫得到了两个重

要的结果。第一个结果是对法国数学家贝特朗（Joseph Bertrand）在
1845 年提出的"贝特朗假设"的证明。这个假设说，在任何数和它的两
倍之间（例如，在 42 和 84 之间）总是能找到一个素数。第二个结果表
述如下。

切比雪夫的第二个结果

$\pi(N)$ 与 $\dfrac{N}{\ln N}$ 的差距上下不可能超过大约 10%。

这第二篇论文在两个方面很重要。首先，它对阶梯函数的运用可
能启发了黎曼在他 1859 年的论文中对一个类似函数的运用，我在后面
将详细说明。无疑，黎曼知道切比雪夫的工作；这个俄国数学家的名字
曾经出现在黎曼的笔记中（拼作"采比切夫"（Tschebyschev））。

不过，切比雪夫在这第二篇论文中的近似界线更值得注意。他完
全没有用复变函数论来得到他的结果。数学家有一种简略的方式表述
这个事实。他们说切比雪夫的方法是"初等的"。黎曼在他 1859 年的
论文中没有使用初等的方法。他把复变函数论的强大功能作用于他正
在研究的问题。他得到的结果是如此引人注目，使得其他数学家以他
为带头人，紧随其后开展研究，而且使得 PNT 至少可以用黎曼的非初等
方法来证明。

PNT 应该有可能用初等方法证明，这留下了一个悬而未决的问题，
然而几十年过去后，人们普遍认为是不可能有这样的证明。因而在英
厄姆（Albert Ingham）1932 年的教科书《素数的分布》（*The Distribution of
Prime Numbers*）中，作者在脚注中说"素数定理的（一个）'实变量的'证
明，就是说一个没有或明或暗地包含复变量的解析函数概念的证明，从
来没有被发现过，并且我们现在能明白为什么会这样……"

后来,让所有人大吃一惊的是,这样的一个证明在 1949 年**居然**被塞尔贝格(Atle Selberg)发现了,他是一位挪威数学家,在美国新泽西州的普林斯顿高等研究院工作。[44]对这个结果存在许多争论,因为塞尔贝格把他的一些初步想法通报给了行为古怪的匈牙利数学家爱尔特希(Paul Erdös),爱尔特希又把它们用于他自己在同一时间所作的证明。爱尔特希的两部通俗传记在他 1996 年去世以后出版,好奇的读者可以在这两部书的任何一本中找到关于这个争论的全部记录。这个证明在匈牙利被称为爱尔特希-塞尔贝格证明,而在其他地方被称为塞尔贝格证明。

除了他的研究工作之外,切比雪夫还是其学科的一位杰出的教师和鼓吹者。他的弟子们把他的思想和方法带到俄国其他大学,到处都引起了兴趣并提高了那里的水平。切比雪夫 70 多岁还十分活跃,他还是一个敏锐的发明者,他创制的一系列计算机器仍然保存在莫斯科和巴黎的博物馆里。月球上有一个环形山以他的名字命名,大约位于西经 135 度,南纬 30 度。[45]

Ⅳ. 在说完切比雪夫之前,我至少还要简略地提到他那著名的偏倚——我指的是在数论专家中很著名。

如果你把一个素数(2 除外)除以 4,余数一定是 1 或者 3。这些素数会表现出什么偏爱吗? 是的,它们会:到 $p = 101$,有 12 个素数余 1,13 个余 3。到 $p = 1009$,这两个数目分别 81 和 87。到 $p = 10\ 007$,它们是609 和 620。显然,那些余 3 的素数对于那些余 1 的素数来说有一点小而持久的优势。这就是切比雪夫偏倚的一个例子,它是由切比雪夫在1853 年的一封信中第一次提到的。这种特殊的偏倚在 $p = 26\ 861$ 的时候终于被打破,那时候余 1 的素数取得暂时领先。即使如此,那也只不过是个暂时性的异常:真正的第一次违规**地带**是从 $p = 616\ 877$ 到617 011 的 11 个素数。就我所能验证的,在前 580 万个素数中,只有

1939 个是**余** 1 的领先。在这些素数中的后 4 988 472 个中,余 1 的**一次**也没有领先过。

如果用 3 作除数,这个偏倚更为夸张。在这里,余数(一旦你过了 $p = 3$)可以是 1 或者 2,而偏倚是向着 2。这个偏倚直到 $p =$ 608 981 813 029 才被违反。现在**这个反例**倒是一个偏倚了!它是在 1978 年由贝斯(Carter Bays)和赫德森(Richard Hudson)捕捉到的。我将在第 14 章再次提及这个切比雪夫偏倚。

Ⅴ. 1852 年秋,在黎曼做他的任教资格论文的第一年,他再次遇到了狄利克雷。整个情节很感人,我从戴德金写的传记中摘录一段。

> 1852 年的秋季假期,狄利克雷在格丁根住了一段时间。刚从奎克博恩回来的黎曼有幸几乎天天去看他。他第一次去狄利克雷的住所和第二天……他都向狄利克雷这位被认为是高斯之后在世的最伟大的数学家请教,请他指点自己的工作。关于这次会见,黎曼给他父亲写信说:"第二天上午,狄利克雷和我在一起度过了大约两个小时。他把他的笔记给了我,而这正是我准备资格论文所需要的——他的笔记是如此全面,大大减轻了我的工作。否则我就要在图书馆花费大量时间查找才能得到那些东西。他还和我一起通读我的论文,在各方面都对我非常友好,想到我们之间地位的巨大差异,对此我本来是根本不敢期望的。我希望他以后不会忘了我。"此后过了一些日子……他们一大群人一起出去远足——一次很有价值的旅行,和同伴们在一起那么长时间以后,黎曼的拘谨减少了许多。第二天,狄利克雷和黎曼在韦伯的家里再次相遇。这些私人交往所提供的有利因素给了黎曼很多好处。关于这些,他又给他父亲写信这样说:"您看到我在这里没有完全闭门不出;但明天上午我会更加努力工作,只要我整天坐对书

本,工作就会随之大大进展。"

最后那段话显示了黎曼对他自己所定的要求,他那很强的责任意识,以及他向自己、向他父亲(毕竟是父亲资助着他)、向上帝所表明的他在格丁根的每一分钟时光都要过得正当的决心。

取得任教资格的程序是:黎曼首先要提交一篇书面论文,然后准备在全体教员面前进行一次试验性演讲。论文本身——题目为"论用三角级数表示函数的可能性"——是一篇里程碑式的论文,它向世界贡献出了黎曼积分,这在如今的高等微积分课程里是作为一个基本概念来讲授的。然而,这次资格演讲的水平远远超出了这篇论文。

黎曼被要求提供三个演讲题目,他的指导教师高斯会从中指定一个让他演讲。黎曼提供的三个题目,两个是关于数学物理的,一个是关于几何的。高斯指定的演讲题目是"论作为几何基础的假设",黎曼在1854年6月10日向召集来听讲的全体教员演讲了这个题目。

这是世界上所有发表过的10篇顶级数学论文之一,是一个轰动的成就。对它的评价,正如弗罗伊登塔尔(Hans Freudenthal)在《科学家传记词典》(*Dictionary of Scientific Biography*)中宣称的,是"数学史上的一盏明灯"。包含在这篇论文中的思想是如此领先,以致几十年以后才被完全接受。60年以后才发现了这些思想作为爱因斯坦广义相对论的数学框架在自然界中的应用。纽曼(James R. Newman)在《数学世界》(*The World of Mathematics*)中,把这篇论文称为"划时代的"和"不朽的"(但没能把它收在他这套庞大的经典数学文本选集中)。而令人惊讶的是,这篇论文几乎没有用到什么数学符号。我翻阅了这篇论文,看到五个等号,三个平方根号,以及四个 $\sum$ 符号——平均每页不到一个符号! 文中只有一个真正的公式。整个问题写得能被普通地方大学的中等水平教员理解——或许(见下文)是**误解**。

　　黎曼的出发点是高斯在 1827 年一篇题为"对曲面的一般研究"的论文中提出过的一些思想。高斯在巴伐利亚王国进行精确地形测量的前几年就从事这项工作(顺便提一下,在这期间,他发明了回光仪,一种用反射镜装置反射太阳光来进行远距离观测的装置)。高斯以惊人的天才从他处理的材料中抽象出关于二维曲面性质的一些思想,以及可以用数学描述那些性质的方法。高斯的论文通常被看作称为"微分几何"的学科的开端。

　　黎曼在他的资格演讲中采用了这些思想,并把它们推广到任意维的空间。更重要的是,他引入了看待这个问题的全新方式。高斯以他的想象力看到了这一切,把弯曲的二维叶片嵌入普通的三维空间,在这里它们能被看到——从他作为土地勘测员的经验中得来的自然抽象。黎曼把这个观点转到被研究空间的**内部**。

　　我想你们熟知爱因斯坦广义相对论所包含的这种思想,即三维空间和一个时间可以在数学上处理为四维时空,以及这种四维连续统由于质量和能量的存在而扭曲和起皱。从高斯的观点出发,这种时空的几何本可以用高斯的二维曲面嵌入普通三维空间的思想来实现并通过把这种几何想象为嵌入一个五维连续统而创建出来。现代的物理学家**不**以这种方式看待时空的观点应归功于黎曼。事实上,如果你去本地的大学并报名上一门广义相对论的课程,这些就是你可能要对付的论题,它们依次是:

- 度规张量
- 黎曼张量
- 里奇张量
- 爱因斯坦张量
- 应力能张量
- 爱因斯坦方程 $\mathbf{G} = 8\pi\mathbf{T}$

然后你就掌握了广义相对论的要点。

虽然我在本书中关心的是描述黎曼在算术中的发现和由此产生的伟大假设,但他的这些几何研究并不是完全远离这个主题的。黎曼才智的大体特性,以及他在数学上所有最好的工作,来自两种对立思想之间的张力。一方面,他是一个全局论者,他总是倾向于从大的方面看问题。对黎曼来说,一个函数不仅仅是点的集合;也不只是它的任何形象表示,如图像或表格;更不只是一批包含了代数公式的表达式。(在他居然对他人作出负面评论的极少记录中,黎曼提到柏林数学家艾森斯坦"止步于形式的计算"。)那么,函数是什么? 它是一个**对象**,没有一种特性能从它身上被完全分离出来。黎曼看一个函数正如人们所说的象棋大师看一局棋,把它当作一个整体,一个**完形**。

然而与此形成张力的是一种相反的倾向,在黎曼的工作中也很显著——倾向于把所有的数学问题归入分析。"黎曼……总是从分析出发来思考",劳格维茨(Laugwitz)说道。这位作者在这里想到的是关于分析的无穷小方面;关于极限,连续性,光滑性——关于数、函数、空间的**局部**性质。当你想到它的时候,很奇特的是,对于点和数的无穷小邻域的探究会给我们提供解释函数和空间的大范围性质的能力。这在广义相对论中特别明显,你以分析时空的微观领域开始,以思考宇宙的模型和星系的临终痛苦而结束。我们在纯粹数学和应用数学中能以这种特别的方式思考,主要归功于19世纪初的数学家们,特别是归功于黎曼。

实际上,那篇伟大的资格演讲,作为哲学文献的意义同作为数学文献的意义一样大。在这方面,它某些段落的众所瞩目的费解之处,就黎曼而言可能是经过深思熟虑的。(不过请参见下文弗罗伊登塔尔的评论。)他所说的内容最基本的方面是空间的性质。此刻,对于当时那些普通水平的自鸣得意的上年纪的大学教师来说——6月的那一天听了黎曼演讲的格丁根的教师中就有这样的人——空间的性质是确定的事物。这是 70 年前由康德（Immanuel Kant）在《纯粹理性批判》（*The Critique of Pure Reason*）中确定的。空间是先于我们的思想存在的部分，我们用它来组织我们的感观印象，而它必然是欧几里得几何的——那就是，在平面上，直线是两点之间最短的距离，三角形的内角相加得 180 度。

从这个观点看，1830 年代由罗巴切夫斯基描述的非欧几何，是哲学上的异端。黎曼的论文是那个异端的扩展；可能这就是为什么他以那样一个非常一般的水平提出他的想法，以致它与非欧几何的联系几乎逃过了他的听众中除顶尖数学行家外所有人的注意。（当然，高斯除外。事实上高斯自己已经创立了非欧几何，但是他没有发表他的研究结果，"因为害怕"，正像他在给一位朋友的信中所写的，"害怕那些傻瓜们的喊捉声"。19 世纪的德国人保持着他们哲学的严肃性。）

弗罗伊登塔尔在上面提到的《科学家传记词典》的注释中，说过下面的关于黎曼哲学天资的话。

> 作为历史上最渊博和最有想象力的数学家之一，他有很强的哲学兴趣，甚至是一个大哲学家。要是他生存和工作得再长些，哲学家们会承认他是他们中的一员。

我没有资格来裁定这是不是确实。然而，我可以对弗罗伊登塔尔的另一段评论给以全心全意的赞同："黎曼的风格，受哲学读物的影响，显示出德语句法的最糟糕的方面；它对于任何一个不精通德语的人来说必定是难以理解的。"我承认，虽然我有一本德语原文的黎曼选集——那是 690 页的单卷本——并且竭尽全力去理解他所说的实际意思，因为这里他离开了直接的数学阐述——例如，像在资格演讲中——但我接近他那了不起的思想主要是通过译文和第二手资料。[46]

Ⅵ. 戴德金在黎曼之后不久取得了任教资格，这两位数学家在

1854 年的秋冬学期开始任教,当时黎曼 28 岁,戴德金 23 岁。黎曼在生活中第一次有了薪水。当然,不可能有很多薪水。一般的讲师由听他们课的学生支付报酬(严格地说,是由学校把学生的学费转交给讲师)。那时格丁根没多少学数学的学生——黎曼的第一门课吸引了 8 个学生——有些课程还常常被取消,因为没有人报名听这些课。黎曼和戴德金看来互相听过对方的课,不过我没能发现他们是否互相付过必要的学费。

还有一个问题,黎曼似乎是一个糟糕的讲师。戴德金对此很坦率。

> 毫无疑问,这样的任教给黎曼在他大学职业生涯的第一年中带来了很大的困难。他卓越的才智和有先见之明的想象力通常并没有显示出来。他显示的却是其证明逻辑中的大步伐,这些步伐对于理解力低一点的人来说很难跟得上。如果他被要求详细说明省略的环节,他就变得心神不安,无法把自己调整到提问者那种比较慢的思考节奏……。他试图从他学生们的表情中判断他讲得是否太快,而这也扰乱了他的思路。同他预料的相反,学生们的反应使他感觉到,他应该证明那些对他来说似乎是天经地义的论点……。

总是对所说对象表示同情的戴德金一直在说黎曼的讲课风格多年来不断在改进。这可能是真的;但是直到 1861 年,黎曼的学生遗留下来的信中仍然提到"他的思想常常令他为难,他不能解释最简单的事情"。黎曼自己对这件事的反应,如通常那样,是相当令人同情的。1854 年 10 月 5 日,他第一次上课后给他父亲写信,他说:"我希望在半年内我对我的课会觉得轻松些,并且对讲课的思考不会破坏我在奎克博恩的逗留以及我与您在一起的兴致,希望这是最后一次。"他是一个极为羞怯的人。

Ⅶ. 那个秋冬学期最大的事件,是 77 岁的高斯于 1855 年 2 月 23 日去世。尽管在临终时身体状况不见得良好,但他死得很迅速,原因是心脏病突发,当时他在他所热爱的天文台里,坐在他最喜欢的椅子上。[47]

高斯的教授职位马上交给了狄利克雷,他接受了,并在几个星期以后就来到格丁根。回想起狄利克雷在柏林如何厚待他,以及这位长者 1852 年访问格丁根时他们的交情,黎曼一定十分高兴。与此同时,高斯的大脑被浸泡在药水中,收藏在这所大学的生理学系里,到今天仍然保存在那里。

狄利克雷也很高兴;他在柏林实在过分劳累。他的妻子是否高兴却不能肯定。习惯于柏林上流社会的丽贝卡·狄利克雷,娘家姓门德尔松,她一定认为格丁根很单调也很乡气。她在那里尽其所能,组织舞会——戴德金提到其中一次有 60 或 70 人参加——还有柏林风格的音乐晚会。戴德金本人在这个环境中成长,变得好交际和爱好音乐。当然,黎曼是另一种情况,如果他的朋友曾经说服他参加了一个这样的集会,可怜的黎曼一定是在羞怯的痛苦中忍耐着。

那一年,1855 年的 10 月,他经历了更深的痛苦,他的父亲去世了,紧接着他的妹妹克拉拉(Clara)也随之而去。同奎克博恩的亲情链环破碎了。黎曼的弟弟在不来梅有一个邮局职员的位置,而黎曼余下的三个姐妹没有了其他生活来源,甚至没有了住处(因为奎克博恩的牧师住宅被新的牧师接收了),她们到他那里一起生活。

不幸的黎曼一定被压垮了。他把自己投入工作,并且在 1857 年写出了我在第 1 章*提到的关于函数论的里程碑式论文,这篇论文使他出了名。然而,刻苦加上悲痛,使他陷入了一种精神失常状态。戴德金家有一处夏季别墅在格丁根西面几英里的哈茨山。他说服黎曼和他一起

---

* 应为第 2 章。——译者

到那里去小住了几个星期,陪他散散步。

黎曼在 11 月回到格丁根以后,被大学任命为助理教授,* 一年有 300 泰勒**的微薄薪水。而此时,灾祸来得又多又快。就在同一个月,他的弟弟威廉(Wilhelm)在不来梅去世,接着又是他的妹妹玛丽(Marie),在下一年的年初去世。黎曼所喜爱的家庭,也是他情感生活的全部中心,在他眼前消失了。他带着余下的两个姐妹和他一起住在格丁根。

1858 年夏天,狄利克雷在瑞士演讲时心脏病突发,被送回格丁根,只是一路上困难重重。就在他身患重病时,他的妻子突然死于中风。到下一年的 5 月,狄利克雷自己也随她而去。(他的大脑和高斯的一起保存在生理学系。)高斯的席位现在空缺了。

Ⅷ. 从高斯去世到狄利克雷去世,是 4 年 2 个月 12 天,在那段时间里,黎曼不仅失去了他对其怀有的敬意超过对所有其他数学家的两位同事,还失去了他的父亲,他的弟弟,他的两个妹妹,以及在奎克博恩的牧师住宅——一个从他幼年起就是他的家和避难所的地方。

当他的情感生活遭受这些创伤的时候,数学世界中的黎曼之星却正在升起。19 世纪 50 年代末,他的工作的辉煌和独创性在某种程度上为全欧洲的数学家所共知。这个 10 年前才露面并开始攻读博士的羞怯得令人不爽的青年学生,现在成了著名的数学家,而从 19 世纪 50 年代开始成为高斯的家的格丁根,也开始被说成是高斯、狄利克雷、黎曼的家。(不过没有戴德金,他最好的工作还是比他本人更知名。事实上,戴德金在 1858 年秋天离开了格丁根到苏黎世就职。)

因此,学校官方选择黎曼作为高斯的第二个继承人就不是很意外的事了。1859 年 7 月 30 日,他被授予正教授职位,一个有保障的生计,以及——或许是作为对他需要扶养他余下的两个姐妹的一点表示——

---

  * 原文为 Assistant Professor,与第 2 章有出入。——译者

  ** 德国 15—19 世纪的银币,1 泰勒值 3 马克。——译者

高斯在天文台的公寓。其他荣誉很快接踵而来。第一个是 8 月 11 日
来的,他被任命为柏林科学院的通讯院士。黎曼在离开柏林 10 年多一
点点之后又一次回到柏林,但这次他是头戴庄严的桂冠,来接受与德国
数学的伟大名字——库默尔(Kummer)、克罗内克(Kronecker)、魏尔斯
特拉斯(Weierstrass)、博尔夏特(Borchardt)——并列的荣誉。

为了让他的杰出成就获得正式承认,黎曼向科学院提交了他的论
文《论小于一个给定值的素数的个数》。在这篇论文的第一句话中,他
对此时都已故去的那两个人表示了感谢,正是在他们的帮助下——尽
管狄利克雷给他的帮助比高斯心甘情愿得多——他达到了这个高度。
在第二句话中他展示了金钥匙。在第三句话中他命名了 ζ 函数。事实
上,下面就是黎曼 1859 年论文的前三句话。

> 承科学院厚爱,接纳我作为它的通讯院士之一,我相信我
> 能以最好的方式表达我的谢意,那就是立即利用给我的这个
> 特权来通报对素数分布的研究;由于高斯和狄利克雷长期对
> 此表现出来的兴趣,这样地通报这个论题显然是完全值得的。

> 我把这项研究的出发点放在欧拉的观察结果上:

> 对所有素数 p 和所有整数 n,乘积

$$\prod \frac{1}{1 - \frac{1}{p^s}} = \sum \frac{1}{n^s} 。$$

> 这是一个关于复变量 s 的函数,s 出现在这个式子的两
> 边,只要这两边都收敛,我就用符号 $\zeta(s)$ 来表示这个函数。

出现在那篇论文第 4 页的黎曼假设,断言 ζ 函数具有某种性质。
为了增进我们对这个假设的认识,我们现在必须对 ζ 函数作更深入的
了解。

第9章

扩展定义域

I. 我们正在开始走近黎曼假设。让我把它再陈述一遍,就当是一次复习。

黎 曼 假 设

ζ 函数的所有非平凡零点的实部都是 $\frac{1}{2}$。

好,我们对 ζ 函数已经有了一个着手之处。如果 s 是某个大于 1 的数,那么 ζ 函数就如式 9.1 所示。

$$\zeta(s) = 1 + \frac{1}{2^s} + \frac{1}{3^s} + \frac{1}{4^s} + \frac{1}{5^s} + \frac{1}{6^s} + \frac{1}{7^s} + \frac{1}{8^s} + \frac{1}{9^s} + \frac{1}{10^s} + \frac{1}{11^s} + \cdots$$

式 9.1

或者,让它稍微再精致一点:

$$\zeta(s) = \sum_n n^{-s}。$$

在这里,无穷和的项取遍所有正整数。我已经说过怎样运用一个很像埃拉托色尼筛法的过程处理这个和,它等价于

$$\zeta(s) = \frac{1}{1-\dfrac{1}{2^s}} \times \frac{1}{1-\dfrac{1}{3^s}} \times \frac{1}{1-\dfrac{1}{5^s}} \times \frac{1}{1-\dfrac{1}{7^s}} \times \frac{1}{1-\dfrac{1}{11^s}} \times \frac{1}{1-\dfrac{1}{13^s}} \times \cdots$$

就是说，$$\zeta(s) = \prod_p (1-p^{-s})^{-1},$$

在这里，无穷积的项取遍所有素数。

于是有 $$\sum_n n^{-s} = \prod_p (1-p^{-s})^{-1}。$$

这就是我所说的金钥匙。

到这里为止，一切顺利，但这里所说的非平凡零点是什么？一个函数的零点是什么？ζ 函数的零点又是什么？它们什么时候是非平凡的？让我们继续前进。

Ⅱ．暂时忘掉 ζ 函数。这里有一个完全不同的无穷和。

$$S(x) = 1+x+x^2+x^3+x^4+x^5+x^6+\cdots$$

它会不会收敛？当然。如果 x 是 $\dfrac{1}{2}$，这个和就是第 1 章 Ⅳ 中的式 1.1，因为 $\left(\dfrac{1}{2}\right)^2 = \dfrac{1}{4}$，$\left(\dfrac{1}{2}\right)^3 = \dfrac{1}{8}$，等等。因此，$S\left(\dfrac{1}{2}\right) = 2$，因为这个和收敛于它。更进一步，如果你考虑正负号规则，有 $\left(-\dfrac{1}{2}\right)^2 = \dfrac{1}{4}$，$\left(-\dfrac{1}{2}\right)^3 = -\dfrac{1}{8}$，等等。因此，从第 1 章 Ⅴ 的式 1.2 可得，$S\left(-\dfrac{1}{2}\right) = \dfrac{2}{3}$。类似地，式 1.3 意味着 $S\left(\dfrac{1}{3}\right) = 1\dfrac{1}{2}$，而式 1.4 给出 $S\left(-\dfrac{1}{3}\right) = \dfrac{3}{4}$。对这个函数来说，另一个容易得到的值是 $S(0) = 1$，因为零的平方、零的立方等等都是零，留下的只有开头那个 1。

然而，如果 x 是 1，$S(1)$ 是 $1+1+1+1+\cdots$，这是发散的。如果 x 是 2，发散性就更明显，$1+2+4+8+16+\cdots$。当 x 是 -1 的时候，一种离奇的情

况出现了。根据正负号规则,这个和成了 $1-1+1-1+1-1+\cdots$。如果你取偶数个项,合计为 0,如果你取奇数个项,则合计为 1。这明显不是走向无穷大,但也不是收敛的。数学家把它看成发散的一种形式。对于 -2,事情甚至更糟。这个和是 $1-2+4-8+16-\cdots$,它似乎是同时走向两个不同方向的无穷大。你一定又不能说这是收敛的,而如果你说它是发散的,没有人会和你争辩。

简而言之,只有当 x 在 -1 和 1 之间且不包含两端时,$S(x)$ 才有值。除此之外它都没有值。表9.1 显示了 $S(x)$ 对于 -1 和 1 之间的自变量 x 的值。

表9.1　$S(x)=1+x+x^2+x^3+\cdots$的值

x	$S(x)$
-1 或以下	(没有值)
-0.5	$0.6666\cdots$
$-0.3333\cdots$	0.75
0	1
$0.3333\cdots$	1.5
0.5	2
1 或以上	(没有值)

这就是你能从这个无穷和得到的全部。如果你作一个图,它就像图9.1,对于这个函数,-1 的西边或 1 的东边都根本没有值。如果你记得专业术语,这个函数的**定义域**是从 -1 到 1,不包含两端。

Ⅲ. 但是请看,我能把这个和

$$S(x)=1+x+x^2+x^3+x^4+x^5+\cdots$$

改写成像这样

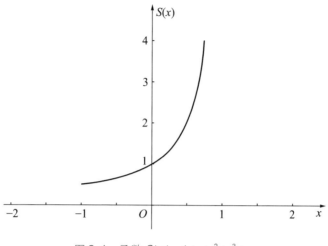

图 9.1 函数 $S(x) = 1 + x + x^2 + x^3 + \cdots$

$$S(x) = 1 + x(1 + x + x^2 + x^3 + x^4 + \cdots)。$$

现在,括号中的那个级数恰是 $S(x)$。这个式子中的每一个项在另一个式子中也有。这意味着两者是相同的。

换句话说,$S(x) = 1 + xS(x)$。把最右边的项移到等号左边,$S(x) - xS(x) = 1$,这就是说 $(1-x)S(x) = 1$。所以,$S(x) = 1/(1-x)$。隐藏在这个无穷和背后的能是这个十分简单的函数 $1/(1-x)$ 吗?式 9.2 能成立吗?

$$\frac{1}{1-x} = 1 + x + x^2 + x^3 + x^4 + x^5 + x^6 + \cdots$$

式 9.2

确实能。例如,如果 $x = \dfrac{1}{2}$,那么 $1/(1-x)$ 是 $1/\left(1-\dfrac{1}{2}\right)$,就是 2。如果 $x = 0$,$1/(1-x)$ 是 $1/(1-0)$,就是 1。如果 $x = -\dfrac{1}{2}$,$1/(1-x)$ 是 $1/\left(1-\left(-\dfrac{1}{2}\right)\right)$,就是 $1/1\ \dfrac{1}{2}$,就是 $\dfrac{2}{3}$。如果 $x = \dfrac{1}{3}$,$1/(1-x)$ 是

$1/\left(1-\dfrac{1}{3}\right)$，就是 $1/\dfrac{2}{3}$，就是 $1\dfrac{1}{2}$。如果 $x=-\dfrac{1}{3}$，$1/(1-x)$ 是

$1/\left(1-\left(-\dfrac{1}{3}\right)\right)$，就是 $1/1\dfrac{1}{3}$，就是 $\dfrac{3}{4}$。这些都验证了这一点。对于我

们已经知道其函数值的所有自变量 $-\dfrac{1}{2}$，$-\dfrac{1}{3}$，0，$\dfrac{1}{3}$，$\dfrac{1}{2}$，无穷级数

$S(x)$ 的值和函数 $1/(1-x)$ 的值是相同的。看起来，它们实际上是

一回事。

但它们并非一回事，因为**它们有不同的定义域**，如图 9.1 和 9.2 所

示。$S(x)$ 只在 -1 和 1 之间有值，且不包含两端。对比之下，$1/(1-x)$ 除

$x=1$ 外，处处有值。如果 $x=2$，它有值 $1/(1-2)$，就是 -1。如果 $x=10$，

它有值 $1/(1-10)$，就是 $-\dfrac{1}{9}$。如果 $x=-2$，它有值 $1/(1-(-2))$，就是

$\dfrac{1}{3}$。我可以画出 $1/(1-x)$ 的图像。你们可以看到，它在 -1 和 1 之间与

前面的那个图像是相同的，但现在它在 1 的东边和 -1 的西边（包括

-1）也有值了。

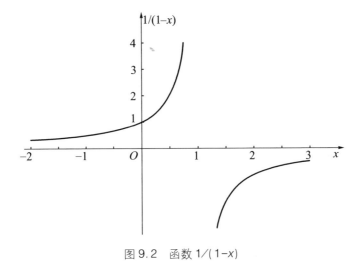

图 9.2　函数 $1/(1-x)$

这件事的意义在于，一个无穷级数可能只定义了一个函数的一部分；或者用专业数学术语里来说，一个无穷级数可能仅在一个函数的部分定义域上定义了这个函数。这个函数的其余部分可能被藏在某个地方，等待被用某种技巧来发现，就像我用于 $S(x)$ 的技巧那样。

Ⅳ. 这引起了明显的问题：ζ 函数也是这种情况吗？我用于 ζ 函数的那个无穷和——式 9.1——只描述了它的一部分吗？难道还有什么东西有待发现？ζ 函数

$$\zeta(s) = 1 + \frac{1}{2^s} + \frac{1}{3^s} + \frac{1}{4^s} + \frac{1}{5^s} + \frac{1}{6^s} + \frac{1}{7^s} + \frac{1}{8^s} + \frac{1}{9^s} + \frac{1}{10^s} + \frac{1}{11^s} + \cdots$$

的定义域有可能比只是"大于 1 的任何数"更大吗？

当然是这样。否则我为什么要自找那些麻烦？是的，ζ 函数对小于 1 的自变量也有值。事实上，就像 $1/(1-x)$ 那样，ζ 函数除了仅有的例外 $x=1$，对**所有的**数都有值。

在这一点上，我很想给你们画一幅 ζ 函数的图像，在一个很广阔的取值范围上显示它的所有特点。遗憾的是，我做不到。正如我以前提到的，没有真正恰当的、可靠的方法来完美地显示一个函数，最简单的函数则另当别论。要深入了解一个函数，需要时间、耐心和仔细的研究。不过，我可以一张一张地来画 ζ 函数的图像。图 9.3 到图 9.10 显示了 $\zeta(s)$ 对于 $s=1$ 左边的某些自变量的值，不过对各张图我不得不用不同的比例尺度。你可以通过标在轴线上代表自变量（水平线）和值（垂直线）的数字来得知你看到的是这个函数的哪一部分。在尺度符号中，我用"M"表示"百万（million）"，"Tr"表示"万亿（trillion）"，"Mtr"表示"百亿亿（million trillion）"，以及"Btr"表示"十万亿亿（billion trillion）"。

简言之，当 s 刚刚小于 1 时（见图 9.3），函数的值非常大，但却是负的——当你向西穿过 $s=1$ 这条线时，它的值仿佛是突然从无穷大抛向负的无穷大。如果你沿着图9.3继续向西走，——就是说，让 s 越来越接近零——攀升的速度明显慢下来。当 s 是零时，$\zeta(s)$ 是 $-\dfrac{1}{2}$。当 $s=-2$ 时，这条曲线穿越 s 轴线——就是说，这时 $\zeta(s)$ 的值是零。

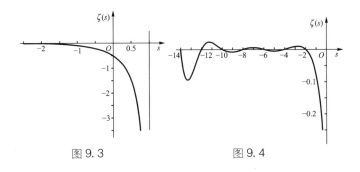

图9.3　　　　　　　　图9.4

这条曲线接着（我们还是向西，现在我们在图9.4中）攀升到一个适当的高度（实际是0.009159890…），然后调头向下，并在 $s=-4$ 时再次穿越轴线。曲线下降到一个浅浅的谷底（$-0.003986441…$），然后再次上升，在 $s=-6$ 时穿越轴线。又一个低峰（0.004194），然后下降，在 $s=-8$ 时穿越轴线，一个略深一点的谷底（$-0.007850880…$），在 $s=-10$ 时穿越轴线，现在是一个十分显著的峰（0.022730748…），在 $s=-12$ 时穿越轴线，一个深深的谷底（$-0.093717308…$），在 $s=-14$ 时穿越轴线，等等。

ζ 函数在每个负偶数处的值都是零，而随着你往西走，相继出现的峰和谷现在（图9.5至图9.10）迅速变得越来越夸张。我在图中展示的最后一个谷底，它出现在 $s=-49.587622654…$，深度大约有 305 507 128 402 512 980 000 000。你看，在一张图中画出整个 ζ 函数有多困难了吧。

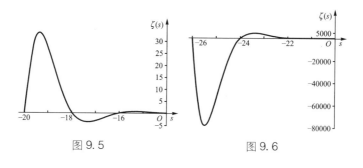

图 9.5　　　　　　　　　　图 9.6

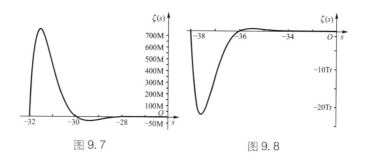

图 9.7　　　　　　　　　　图 9.8

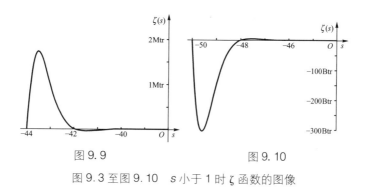

图 9.9　　　　　　　　　　图 9.10

图 9.3 至图 9.10　*s* 小于 1 时 ζ 函数的图像

Ⅴ. 但我是怎样得到当 *s* 小于 1 时 ζ(*s*) 的这些值的？我已经指出式 9.1 中的无穷级数对此不起作用。什么**能够**起作用？假如我无论如何都必须计算出 ζ(-7.5) 的值，我该怎样入手？

我无法充分解释，因为这需要太多的计算手段。不过，我可以给出一般的思路。首先,让我来定义一个新的函数,使用与式 9.1 中的那个稍有不同的一个无穷级数。这就是 η 函数;"η"是"eta",是希腊字母表中的第七个字母,我把 η 函数定义为

$$\eta(s) = 1 - \frac{1}{2^s} + \frac{1}{3^s} - \frac{1}{4^s} + \frac{1}{5^s} - \frac{1}{6^s} + \frac{1}{7^s} - \frac{1}{8^s} + \frac{1}{9^s} - \frac{1}{10^s} + \frac{1}{11^s} - \cdots$$

用一种粗略的方式,你可以看到它比式 9.1 更有希望收敛。我们不再是不断地把数相加,而是交替地加和减,这使得每个数都在一定程度上抵消了前一个数的效果。正是如此。数学家们可以证明,事实上——虽然我在这里将不作证明——只要 s 大于零,这个新的无穷级数就是收敛的。这是对式 9.1 的一个很大的改进,式 9.1 只是对 s 大于1 才是收敛的。

这对于我们了解 ζ 函数有什么用? 好,首先注意到代数中的这个基本事实,即: A−B+C−D+E−F+G−H+⋯ 等于 (A+B+C+D+E+F+G+H+⋯) 减去 2×(B+D+F+H+⋯)。

所以我可以把 η(s) 改写为

$$\left(1 + \frac{1}{2^s} + \frac{1}{3^s} + \frac{1}{4^s} + \frac{1}{5^s} + \frac{1}{6^s} + \frac{1}{7^s} + \frac{1}{8^s} + \frac{1}{9^s} + \frac{1}{10^s} + \cdots\right)$$

减去

$$2 \times \left(\frac{1}{2^s} + \frac{1}{4^s} + \frac{1}{6^s} + \frac{1}{8^s} + \frac{1}{10^s} + \cdots\right).$$

第一个括号里的当然就是 ζ(s)。第二个括号可以用幂运算规则 7 即 $(ab)^n = a^n b^n$ 来简化。所以那些偶数的每一个都能被分解成像这样: $\frac{1}{10^s} = \frac{1}{2^s} \times \frac{1}{5^s}$,并且我可以把 $\frac{1}{2^s}$ 作为整个括号的一个因子提取出来。括号里剩下的是什么? 剩下的是 ζ(s)! 简单地说

$$\eta(s) = \left(1 - 2 \times \frac{1}{2^s}\right) 乘 \zeta(s),$$

或者,用相反方向的另一种形式来写,并做一点儿最后的整理,得:

$$\zeta(s) = \eta(s) \div \left(1 - \frac{1}{2^{s-1}}\right)。$$

好,这意味着,如果我能得出一个 $\eta(s)$ 的值,那么我就能容易地得出一个 $\zeta(s)$ 的值。并且既然我能得出 $\eta(s)$ 在 0 和 1 之间的值,我也就能得出 $\zeta(s)$ 在那个区域的值,而不管关于 $\zeta(s)$ 的"正式的"级数(式9.1)在那里不收敛这个事实。

例如,假设 s 是 $\frac{1}{2}$。如果我把 $\eta\left(\frac{1}{2}\right)$ 的前 100 项相加,我得到 0. 555023639…;如果我加到 10 000 项,我得到 0. 599898768…。事实上, $\eta\left(\frac{1}{2}\right)$ 的值是 0. 604898643421630370…。(对此有着不必把无穷多的项相加的捷径。)有了这个武器,我就可以计算 $\zeta\left(\frac{1}{2}\right)$ 的值,结果是 −1. 460354508…,这看来是相当正确的,有前面那些图的第一张作依据。

但是在这里停一下。我怎么可以在自变量 $s = \frac{1}{2}$ 处像玩杂耍似的把这两个无穷级数换来换去,而在此处它们一个是收敛的,一个不是?好,严格地说,我不可以这样做,在这里我有一点快且不严格地玩弄了一下这后面的数学。不过我得到了正确的答案,而且对 0 和 1 之间(不包含两端)的任何数都能重复这个花招,而得到 $\zeta(s)$ 的正确值。

Ⅵ. 除了在自变量 $s = 1$ 处 $\zeta(s)$ 没有值以外,我现在可以对每一个大于零的数 s 提供一个 ζ 函数的值。那么对等于或小于零的自变量又如何呢?事情到这里确实变得很棘手。黎曼 1859 年论文的结论之一

是证明了由欧拉在 1749 年首次提出的一个公式,用 $\zeta(s)$ 给出了
$\zeta(1-s)$。因此,举例来说,如果你要知道 $\zeta(-15)$ 的值,你可以计算
$\zeta(16)$,并把它代入那个公式。不过这是一个吓人的式子,我在这里只
是为了完整性的缘故而给出它。[48]

$$\zeta(1-s) = 2^{1-s}\pi^{-s}\sin\left(\frac{1-s}{2}\pi\right)(s-1)!\ \zeta(s)。$$

这里两次出现的 "π",就是那个神奇的数 3. 14159265…,"sin" 是
非常古老的三角正弦函数(自变量以弧度为单位),而 "!" 是我在第
8 章Ⅲ中提到的阶乘函数。在高中数学里,你碰到的阶乘函数只同正整
数有关:$2! = 1\times2, 3! = 1\times2\times3, 4! = 1\times2\times3\times4$,等等。然而在高等数学
里,有一种方法可通过扩展定义域来对除了负整数以外的所有数定义
阶乘函数,这和我刚才用过的方式没有什么不同。例如,$\left(-\frac{1}{4}\right)!$ 的结

果是 0. 8862269254…(实际上就是 π 的平方根的一半),$\left(\frac{1}{2}\right)! =$

1. 2254167024…,等等。把负整数用在这个公式中会产生一些问题,但
它们并不是主要的问题,对此我在这里不再说什么。图 9. 11 显示了对
自变量从 -4 到 4 的完整的阶乘函数。

如果你发觉下面这种说法有点过分,那么就不加怀疑地相信一下
吧:存在一个对任何数 s 都得出 $\zeta(s)$ 的值的方法,$s=1$ 是唯一的例外。
即使你对刚才的公式过目即忘,你也至少要注意到这一点:它用 $\zeta(s)$ 给
出了 $\zeta(1-s)$。这意味着如果你知道 $\zeta(16)$,你就能算出 $\zeta(-15)$;如果
你知道 $\zeta(4)$,你就能算出 $\zeta(-3)$;如果你知道 $\zeta(1.2)$,你就能算出
$\zeta(-0.2)$;如果你知道 $\zeta(0.6)$,你就能算出 $\zeta(0.4)$;如果你知道
$\zeta(0.50001)$,你就能算出 $\zeta(0.49999)$;等等。我想说明的一点是,自变
量 "$\frac{1}{2}$" 在 $\zeta(1-s)$ 和 $\zeta(s)$ 的关系中具有特殊地位,因为如果 $s=\frac{1}{2}$,那么

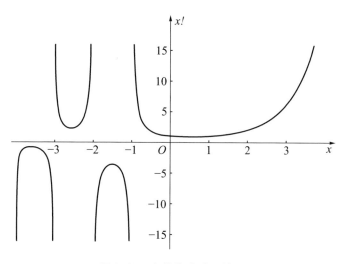

图 9.11 完整的阶乘函数 *x*!

$1-s=s$。显然——我的意思是,只要对图 5.4 和图 9.3 到图 9.10 看一眼就显而易见——ζ 函数不是关于自变量 $\frac{1}{2}$ 对称的;但是 $\frac{1}{2}$ 左边自变量的值与它们在右边的镜像以某种内在(尽管复杂)的方式密切相关。

回顾一下前面那组图,你还会注意到:只要 *s* 是负偶数,$\zeta(s)$ 的值就是零。好,如果某个自变量使这个函数的值为零,那么这个自变量就被称作这个函数的"一个零点"。因此下面这个陈述成立:

$-2,-4,-6,\cdots$,以及其他所有负偶数都是 ζ 函数的零点。

而如果你回顾黎曼假设的陈述,你会看到它关心的是"ζ 函数的所有非平凡零点"。我们正在接近它吗?唉,没有,负偶数确实是 ζ 函数的零点;但它们都是,它们个个都是平凡零点。对于非平凡零点,我们还必须再深入探究一下。

Ⅶ. 作为本章的一个添加内容,我将把我在第 7 章陈述的两个结果应用于式 9.2,对我的计算做一个小小的试验。这里再次列出那个式子,它对-1 和 1(不包含两端)之间的任何数 *x* 都成立。

$$\frac{1}{1-x} = 1+x+x^2+x^3+x^4+x^5+x^6+\cdots$$

还是式9.2

我要做的就是对这个等式的两边都求积分。因为 $1/x$ 的积分是 $\ln x$，我想不用作过多展开你就会相信——我不会停下来证明它——$1/(1-x)$ 的积分是 $-\ln(1-x)$。右边甚至更简单。我可以利用我在表7.2中给出的幂的积分规则，一项一项地积分。这里是结果[它是由艾萨克·牛顿爵士(Sir Isaac Newton)首先得到的]。

$$-\ln(1-x) = x+\frac{x^2}{2}+\frac{x^3}{3}+\frac{x^4}{4}+\frac{x^5}{5}+\frac{x^6}{6}+\frac{x^7}{7}+\cdots$$

正如你在式9.3中看到的，只要我用 -1 乘两边，就可以让它使用起来更为方便一些。

$$\ln(1-x) = -x-\frac{x^2}{2}-\frac{x^3}{3}-\frac{x^4}{4}-\frac{x^5}{5}-\frac{x^6}{6}-\frac{x^7}{7}-\cdots$$

式9.3

奇怪的是，虽然这对于我将要使用它的方式几乎没有影响，但当 $x=-1$ 时，式9.3成立，而我开始时的式9.2并不成立。确切地说，当 $x=-1$ 时，式9.3给出如式9.4所示的结果。

$$\ln 2 = 1-\frac{1}{2}+\frac{1}{3}-\frac{1}{4}+\frac{1}{5}-\frac{1}{6}+\frac{1}{7}-\cdots$$

式9.4

注意这同调和级数很相似。调和级数……素数……ζ……。这个领域都被 $\ln$ 函数统治了。

式9.4的右边有点独特，虽然用裸眼看起来这并不明显。实际上，它典型地反映了无穷级数的吊诡性。它收敛于 $\ln 2$，即 $0.6931471805599453\cdots$，但**只出现在你把各项按这个顺序相加**的时候。

如果你用一个不同的顺序把它们相加,这个级数可能收敛于其他某处;或者它可能根本不收敛![49]

例如,考虑下面这个更改了的相加顺序,$1-\frac{1}{2}-\frac{1}{4}+\frac{1}{3}-\frac{1}{6}-\frac{1}{8}+\frac{1}{5}-\frac{1}{10}-\cdots$。只要加上一些括号,它就等于$\left(1-\frac{1}{2}\right)-\frac{1}{4}+\left(\frac{1}{3}-\frac{1}{6}\right)-\frac{1}{8}+\left(\frac{1}{5}-\frac{1}{10}\right)\cdots$。如果你现在算出这些括号中的值,可得$\frac{1}{2}-\frac{1}{4}+\frac{1}{6}-\frac{1}{8}+\frac{1}{10}-\cdots$,也就是说$\frac{1}{2}\left(1-\frac{1}{2}+\frac{1}{3}-\frac{1}{4}+\frac{1}{5}-\cdots\right)$。经过这样更改顺序的这个级数,相加后得到的是相加顺序未经更改的级数的一半!

式9.4中的级数不是唯一具有这种相当惊人性质的级数。收敛级数分属两种类型:有些具有这种性质,有些不是。类似于这样的级数,它们的极限取决于求和顺序的,被称为"条件收敛"。表现更好的级数,无论是怎样的求和顺序,都收敛于同一个极限的,被称为"绝对收敛"。分析学中大部分重要级数都是绝对收敛的。还有一个级数对我们极为重要,尽管它像式9.4中的那个一样只是条件收敛。我们将在第21章遇到那个级数。

第 10 章

一个证明和一个转折点

Ⅰ. 1859 年的论文"论小于一个给定值的素数的个数"是黎曼发表的唯一关于数论的论文,也是他唯一完全不包含几何概念的作品。

虽然耀眼且具有开创性,这篇论文在某些方面还不够令人满意。首先,是那个伟大的假设,黎曼使它悬在空中(它至今仍然悬在那里)。在作了等同于这个假设的陈述后,他的原话是

> 我当然希望对此有一个严格的证明,但是我在经历了一些徒劳尝试(einigen flüchtigen vergeblichen Versuchen)之后,把对这样一个证明的探求放在一边,因为它对于我当前研究的对象来说并不是必需的。

十分合理。由于这个假设对于他当时正在追寻的想法来说不是决定性的,黎曼没有证明就把它搁下了。然而,这只是该论文最小的欠缺。还有其他几件事情被断言但没有被完全证明——包括这篇论文的主要结果!(我将在后面的某一章中给出这个结果。)

黎曼是**直觉型**数学家的一个很完美的实例。这里需要作一些解释。数学人格有两大部分,逻辑的和直觉的。两者都出现在任何优秀的数学家身上,但常常是这一部分或那一部分占据强有力的统治地位。

极端逻辑型数学家的典型例子是德国分析学家魏尔斯特拉斯（1815—1897），他在 19 世纪的第三个四分之一期间作出了他伟大的贡献。读魏尔斯特拉斯的论文就像看一个攀岩者。每一步都坚实地建立在论证上，然后才走下一步。庞加莱说，魏尔斯特拉斯没有一本著作是有图表的。实际上恰好有一个例外。但魏尔斯特拉斯著作的严格的逻辑过程（每一件极小的事情在仔细证明之后才进入下一步，而且根本不求助于几何直观），确实是逻辑型数学家的典型特征。

黎曼是另一个极端。如果说魏尔斯特拉斯是一个攀岩者，一步一步井井有条地攀登岩壁，那么黎曼则是一个空中飞人，他自信地把自己大胆抛向空中——在旁观者看来常常会发生危险——当他到达他在半空中的目标时，那里会有个东西正好让他抓住。很明显，黎曼有很强的直观想象力。他的思维是如此强有力地、漂亮地而且富有成效地跳跃到结果，以至于他常常不能强迫自己停下来去证明它们。他对哲学和物理学有强烈的兴趣。人们可以从他的数学外表之下，瞥见他从这两门学科经长久而深刻的思考中而得来的观念——我们感官中感觉的流动、把那些感觉组织成形式和概念的过程、一段导体中电的流动，以及液体和气体的流动。

1859 年的论文被推崇不是因为它逻辑上的纯粹，肯定也不是因为它的明晰，而是因为黎曼使用的方法具有十足的创造性，以及他的结论具有极大的影响范围和威力，所有这些已经并且还将继续让黎曼以后的数学家们研究几十年。

爱德华兹（Harold Edwards）在他关于 ζ 函数的书[50] 中，这样论述 1859 年那篇论文之后发生的事情。

> 在黎曼的论文发表后的最初 30 年里，这个领域没有实质上的进展。这似乎是让数学世界花这么长的时间来消化黎曼的思想。然后，在不到 10 年的时间里，阿达马、冯·曼戈尔特

（von Mangoldt）和瓦莱·普桑（de la Vallée Poussin）在对黎曼关于 $\pi(x)$ 的主要公式和素数定理这两者以及若干其他的相关定理的证明上都取得了进展。在这些证明中，黎曼的思想都是决定性的。

II. 黎曼的"论小于一个给定值的素数的个数"与证明素数定理（PNT）的努力有着直接的关联。如果黎曼假设成立，PNT 就能作为它的推论而成立。然而，这个假设是比 PNT 强得多的结论，后者可以从更弱的前提来证明。黎曼的论文对证明 PNT 的主要意义在于它提供了工具——对指示证明方向的解析数论的深入洞察力。

那个证明产生于 1896 年。从黎曼的论文到 PNT 的证明之间的里程碑如下。

■ 数论的实际知识有所增加。更长的素数表被公布，主要是库利克（Kulik）素数表。1867 年被存放在维也纳科学院，它提供了直到 100 330 200 为止的所有数的因子。迈塞尔（Ernst Meissel）发明了一种巧妙的方法来求解素数计数函数 $\pi(x)$。1871 年，他得到了 $\pi(100\,000\,000)$ 的正确值。1885 年，他计算了 $\pi(1\,000\,000\,000)$ 的值，但这个值少算了 56（然而这到 70 年后才被人们发现）。

■ 1874 年，麦尔滕（Franz Mertens）证明了关于素数倒数级数的一个结果，使用的方法中有一些应归功于黎曼和切比雪夫。顺便说一下，那个级数 $\frac{1}{2}+\frac{1}{3}+\frac{1}{5}+\frac{1}{7}+\frac{1}{11}+\frac{1}{13}+\frac{1}{15}+\frac{1}{17}+\cdots+\frac{1}{p}+\cdots$ 是发散的，虽然发散得比调和级数还慢得多。它 $\sim\ln(\ln p)$。

■ 1881 年，美国约翰·霍普金斯大学的西尔维斯特（J. J. Sylvester）改进了切比雪夫的限度范围（见第 8 章 III）从 10% 降到 4%。

■ 1884 年丹麦数学家格拉姆（Jørgen Gram）发表了一篇题为"小于一个给定数的素数个数的研究"的论文，并因此赢得了丹麦数学学会的一项奖金。(这篇论文并没有取得重大进展,但是为格拉姆后来的成果打下了基础,那些成果我们将在适当的阶段予以说明。)

■ 1885 年荷兰数学家斯蒂尔切斯(Thomas Stieltjes)声称掌握了黎曼假设的一个证明。更多的情况我待会儿再说。

■ 1890 年,法国科学院设立一项大奖,将授予主题为"确定小于一个给定值的素数的个数"的论文。申报的期限是 1892 年 6 月。公告中申明,科学院正在征集这样的作品,即提供黎曼 1859 年论文中若干缺失的证明。年轻的法国数学家阿达马提交了一篇论文,论述的是对某些种类的函数用函数的零点来表示函数。黎曼已经依据这个结果得到了关于 $\pi(x)$ 的公式;正是在这一点上——以后我将更详细地说明这里的数学问题——素数和 ζ 函数的零点这两者被联系了起来。然而,黎曼对此没有证明。阿达马论文中的关键思想是从他本人于同一年答辩的博士论文中引来的。他因此赢得了这项大奖。

■ 1895 年德国数学家冯·曼戈尔特证明了黎曼论文的主要结果,这个结果阐明了 $\pi(x)$ 和 ζ 函数两者的联系,并把它改写为一个更简单的形式。于是事情就很简单了:如果某个比黎曼假设弱得多的定理能得到证明,那么采用冯·曼戈尔特的公式就能证明 PNT。

■ 1896 年,前面提到的阿达马和比利时人瓦莱·普桑这两位数学家,各自独立证明了那个较弱的结果,从而证明了 PNT。

据说无论是谁证明了 PNT,都将得到永生。这个论断差不多成为现实。瓦莱·普桑在他 96 岁生日差 5 个月时去世,阿达马则是 98 岁差 2 个月。[51]他们不知道——至少直到这一事件发展进程的后期——他们彼此是在竞争中;而且因为双方是在同一年发表,数学家们认为把首先得到这个结果归功于任何一方都会招致不满。正如攀登珠穆朗玛峰,荣誉是大家的。

实际上,瓦莱·普桑看来发表得略早一点儿。阿达马的论文——

题目是"函数 $\zeta(s)$ 的零点分布及其算术推论"——发表在法国数学学会的公报上。阿达马加了一个注,说是读这篇论文的长条校样时他获悉了瓦莱·普桑的结果。他接着说,"然而,我相信没有人会否认,我的方法在简明性上具有优势。"

从来没有人否认这一点。阿达马的证明更简单;而他在论文付印之前就知道这一点,意味着他不但获悉了瓦莱·普桑的结果,而且有机会对其进行了研究。然而,因为这两个人的工作显然是独立的,又因为绝没有哪怕是一丁点儿的欺骗嫌疑,还因为阿达马和瓦莱·普桑两个人都是十足的绅士,这两个同时完成的证明没有产生任何积怨或争论。我和整个数学世界可以一起满意地说,在 1896 年,法国的阿达马和比利时的瓦莱·普桑各自独立证明了 PNT。

Ⅲ. PNT 的证明是我们这个故事的伟大转折点,以至于我把我这本书根据这一点分成两个部分。首先,1896 年的两个证明依赖于得到一个像黎曼假设那种样子的结果。如果阿达马或瓦莱·普桑能证明黎曼假设的正确性,PNT 立刻就能被证明。当然他们没能证明,而他们也不需要这么做。如果 PNT 是一个坚果,那么黎曼假设就是一把大锤。PNT 可以由一个弱得多的结果(它没有名称)推得:

ζ 函数的所有非平凡零点都有小于 1 的实部。

如果你能证明这个,你就能运用冯·曼戈尔特 1895 年关于黎曼主要结果的版本来证明 PNT。这就是我们这两位学者在 1896 年所做的。

其次,随着 PNT 的解决,黎曼假设进入了显眼的位置。它是解析数论里下一个重大的开放性课题;而随着数学家们把注意力转向于此,事情很快就清楚了:如果这个假设能被证明成立,随之就会产生大量的结果。如果说 PNT 是 19 世纪数论的大白鲸,那么黎曼假设就会在 20 世纪取代它的位置。事实上,不仅仅是取代位置,因为为黎曼假设所吸引的不但有数论专家,也包括其他门类的数学家,甚至如我们将看到的,还包括物理学家和哲学家。

第三——似乎并不重要,但这些东西就是以某种方式让人们牢牢记住它们——PNT 在某个世纪之末第一次被想到(高斯,1792 年),然后在下一个世纪之末被证明(阿达马和瓦莱·普桑,1896 年),这里就有个纯粹的巧合。一旦那个定理被解决,数学家的注意力就转移到黎曼假设,这个假设让他们在接下来的整整一个世纪中忙乎了一番——没有得出任何证明,这个世纪就到了末尾。这又使得想探个究竟的通才们在下一个世纪开始时来写关于 PNT 和这个假设的书!

我将献上阿达马的简历来补充上面由圆点所引内容的社会、历史和数学背景;一部分是因为他是各种上场人物中最重要的,一部分是因为我发现他是一个有感染力和有同情心的人物。

Ⅳ. 从政治上说,法国没有一个好的 19 世纪。如果包括拿破仑的"百日王朝"(并且如果你能原谅一个小小的舍入误差),那个古老的国家从 1800 年到 1899 年的历史基本上可以开列如下:

法兰西第一共和国(4 年半)

法兰西第一帝国(10 年)

波旁王朝复辟(1 年)

拿破仑帝国复辟*(3 个月)

王朝再复辟(33 年)

法兰西第二共和国(5 年)

法兰西第二帝国(18 年)

法兰西第三共和国(29 年)……

甚至在君主政体的那 33 年,中途也为革命和王朝更替**所打断。

---

* 即百日王朝。——译者

** 包括波旁王朝和七月王朝。——译者对那个世纪后期的法国人民来说,巨大的民族创伤有:1870 年他们的军队被普鲁士打败,接着是 1870—1871 年的那个冬天巴黎被普鲁士人围困,然后是一个包括割让两个省和一笔巨额赔款的和约。和约本身引起了一场短暂而严重的内战。当然,所有这些所产生的后果,对于法国来说是非常重大的。这个国家把一个帝国投入普法战争,结果得到了一个共和国。

法国军队尤其受到影响。在那个世纪剩下的时间中及其后,这个骄傲的组织机构不但要忍受 1870 年战败的耻辱,还必须承载这个民族对复仇和收复失地的希望。这支军队还成了过时的法兰西爱国主义的一个聚集点,大量出身于贵族、牧师和大资产阶级家庭的青年加入军官团。这使得军官阶层倾向于老式的"王权和教权"型法兰西保守主义,而且在这几十年中把这个阶层在某种程度上与法国社会生活的主流割裂了开来。主流社会都向往着一个活跃的、思想开放的、商业化的工业共和国,一个艺术和科学的领袖,一个豪华、才智、欢乐的中心——"美好时期"的精彩而光辉的法国,是西方文明的一个伟大顶点。

阿达马幼年时经历了巴黎围困,他家居住的房屋在内战中被烧毁。他于 1865 年 12 月出生在一个法国-犹太家庭。他父亲是高中教师,母亲教钢琴。[她的学生之一杜卡斯(Paul Dukas),写了迪斯尼迷们熟知的交响诗《魔法师的学徒》。]在得到一个学位并经历了短暂的中学教学工作之后,阿达马在 1892 年获得了博士学位。他在同一年结婚。1893 年他和妻子移居波尔多,他在当地的大学得到了一个讲师的职位。阿达马的第一个孩子皮埃尔(Pierre)在 1894 年 10 月出生,他们开始过上了亲密的、相爱的、忙碌的中产家庭生活,这种家庭中的每个人都要会演奏一种乐器,并进入商界、学术界或成为专门人才。

那时的法国正如今天一样,是一个高度以大都市为中心的国家。在巴黎得到一个教席是特别困难的,因此年轻的大学生要在地方上见习若干年是可以理解的。1897 年阿达马获得了去巴黎的机会。他在那一年回到首都，放弃了他在波尔多的教授职位——他在那里只用了两年就从讲师升到了正教授——成为法兰西学院的助理讲师——从学术声望来看，这是上升。

1892—1897 年那六年，阿达马打下了专业上和名望上的基础。他是研究范围相当大的一位数学家，在几个不同的领域都做出了开创性的工作。学数学的大学生第一次遇到他的名字时通常看到他与复变函数论中的三圆定理联系在一起，那是阿达马在 1896 年得到的一个结果，你可以在任何好的数学百科全书中查到它。[52]

你会看到阿达马被写成是最后的全才数学家——就是在数学变得如此庞大以至于不可能再有人能全面掌握它之前，最后的能掌握这个学科整体的人。然而，你也会看到被这样称呼的希尔伯特、庞加莱、克莱因，或许还有一两位这个时代的别的数学家。我不知道这个头衔归于谁最为适当，尽管我认为答案实际上是高斯。

Ⅴ. 阿达马是在波尔多的那段日子里完成对 PNT 的证明的。请允许我退回去一点，看看与这个证明直接相关的数学环境。

这个时候法国数学的资深人物是埃尔米特（Charles Hermite，1822—1901），巴黎大学的分析学教授，他在这个职位上一直待到他 1897 年退休。他的一项创造性成果在我们后面的故事中占有重要地位（见第 17 章 Ⅴ）。

从 1882 年起，埃尔米特就数学问题与一位比他年轻的数学家进行通信，这位数学家就是那个名叫斯蒂尔切斯的荷兰人。[53] 1885 年，斯蒂尔切斯在 *Comptes Rendus*[54] 上发表了一篇短文，宣称证明了本书第 15 章的定理 15.1——一个比黎曼假设还要强的结果。如果斯蒂尔切斯确实证明了它，黎曼假设的真实性就可以由此得到（但如果他证错了，却不能否证黎曼假设——见第 15 章 Ⅴ）。然而，斯蒂尔切斯在他的短文中没有说到他的证明。他几乎同时给埃尔米特写信，作出了同样的宣称，但加上了这样的话："我的证明非常繁难；我将在重新研究这些问题的时候尝试进一步简化它。"好，斯蒂尔切斯是一个诚实的人，是一个严肃而受人尊敬的数学家——有一类积分以他命名。没有人有理由对他确实作出了一个证明表示怀疑，但很可能是斯蒂尔切斯自以为作出了。

同时，黎曼1859年的论文正在被仔细审查，其中的证明也在整理之中。阿达马1892年获奖的那个结果是向前迈进的一大步。其后，1895年在柏林，德国[此时的德国是威廉一世皇帝（Kaiser Wilhelm I）*的帝国]数学家冯·曼戈尔特清扫了大部分剩下的麻烦，并证明了黎曼的主要结果，把素数计数函数 $\pi(x)$ 同 ζ 函数的零点联系了起来。

只剩下两个大问题，即黎曼假设和PNT。此时，每个有关的人都懂得，黎曼假设是更强的命题。如果黎曼假设（大锤）能被证明成立的，PNT（坚果）就会作为一个推论而得到，不需要再作努力；但PNT可以不必动用黎曼假设而由较弱的结果来证出，所以PNT的证明并不意味着黎曼假设成立。

如此一来，假设大家普遍相信斯蒂尔切斯已经解决了这两个问题，那么数学家还有什么要做的呢？着手证明较为次要的结果——对此，要感谢阿达马和冯·曼戈尔特的清扫工作。道路现在相当畅通吧？考虑到当你自己的工作仍然在进展之中，而斯蒂尔切斯强于黎曼假设的结果随时可能发表，去费这个劲是否值得呢？另一方面，在1890年代中期，离斯蒂尔切斯的宣称已经有10年，许多人一定是心存怀疑了。不是对斯蒂尔切斯的人品有怀疑；相信他证明了一个结果，对于一个数学家来说是很平常的事，除非在细察他的论证（更通常的说法是，对之

---

* 应为威廉二世。——译者

进行同行评议）之后发现了其中的一个逻辑错误。1993 年怀尔斯第一次证明了费马大定理的时候就出现过这样的情况。这种情况也更戏剧性地发生在肖格特（Philibert Schogt）2000 年的小说《桀骜不驯的数》（*The Wild Numbers*）的叙述者身上。如果真的是这种情况，也没有人会往坏处去想斯蒂尔切斯，因为这在数学界中是再普通不过的事。但是那个证明在哪里？

比利时鲁汶大学的瓦莱·普桑和在波尔多的阿达马这两个人都接受了这个不怎么重大的挑战并很快得出了结果。他们证明了 PNT。然而他们两个人一定都在担心他们的努力是否有作用，因为即使他们的论文发表在斯蒂尔切斯之前，他们这个稍次一等的结果也会在斯蒂尔切斯伟大得多的结果面前黯然失色。阿达马在他的论文中实在地说："斯蒂尔切斯证明了 $\zeta(s)$ 的所有虚零点都是（符合黎曼的断言）形如 $\frac{1}{2}+ti$ 的数，其中 t 是实数；但他的证明从来没有发表过。我只不过打算证明 $\zeta(s)$ 不可能有实部等于 1 的零点。"

斯蒂尔切斯的证明从未发表；实际上，斯蒂尔切斯已经于 1894 年的最后一天在图卢兹去世。这件事阿达马在 1895—1896 年写他的论文的时候一定已经确知，所以推测起来，他预想这个证明会在斯蒂尔切斯留下的未发表论文中找到。但一直没有找到。尽管如此，直到最近，斯蒂尔切斯证明了这个假设还被认为是可能的。后来，在 1985 年，奥德利兹克（Andrew Odlyzko）和特里勒（Herman te Riele）证明了一个结果，使人们对定理 15.1 产生了极大的怀疑。我想，关于斯蒂尔切斯对黎曼假设的失传证明，人们现在差不多已经不抱相信态度了。

Ⅵ. 正如我在前面已经指出的，1870—1871 年的重大民族创伤，其后果之一就是法国军队军官阶层中社会保守主义成分的增强，以及这个阶层同法国社会主流阶层之间的某种疏远。这在 19 世纪最后几年中产生了一个严重的后果,即"德雷福斯(Dreyfus)案件"。

不能指望试图用几段话就公正评判这个"案件"。十多年里它都是法国社会生活的一个中心话题,甚至在今天也会引起一场吵吵嚷嚷的争论。关于这个案件,有大量的文献,还有电影、小说,并且至少有一部(法语)电视连续剧。这个案件可以简短地陈述如下:德雷福斯,法国陆军总参谋部的一名军官,出身于一个富裕的犹太中产阶级家庭,他于1894年底被逮捕,并且以叛国罪被指控。经过军事法庭的**秘密**审判,他被判有罪、撤职,并终身流放魔岛。* 德雷福斯竭力辩白,他是清白的,他没有明显的叛国动机,他一直有着无懈可击的爱国热忱,也完全不需要钱。

1896年3月,法国军队情报机构的皮卡尔(George Picquart)上校偶然注意到,在作为对德雷福斯不利的主要证据的文件上,事实上不是德雷福斯的笔迹,而是另一名军官埃斯特拉齐(Esterhazy)少校的,他是一个性格古怪、习性奢侈的人,经常赌债缠身。皮卡尔将此事报告上级,但被告知关于这件事不要再说什么,并且被调往法属北非的一个驻守边界的军营。下一年,即1897年,德雷福斯的兄弟马蒂厄(Mathieu)得知皮卡尔的发现,要求让埃斯特拉齐受审。埃斯特拉齐于1898年1月被军事法庭宣判无罪。小说家左拉(Émile Zola)当即发表了致共和国总统富尔(Félix Faure)的公开信,即著名的《我控诉》(J'accuse),谴责参与把德雷福斯定罪的许多人是极端不公正的,而且他们掩盖了事实真相。然而左拉被指控犯有诽谤陆军部长罪。

然后这个案件被转移,一直消耗着法国社会的注意力,直到1906年7月德雷福斯最终被正式宣判无罪。在此期间有争辩激烈的庭审,有戏剧性的颠覆,有共谋者之一的自杀,还有许多其他引人注

---

* 南美洲法属圭亚那北岸外一岛屿,当时是罪犯流放地。——译者

目的事件。(或许最引人注目的事件不是直接出自这个案件,但它却影响了案件的进程,那就是富尔总统在爱丽舍宫僻静的卧室里同他的情人在一起时当场死去。他突发重度中风,并在垂死挣扎中用力抓住那个可怜女人的头发,他的力量使她无法挣脱。她的尖叫唤来了宫中的仆人,他们松开了这个女人,给她穿上衣服,把她从边门推了出去。)

凑巧的是,阿达马是德雷福斯的妻子露西(Lucie)的堂兄弟,她原名露西·阿达马。因此,这个案件对他来说有直接的个人关系。除了这层个人关系之外,案件还使所有的法国犹太人都面临关于身份和忠诚的严重问题。在这个案件发生之前,法国的大部分犹太中产阶级——像阿达马家族和德雷福斯家族的人们——自认为已经完全被同化了——他们都是爱国的法国人,只不过恰好是犹太人罢了。然而,反犹主义已经悄然出现,并且不只发生在军队中。一本鼓吹反犹主义的书《法国犹太人》(La France Juive)在 1886 年成功地大量发行,还有一份反犹主义的报纸《自由言论报》(La Libre Parole)被广为阅读。这个案件把这一切都公开化了,使得法国犹太人怀疑他们是否一直生活在黄粱美梦中。但即使没有反犹主义的因素,明显的不公正也已经出现,在德雷福斯的支持者们——为这位被贬谪的军官感到愤愤不平的人们——当中也有无数非犹太市民,他们被军队的欺骗行为和政治权利失去公信力激怒。

在这个案件之前,阿达马看来一直是个不问政治和不谙世故的人,确切地说是一个心不在焉的教授,这在伟大的数学天才中是很常见的。许多人都符合这个模式,这里也确实有点道理。因为他们工作对象的纯粹抽象的性质,并且一次就要对其全神贯注很长时间,数学家们往往有点超脱世俗。对一个数学家来说,世俗也不是不可能的,存在着许多反例。笛卡儿(René Descartes)是一名士兵和一个廷臣。(作为前者他活了下来,但作为后者他未能幸存。*)魏尔斯特拉斯把他的大学年代耗费在喝酒、打斗上,结果什么学位都没得到。冯·诺伊曼(John von Neumann),20世纪最伟大的数学家之一,完全是个花花公子,喜欢美女和飙车。

有证据表明,阿达马不是一个这样的反例。那些围绕伟大人物的轶事固然不可全信,但看来阿达马真的是没有人帮助就不会打领带。他的女儿声称,他数数超不过4,"后面就是 n"。因此,他卷入德雷福斯案件,表明那个事件深深触动了他的感情,甚至唤醒了那样超然的一个灵魂。阿达马一旦卷入,他就是一个情绪激昂的德雷福斯支持者。他成了1898年在左拉被审讯期间成立的人权联盟中的积极分子。阿达马的1899年2月出生的第三个儿子,被取名为马蒂厄-乔治(Mathien-Georges),"马蒂厄"得名于德雷福斯的兄弟,又指最坚韧不拔的斗士,"乔治"得名于非凡的皮卡尔上校,他铁一般的正直和沉着坚决地说出真相,在德雷福斯的最后昭雪中起到了关键作用(尽管皮卡尔个人讨厌德雷福斯)。

阿达马在后来的岁月里仍然是个公众人物,他格外长寿,又超乎寻常地多产而忙碌。他的一生也深深地打下了悲剧烙印。20世纪的大战夺走了他全部三个儿子。两个大的在三个月内相继死于凡尔登;马蒂厄-乔治1944年作为自由法国军队的成员战死在北非。在第一次世界大战后的悲伤和绝望中,阿达马转向和平主义和国际联盟。他为帮助选举1936—1938年的人民阵线政府而工作。就像许多比他更世俗的人那样,他在某种程度上接受了共产主义和苏联。[55]1940年被德军先头部队从巴黎驱出后,他在哥伦比亚任教四年。他四处旅行,在所到的每个地方演讲,并会见各种人。他是个敏锐的博物学家,对蕨类和真菌的

---

* 笛卡儿1649年冬应瑞典女王邀请赴斯德哥尔摩宫廷讲学,因不适应寒冷气候而患肺炎,不久在那里病逝。——译者

收藏达到博物馆水平。他是耶路撒冷的希伯来大学（创建于 1925 年）的早期支持者。他的许多书，包括《数学领域中的创造心理学》(*The Psychology of Invention in the Mathematical Field*，1945 年)，因其深入考察数学家的思维过程而有很大的阅读价值；我在写作本书时也使用了其中一些概念。他在家中组织了一支业余乐队；爱因斯坦——一位他终生的朋友——是特邀小提琴手。他结婚 68 年，妻子一直是那个女人。她去世的时候，阿达马 94 岁。他艰难支撑了两年；但后来他所钟爱的孙子死于登山事故，这夺走了他的精神寄托，他在几个月后去世，差一点就要过他 98 岁的生日。

Ⅶ. 在专门叙述阿达马的时候，我的个人喜爱完全放在一种有吸引力的个性和优秀的数学才华上，并没有轻视其他参与阐释黎曼重要论文和证明 PNT 的数学家的意思。[56] 到了 19 世纪后期，数学世界已经不是那个靠个人头脑的独立工作就能取得伟大进展的时代。数学成了一个集体的事业，在这个集体事业中，甚至最杰出的学者的工作也建立在生气勃勃的同行们的工作之上，并得到他们的支持。

对这种情况的认可之一是定期的国际数学家大会的创立。第一次这样的集会于 1897 年 8 月在苏黎世举行。[阿达马的妻子正怀着他们的第二个孩子，所以他没有出席。他寄去一篇论文，由他的朋友皮卡（Emile Picard）宣读。有趣的是，请注意第一次犹太复国主义者大会同一时间正在离巴塞尔 40 英里的地方举行，这次大会部分是由德雷福斯案件引发的争端所促成的。]

1900 年夏天在巴黎举行了第二次数学家大会，并计划每四年举行一次大会。然而，历史并非如此。1916 年没有举行大会，1940 年、1944 年及 1948 年也没有举行。这个机制 1950 年在马萨诸塞州的剑桥 * 再次启动。

---

　　* 哈佛大学所在地。——译者

阿达马当然受到了邀请；但是因为他的亲苏倾向，他一开始被美国拒签。这引发了他的数学家同行们的请愿，以及杜鲁门（Truman）总统的个人介入，这才使他到了哈佛。我写到这里的时候，正是2002年初，这个夏天将在北京举行的第24届大会正在筹备中。在西方（定义为欧洲、俄罗斯和北美）以外举行这样的大会，这仅仅是第二次。

Ⅷ. 20世纪的第一次大会是1900年8月6日到12日在巴黎举行的，这是每个人都记得的一次。巴黎大会将永远和希尔伯特的名字联系在一起，这个德国数学家工作于格丁根，就在高斯、狄利克雷和黎曼的那个大学。虽然只有38岁，希尔伯特已经被公认为是他那个时代最杰出的数学家之一。

8月8日上午，在巴黎大学演讲厅，希尔伯特站在包括阿达马在内的两百多位大会代表面前，发表了题为"数学问题"的演讲。他的目的是在新的世纪里，把他的数学家同行们的才智集中起来，向这些问题发起挑战。为了达到这个目的，他把他们的注意力对准少数几个最重要的需要研究的论题和需要解决的问题。他以23个标题列出了这些论题和问题；第8个就是黎曼假设。

随着那个演讲，20世纪的数学郑重地开始了。

第二部分

黎曼假设

第 11 章

九个祖鲁女王统治中国

Ⅰ．在第 9 章Ⅳ中，我给出了 ζ 函数的某些零点。我说的是每个负偶数都是 ζ 函数的零点：ζ(-2) = 0, ζ(-4) = 0, ζ(-6) = 0, 等等。这给了我们某种理解黎曼假设的途径，你们应该还能想起来，它是这样表述的：

黎 曼 假 设

ζ 函数的所有非平凡零点的实部都是 $\frac{1}{2}$。

不幸的是，所有那些负偶数都是平凡的零点。那么……这些非平凡的零点在哪里？为了回答这个问题，我必须带你们进入复数和虚数的王国。

许多人被这个论题吓倒。他们相信，虚数是吓唬人的，或是幻想出来的，或是不可能存在的——是从科学幻想中莫名其妙地漏到数学里的。这都是瞎说。将复数（虚数是它的一种特殊情况）引入数学是出于非常实用的考虑。复数和虚数有助于数学家们解决一些用其他方法不能解决的问题。它们同任何其他的数相比，并不显得更为虚幻。你上次什么时候用脚趾头踢到过一个"7"？*

无理数(像$\sqrt{2}$和π)同-1的平方根比起来,实际上更加难以理解,对智力的要求更为吓人,是的,甚至是更令人害怕。确实,无理数给数学哲学家们添了很多麻烦——而且以所谓连续统假设(见第12章Ⅱ中希尔伯特的演讲)的形式继续给他们添麻烦——比起无害的、小得随手可以抓起的$\sqrt{-1}$曾经引起的麻烦大得多。有人坚定不移地试图拒绝无理数,这种事甚至发生在当代,甚至是重要的职业数学家在拒绝:19世纪后期有克罗内克,20世纪初有布劳威尔(Brouwer)和外尔(Weyl)。关于这个问题的进一步评论,见本章第Ⅴ节。

Ⅱ. 为了得到对复数的一个不偏不倚的看法,你确实需要了解一个当代的数学家对于数一般是怎样考虑的。我将试图对此给出一个概述,其中包括复数。现在先不要过分考虑复数是什么;稍后我将更详细地说明。我把复数包括在下面这几个段落中仅仅是为了完整性。

那么一个当代数学家是怎样看待数的呢? 就是 $\mathbb{N}, \mathbb{Z}, \mathbb{Q}, \mathbb{R}$ 和 $\mathbb{C}$ 这些空心字母。为了把这些字母记在心里,我一直试图想出一个好的、容易记住的笨办法,到现在为止,还没有出现比"Nine Zulu Queens Ruled China"(九个祖鲁女王统治中国)这句话更好的了**。

或许我做得超前一些了。这里是对那个问题的另一个可予替代的答案。数学家把数看作一组层层相套的俄罗斯套娃。

- 最内层的套娃:**自然数** $1,2,3,4,\cdots$***。
- 外一层的套娃:**整数**。那就是,自然数加上 0 和负整数(例如

---

* 这里的意思是,像 7 这样的自然数在某种意义上也有虚幻性,同样是抽象的,看不见摸不着。——译者

** 祖鲁是南部非洲民族之一。这句话只是通过取每个词的首字母来帮助记忆,不必理会它的意思。——译者

*** 现在一般将 0 看作自然数。——译者

"-12")。

- 再外一层的套娃：**有理数**。那就是，整数加上正的和负的分数$\left(\text{例如，像}\dfrac{3}{2}, -\dfrac{1}{917635}, -\dfrac{1000000000001}{6}\text{那样的数}\right)$。

- 更外一层的套娃：**实数**。那就是，有理数加上无理数，像$\sqrt{2}$，π，e。（回顾第 3 章Ⅵ的注释 11，古希腊人发现，存在既不是整数也不是分数的数——**无理数**。）

- 最外层的套娃：**复数**。

关于这种格局，有几点要说明。首先是每一个套娃中的数字都有一种独特的写法。

- 自然数往往写成如"257"的样子。

- 整数常常在前面带有正负号，如"-34"。

- 有理数最常被写成分数的形式。为了用分数形式写出它们，有理数可分成两类。那些大小（不论正负号）小于 1 的称为"真分数"，而其余的是"假分数"。真分数写成如$\dfrac{14}{37}$的样子。而假分数可以写成两种样式，"普通分数"$\left(\dfrac{13}{9}\right)$或"带分数"$\left(1\dfrac{4}{9}\right)$。

- 最重要的实数都有特殊的符号，像π或 e。其余的有许多能被表示为"闭型"，如$\sqrt[5]{7+\sqrt{2}}$或$\pi^2/6$。如果别的写法都不行，或者要让人对一个实数的实际数值有个概念，我们可以把它写作一个十进制小数，通常在后边点三个圆点来表示"这不是全部，如果确实需要我还可以写出更多位的数字"：-549.5393169816448223…。我们可以选择把它四舍五入到"五位小数"(-549.53932)或"五位有效数字"(-549.54)，或其他任何水平的精度。

- 复数看上去像这样，-13.052+2.477i。关于这个以后还有更多说明。

下一个要特别提到的问题是,每层俄罗斯套娃的成员都是其外一层的"荣誉"成员,并且如果有充分的理由,可以用适当的形式写在这外层的套娃上。

■ 自然数(例如257)是"荣誉"整数,并且可以和一个加号写在一起,就像+257。当你看到一个整数前面有一个加号,你就想到"自然数"。

■ 整数(例如-27)是"荣誉"有理数,并且可以被写成一个分数,其分母是1,就像 $-\dfrac{27}{1}$。当你看到一个分母是1的有理数,你就想到"整数"。

■ 有理数 $\left(例如\dfrac{1}{3}\right)$ 是"荣誉"实数,并且可以用小数形式写出来,就像0.33333333…。关于有理数的一件有趣的事情是,如果你用小数形式写一个有理数,小数的数字或早或迟总会发生自我循环 $\left(除非它们恰好有一个尽头,像\dfrac{7}{8}=0.875\right)$。例如,有理数 $\dfrac{65463}{27100}$,如果写成小数,看上去就像这样:

$$2.4156088560885608856088\cdots$$

所有的有理数都会像这样发生循环,而没有一个无理数是循环的。这并不是说一个无理数它的数字不能有某种模式。下面这个数

$$0.12345678910111213141516171819202\cdots$$

有明显的模式,我可以向你预告第一百个数字是什么,或者第一百万个,或者第一万亿个。(要打赌吗? 它们分别是5,1和1。)然而,这个数是无理数。当你看到一个实数的小数部分是循环的,你就想到"有

理数"。

■ 任何实数都可以被写成一个复数的形式。$\sqrt{2}$ 被写成复数是：$\sqrt{2}+0i$。详见后面。

（你在上面这些以小黑方块开头的清单中可以越级，比方说，把一个自然数写成一个实数：257.0000000000…）

数的每个家族，即每层俄罗斯套娃，都可以用一个空心字母表示。$\mathbb{N}$ 是全体自然数的家族；$\mathbb{Z}$ 是整数家族；$\mathbb{Q}$ 是有理数家族；而 $\mathbb{R}$ 是实数家族。从某种意义上说，每个家族都被包含在下一个家族之中。每一层都扩展了数学的作用范围。它让我们能做一些用内层的套娃所做不到的事。例如，在 $\mathbb{Z}$ 中我们可以对任意两个数做减法并得到一个答案，而在 $\mathbb{N}$ 中我们做不到（7−12 = ?）。同样，在 $\mathbb{Q}$ 中我们能用任何数（零除外）做除数，而我们在 $\mathbb{Z}$ 中做不到（−7÷(−12) = ?）。而 $\mathbb{R}$ 给分析学即研究极限的数学打开了大门，因为在 $\mathbb{R}$ 中的任意一个无穷数列都能在 $\mathbb{R}$ 中找到一个极限 *，而这在 $\mathbb{Q}$ 中不成立。

（回顾一下第 1 章末尾的那些数列和级数。它们全都由有理数构成。其中有些收敛于 2，或 $\frac{2}{3}$，或 $1\frac{1}{2}$——就是说，它们的极限也是有理数。然而，有些则收敛于 $\sqrt{2}$，或 π，或 e——无理数。可见，$\mathbb{Q}$ 中的无穷数列可能收敛于不在 $\mathbb{Q}$ 中的一个极限。用数学的专业术语来说：$\mathbb{Q}$ 不是**完备的**。然而，$\mathbb{R}$ 是完备的，$\mathbb{C}$**也是。我在第 20 章 V 谈到 p 进数的时候，这个使得 $\mathbb{Q}$ 完备化的概念将体现新的重要性。）

数还有别的分类，或者在 $\mathbb{N}$, $\mathbb{Z}$, $\mathbb{Q}$, $\mathbb{R}$ 和 $\mathbb{C}$ 的框架之内，或者与它

---

* 此说有误。正确的说法是：$\mathbb{R}$ 中的任意一个柯西序列，都能在 $\mathbb{R}$ 中找到一个极限。所谓柯西序列，粗略地说，是指只要项序号充分大，任意两项之差的绝对值要多小就可以有多小的无穷数列。——译者

** $\mathbb{C}$ 表示复数。——译者

们交叉。举一个明显的例子,素数就是 $\mathbb{N}$ 的一个子集。它们非常难得地被总称为 $\mathbb{P}$。$\mathbb{C}$ 有一个很重要的子集叫做**代数数**,有时也用一个空心字母 $\mathbb{A}$ 来表示。一个代数数是这样的一个数,它能使得如 $2x^7-11x^6-4x^5+19x^3-35x^2+8x-3$ 这样系数都在 $\mathbb{Z}$ 内的某个多项式为零。在实数中,所有的有理数——因此也包括所有的整数和自然数——都是代数数;$\dfrac{39541}{24565}$ 使得 $24565x-39541$ 为零(如果你更喜欢说方程与解而不喜欢说函数与零,也可以把它说成是 $24565x-39541=0$ 的一个解)。一个无理数可能是、也可能不是代数数。那些不是代数数的被称作**超越数**。e和 π 都是超越数,这是分别由埃尔米特在 1873 年和冯·林德曼(Ferdinand von Lindemann)在 1882 年证明的。

Ⅲ. 你可以从下面我编造的数的历史中以另一个视角看待这个问题。"编造"等于说"纯属虚构"——它完全是伪造的。

约翰·德比希尔杜撰的数的历史

人类早就知道怎样计数。我们有 $\mathbb{N}$——自然数体系——始于史前时代。但 $\mathbb{N}$ 有一条禁令,一件办不到的事。**你不可能从一个较小的数中减去一个较大的数**。随着技术的发展,这成了一块绊脚石。温度是 5 度;它降低了 12 度;现在温度是多少? 这在 $\mathbb{N}$ 中得不出答案。在这个时候,负数被发明了。哦,有人还想出了零。

负数、正数和零合在一起,形成了一个新的体系:$\mathbb{Z}$——整数。但是 $\mathbb{Z}$ 有着一件新的办不到的事。**你不可能让一个数被不是它的因子的数来除**。你可以让 12 除以 3(答案:4),或者甚至除以-3(答案:-4),但是你不能让 12 除以 7。对于这样一个运算,在 $\mathbb{Z}$ 中没有答案。随着计量科学的发展,这成了一块绊脚石。面对越来越精细的工艺,你需要越来越精确的计量。你可以通过恰当地创造新的单位而马上实现这个目的。需要比一码更精确的吗? 好,有英尺,三英尺就是一码。需要更精确一点的吗? 好,有英寸……。然而你能这样做下去的次数有一个限度,迫切需要有一个一般的方法来表达一个单位的部分片断。因此分数就被创造了出来。

分数和所有整数合在一起,形成了一个新的体系:$\mathbb{Q}$——有理数。唉,$\mathbb{Q}$ 也有着它本身办不到的事。**你不可能总是找得到一个收敛级数的极限。**我在第 1 章 Ⅶ 中给出了这种级数的三个例子。随着科学发展到需要微积分的那个程度,这就成了一块绊脚石,因为微积分全部都依赖于极限的概念。为了微积分的发展,无理数不能不被创造出来。

无理数同有理数(当然,包括所有整数)合在一起,形成了一个新的体系:$\mathbb{R}$——实数。然而实数仍然包含一件办不到的事。**你不可能得到一个负数的平方根。**到 16 世纪末,数学发展到的程度使这成了一块绊脚石。于是虚数被创造了出来。一个虚数就是一个负数的平方根。

虚数和所有实数合在一起,形成了一个巨大的新的综合体:$\mathbb{C}$——复数。对复数来说,没有什么是办不到的,历史到达了终点。

我强调,这些叙述完全是杜撰的。我们对数的了解根本不是像这样发展的。甚至这个顺序都是错的。真实的顺序应该是 $\mathbb{N}$, $\mathbb{Q}$, $\mathbb{R}$, $\mathbb{Z}$, $\mathbb{C}$。自然数无疑在史前时代就被了解了。埃及人早在大约公元前 3000 年就创造了分数。毕达哥拉斯(或是他的一个门徒)大约在公元前 600 年发现了无理数。负数出现于文艺复兴时期,被用作会计结算(虽然零出现得更早一些)。复数在 17 世纪出现。就大多数人的想法而言,它完全是偶然、无序地形成的。历史有终点也不是真的。历史永远没有终点;一盘棋一旦下赢了,另一盘立刻就开始。

我小小的杜撰的历史只是为了说明俄罗斯套娃们怎样套在一起,不过,我希望它能提供某种洞察力,让人看出为什么数学家们不把虚数和复数当作什么很特殊的东西。他们只不过是又一个俄罗斯套娃,为了实际的需求而产生——为了解决用其他方法所不能解决的问题。

Ⅳ. 不得不老是写 $\sqrt{-1}$ 很令人生厌,所以数学家们用字母 i 来代替这个数。因为 i 是负 1 的平方根,所以 $i^2 = -1$。如果你用 i 乘它的两边,结果是 $i^3 = -i$。再乘一次,你得到 $i^4 = 1$。

$\sqrt{-2}$, $\sqrt{-3}$, $\sqrt{-4}$ 等等又怎么样呢?我们不需要也给它们用符号吗?不需要。根据整数乘法的一般规则,$-3 = -1 \times 3$。因为 $\sqrt{x}$ 就是 $x^{\frac{1}{2}}$,幂运算规则 7 告诉我们 $\sqrt{a \times b} = \sqrt{a} \times \sqrt{b}$。(例如,$\sqrt{9 \times 4} = \sqrt{9} \times \sqrt{4}$,即 6 = 2×3 的一种花哨写法。)所以 $\sqrt{-3} = \sqrt{-1} \times \sqrt{3}$。好了,$\sqrt{3}$ 当然完全是一个普通的实数,其值为 1.732050807568877…。因此,取三位小数时就是 $\sqrt{-3} = 1.732i$。(用它的闭型,通常写作 $i\sqrt{3}$。)任何其他负数的平方根也同样成立。你不需要一整堆符号;你只需要 i。

好,i 是一个非常高傲的数。它超然离群,不是太在意和别的数融合。如果我把 3 和 4 相加,我得到 7;3 的个性与 4 的个性都消失了,都融入了 7 的个性之中。与此对照,如果你把 3 和 i 相加,你得到……3+i。乘法也是一样。当你用 2 乘 5,5 的个性与 2 的个性都被结果的那个 10 的个性吞并了,消失得无影无踪。用 i 乘 5,你得到……5i。似乎 i 不能忍受失去身份;或许是实数们似乎都知道 i 和它们不是一回事。

结果是,一旦你把 i 引入这个体系,它就产生出一种全新类型的数,像 2+5i,−1−i,47.242−101.958i,$\sqrt{2}+\pi i$,以及所有其余可能的 $a+bi$,这里的 a 和 b 总是取任意实数。这些就是**复数**。每个复数都有两个部分,实部和虚部。$a+bi$ 的实部是 a;它的虚部是 b。

与其他俄罗斯套娃 $\mathbb{N}$,$\mathbb{Z}$,$\mathbb{Q}$ 和 $\mathbb{R}$ 的情况一样,属于任何内层套娃的数都是"荣誉"复数。例如,自然数 257 是复数 $257+0i$;实数 $\sqrt{7}$ 是复数 $\sqrt{7}+0i$。一个实数就是一个虚部为零的复数。

没有实部的复数又怎么样呢?它们被叫做**虚数**。虚数的例子有:$2i$,$-1479i$,πi,$0.0000000577i$。当然,一个虚数可以被写作一个完整的复数,如果你真的要这么做:$2i$ 可以被写作 $0+2i$。如果你对一个虚数求平方,你会得到一个负的实数。注意这对于负的虚数也成立。根据正负号规则,$2i$ 的平方是 -4,$-2i$ 的平方也是 -4。

把两个复数相加是一件容易的事情。你只要把实部相加,再把虚部相加就行了;$-2+7i$ 加 $5+12i$ 就将是 $3+19i$。减法也一样;如果你把刚才的加法换成减法,答案就是 $-7-5i$。对于乘法,你必须牢记怎样做带括号的乘法,并记住 $i^2=-1$。因此 $(-2+7i)\times(5+12i)$ 是 $-10-24i+35i+84i^2$,它可化简为 $-94+11i$。一般地,$(a+bi)\times(c+di)=(ac-bd)+(bc+ad)i$。

除法借助于一个简单的技巧。$2\div i$ 是什么?回答是:把它写成一个分式,$2/i$。关于分式的妙处是,如果你用相同的数(不是零)乘一个分式的上下两边,它的值不变:$\dfrac{3}{4}$,$\dfrac{6}{8}$,$\dfrac{15}{20}$ 和 $\dfrac{12000}{16000}$ 都是同一个分式的各种写法。因此用 $-i$ 乘 $2/i$ 的上边和下边。$-i$ 的两倍当然是 $-2i$。而 i 乘以 $-i$ 是 $-i^2$,即 $-(-1)$,就是 1。因此,$2/i$ 就是 $-2i/1$,即 $-2i$。

把一个分式的下边转换成一个实数,这一点总能做到。既然用实数来除不难理解,我们的目的就达到了。我该怎样对两个完整的复数做除法呢?比如说,$(-7-4i)/(-2+5i)$?办法是,我用 $-2-5i$ 乘这个分式的上下两边。乘上边,$(-7-4i)\times(-2-5i)=-6+43i$。乘下边,$(-2+5i)\times(-2-5i)=29$。答案:$-\dfrac{6}{29}+\dfrac{43}{29}i$。只要用 $c-di$ 来乘,你总是可以把

$(a+bi)/(c+di)$的下边转换成一个实数。实际上,一般规则是

$$(a+bi) \div (c+di) = \frac{ac+bd}{c^2+d^2} + \frac{bc-ad}{c^2+d^2}i。$$

i 的平方根是什么?我们不得不定义包括$\sqrt{i}$在内的一整套其他种类的数吗?而且要一直这样继续下去?答案:把带括号的式子(1+i)和(1+i)相乘。你会看到结果是 2i。所以 2i 的平方根是 1+i。按比例缩小,i 的平方根必定是 $1/\sqrt{2} + i/\sqrt{2}$,确实是这样。

复数很奇妙。你可以对它们做任何事。你甚至可以对它们取复数次幂,如果你知道你正在做什么的话。例如,$(-7-4i)^{-2+5i}$ 近似地等于 $-7611.976356 + 206.350419i$。不过,这个问题是我将在别处再作更充分说明。

V. 你对复数**不能**做到的事情是把它们排列在一条直线上,而你对实数却能做到。

你很容易就能使实数的家族 $\mathbb{R}$($\mathbb{Q}, \mathbb{Z}$ 和 $\mathbb{N}$ 当然包括在其内)形象化。只要把它排列在一条直线上就可以了。这种表明实数的方式叫做"实数线",如图 11.1 所示。

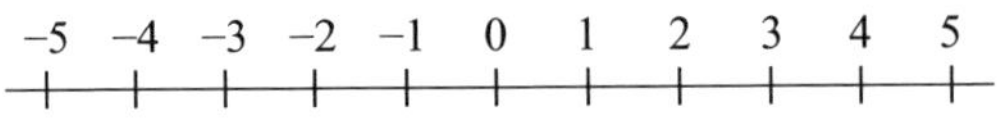

图 11.1　实数线

每一个实数都处在这条直线上的某个地方。例如,$\sqrt{2}$ 在 1 的东面一点距离,不到 1 与 2 之距离的一半;$-\pi$ 在 -3 西面一点点;1 000 000 在下一个辖区的某个地方。当然,我在一张有限的纸上只能表现这条线的一部分。你必须运用你的想象力。

实数线看起来平淡无奇,而实际上它是一个非常深奥而神秘的东

西。例如,有理数在这条线上是"处处稠密"的。这意味着在任意两个有理数之间,你总可以找到另一个有理数。这还意味着在任意两个有理数之间你可以找到**无穷多**个别的有理数。(请看:如果在 a 和 b 之间,我保证能找到 c,然后在 a 和 c 之间,以及在 c 和 b 之间,我保证能找到一个 d 和一个 e……如此等等,以至无穷。)这个你基本上可以想象出来。但是无理数放在哪里?看来它们不得不设法挤在两个有理数之间,而正如我刚才说过的,有理数本身是处处稠密的!而同时居然也是不完备的!!

例如,选取第 1 章Ⅶ中那个逼近 $\sqrt{2}$ 的数列,$\frac{1}{1}, \frac{3}{2}, \frac{7}{5}, \frac{17}{12}, \frac{41}{29}, \frac{99}{70},$ $\frac{239}{169}, \frac{577}{408}, \frac{1393}{985}, \frac{3363}{2378}, \cdots$。这些项交替地小于或大于 $\sqrt{2}$,例如 $\frac{1393}{985}$ 以大约 0.00000036440355 的差距不到 $\sqrt{2}$,而 $\frac{3363}{2378}$ 超过它大约 0.00000006252177。然而,挤在这两个分数之间的是无穷多个其他分数……而在这里的某个地方还有 $\sqrt{2}$ 的位置。而且不仅是 $\sqrt{2}$,还有无穷多个别的无理数的位置!

令人惊异的是,不仅有无穷多个无理数,不仅在于它们也处处稠密,而且从精确的数学意义上说,无理数**远远多于**有理数。这是由康托尔在 1874 年证明的。有理数的数目是无穷多的,无理数的数目也是无穷多的;而第二个无穷比第一个更大。它们究竟是怎样都塞进实数线的呢?如果有理数本身是处处稠密的,那么这些多得无法想象的无理数是怎样挤在有理数之中的呢?

我在这里没有篇幅来深入这个问题。我的建议是关于这些问题不用考虑太多。这样钻牛角尖会使人疯狂。(事实上,康托尔在精神病院结束了他的生命,尽管与其说这是由于他对这条实数线思考太多,还不如说是由于他的理论难以被人们接受而加剧了他天性中的郁抑倾向。

他的那些理论如今已基本不被人们怀疑。）只要认可所有实数都处于这条线上的某个地方就行了。

但是现在，我们究竟要把复数放在哪里呢？实数线上挤满了——而且还远不止此！——有理数和无理数。而对于任意实数 a，都有一整套无穷多的复数 $a+bi$，这些 b 自由地徘徊在实数线的上下两侧。我们把它们都放在哪里呢？

上面那段话暗示了答案。对每个实数，我们需要一条直线，并且因为有无穷多的实数，我们就需要无穷多条直线，一条挨一条。这意味着一个平面。虽然实数能被排列在一条直线上接受检阅，但复数却需要一个平面——它当然被我们称为"复平面"。每一个复数都能用这个平面上某个地方的一个点来表示。

在复平面通常的画法中（见图 11.2），实数线像往常一样是沿东西方向延伸的。同它成直角作一条南北方向的新直线，包含所有的虚数：i,2i,3i,等等*。要到达 $a+bi$ 这个数，你先向东（如果是负数则向西）走过距离 a，再向北（如果是负数则向南）走过距离 b。实数线和虚数线——它们更通常地被称为"实轴"和"虚轴"——相交于零点。实轴上的那些点，其虚部为零；虚轴上的那些点，其实部为零。它们相交的那一点，同时在两条轴上的那个点，其实部和虚部均为零。它是 $0+0i$，也就是零。

让我来介绍三个术语。一个复数的**模**是它到零的直线距离。符号是 $|z|$，读作"mod z"。按照毕达哥拉斯定理，$a+bi$ 的模是 $\sqrt{a^2+b^2}$。它总是一个正数或者是零。一个复数的**辐角**是它和正的实数线构成的角，用弧度计量。（1 弧度等于 57. 29577951308232… 度；180 度等于 π

---

* 这里和前面一样，所用的方位和普通地图相同：东、西、南、北分别指右、左、下、上。——译者

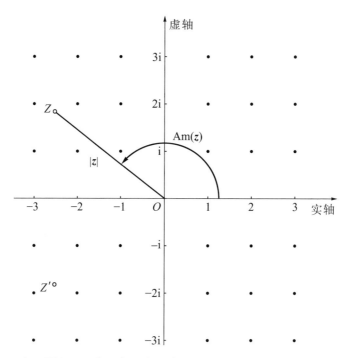

图 11.2　复平面上显示的代表复数 z（实际上是 $-2.5+1.8i$）的点 z，以及该复数的模、辐角和代表其共轭 $\bar{z}$ 的点 z'

弧度。）按惯例，辐角的取值是 $-\pi$（不含）和 π（含）之间的弧度，其符号是 $\mathrm{Am}(z)$ *。[57] 正的实数其辐角为零；负的实数其辐角为 π；虚部为正的虚数其辐角为 $\pi/2$，虚部为负的虚数其辐角为 $-\pi/2$。

　　最后，一个复数的**复共轭**是它关于实数线的镜像。$a+bi$ 的复共轭是 $a-bi$。它的符号是 $\bar{z}$，读作"z bar"。如果你把一个复数与它的共轭相乘，你会得到一个实数：$(a+bi)\times(a-bi)=a^2+b^2$，它实际上就是 $a+bi$ 的模的平方。这也是做除法的窍门所在。用正规的符号表示，刚才的乘法是 $z\times\bar{z}=|z|^2$，而除法的窍门恰是 $z/w=(z\times\bar{w})/|w|^2$。

　　图 11.2 显示了复数 $-2.5+1.8i$，其模是 $\sqrt{9.49}$，大约是 3.080584，

＊　在我国，用 $\arg z$ 表示。——译者

其辐角是大约 2.517569 弧度(或 144.246113 度,如果你更喜欢这样表达的话),而其共轭当然是-2.5-1.8i。

VI. 为了说明复平面的作用,我将用复数来做一点点分析学的事。考虑式 9.2 中的无穷级数。

$$\frac{1}{1-x} = 1+x+x^2+x^3+x^4+x^5+x^6+\cdots$$

(x 在-1 和 1(不含)之间)

因为在这里除了做数的加法、乘法和除法以外不再包括什么,看来 x 在这里没有理由不可以是一个复数。能这样使用复数吗? 对,在某种条件下能。例如,假定 x 是 $\frac{1}{2}$i。那么这个级数收敛。事实上,

$$\frac{1}{1-\frac{1}{2}i} = 1+\frac{1}{2}i+\frac{1}{4}i^2+\frac{1}{8}i^3+\frac{1}{16}i^4+\frac{1}{32}i^5+\frac{1}{64}i^6+\cdots$$

如果你用我在上面描述的做除法的窍门,左边可得出 0.8+0.4i。右边刚好可以用 $i^2 = -1$ 这个事实来简化。

$$0.8+0.4i = 1+\frac{1}{2}i-\frac{1}{4}-\frac{1}{8}i+\frac{1}{16}+\frac{1}{32}i-\frac{1}{64}-\cdots$$

你实际上可以在复平面上按右边的式子走下去;图 11.3 给出了一般的思路。从代表 1 的点(它当然是在实数线上)开始;然后向北走 $\frac{1}{2}$i;然后向西走 $\frac{1}{4}$;然后向南走 $\frac{1}{8}$i;等等。你得到一条整齐的螺线,它不断逼近于复数 0.8+0.4i。分析学在行动上用一个无穷级数逼近于它的极限。

注意,虽然我们迁移到复数因而失去了一维的简单性,但我们得到

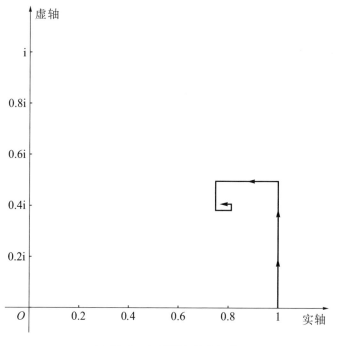

图 11.3　复平面上的分析学

了某种想象力。有了两个维度让我们周旋,你就可用我刚才的方法把数学结果以引人注目的可视形式或图画表现出来。无论如何,这对我来说是复分析的吸引力之一。在第 13 章中,我将把黎曼 ζ 函数——以及那个伟大的假设本身! ——表现为复平面上的优美形式让你切切实实地看到。

第 12 章

希尔伯特的第八个问题

Ⅰ. 1900 年 8 月 8 日星期三上午,38 岁的希尔伯特在第二次国际数学家大会上登台演讲。希尔伯特是东普鲁士首府柯尼斯堡一个法官的儿子,他在 12 年前就因为解决了代数不变量理论中的哥尔丹问题而成为有名的数学家。

这使他不仅得到了赞扬,也招致了小小的抨击。哥尔丹问题涉及某类对象的存在。希尔伯特证明了这类对象的存在,但并没有得出它们,甚至没有提出任何构造它们的方法。数学家们把这种事情称作"存在性证明"。希尔伯特在他的演讲中用了下面的日常例子。"在这个班上至少有一名学生——让我们叫他'X'——对于他来说下列陈述成立:在这个班上没别的学生头上的头发比 X 多。他是哪一名学生?我们完全不知道;但他的存在我们可以绝对确信。"存在性证明在现代数学中相当普通,如今也不特别引起争论。但在 1888 年的德国,情况并不是这样。恰好在此前一年,受人尊敬的柏林科学院院士克罗内克发表了他的宣言《论数的概念》(*On the Concept of Number*),试图从数学中去除那些在他看来不必要的过度抽象物——照他的观点,就是任何不能由整数在有限的步骤内得出的东西。哥尔丹本人对希尔伯特存在性证明的著名评论是,"这不是数学。这是神学。"

　　然而,大部分数学家认可希尔伯特结论的有效性。希尔伯特接着在代数数理论和几何基础中做了一些重要工作。他对 π 和 e 是超越数的事实做出了新的精彩证明——两个证明**各**用了三页半。(1882 年,当冯·林德曼第一次证明了 π 是超越数的时候,前面提到过的克罗内克[58]夸奖他的论证十分漂亮,但接着又说它什么也没有证明,因为超越数根本不存在!)1895 年希尔伯特受聘于格丁根大学,他在那里一直干到 1930 年退休。

　　"希尔伯特"和"格丁根"这两个名字在当代数学家的心里是紧紧联结在一起的,如同在其他领域中的"乔伊斯"和"都柏林"*,或者"约翰逊"和"伦敦"**。20 世纪的前三分之一时间里,希尔伯特和格丁根在数学上占了首要地位——这不仅仅是德国数学,而是整个数学。瑞士物理学家谢尔(Paul Scherrer)在 1913 年作为学生进入了格丁根,并声称在那里找到了"无比强烈的理性生活"。20 世纪前半叶的重要数学家和物理学家中,曾经在格丁根学习过的,或者成为曾在那里学习过的人的学生的,占有惊人的比例。

　　关于希尔伯特的性格,有各种不同的说法流传下来。他决不孤僻,是个热情的舞蹈爱好者和受欢迎的演讲者。他多少有些追逐女色,不过在乡里乡气的威廉德国的环境中,其程度非常有限。(那个时候那个地方不大可能会发生什么不成体统的事。)他有点傲慢,看来对学校生活的乏味及习俗、规定和社会禁忌很不耐烦。一位老教授的妻子曾经很震惊地听说希尔伯特被人看见在城里一家饭馆的密室里和他的青年

---

　　* 乔伊斯(James Joyce,1882—1941),爱尔兰著名作家。生于都柏林,毕业于都柏林大学。代表作《尤利西斯》描写的是 1904 年 6 月 6 日这一天发生在都柏林的事。——译者

　　** 约翰逊(Samuel Johnson,1709—1784),英国诗人、评论家、散文家和辞典编纂家。1737 年定居伦敦,1738 年发表第一篇长诗《伦敦》,获得成功。此后主要活动地为伦敦,直至 1784 年逝世。——译者

讲师在一起打台球。第一次世界大战期间，当学校因为埃米·诺特（Emmy Noether）是个女性而拒绝给她正式讲席的时候，希尔伯特立即宣布由他自己开讲一门课程，然后却让诺特来讲这门课。他看来是个宽厚的主考人，总是乐于假定应试者没有问题。

但是很难避免这样的印象，即希尔伯特是个容不得傻子的人，而且他把一大部分人都归入傻子。这对于希尔伯特的境况来说特别不幸，因为他唯一的孩子弗朗兹（Franz）被严重的精神问题所折磨。弗朗兹什么东西都学不深，什么工作也不能胜任，他还患有偶发性的偏执狂，此后一段时间他不得不被关进一家精神病院。据记载，当这样的禁闭第一次发生的时候，希尔伯特说过，"从现在起，我必须当我自己没有儿子。"

无论如何，希尔伯特受到了他的学生和研究数学的同事们的尊敬。有大量关于他的轶闻，大部分是充满感情色彩的。这里仅举三则。第一则同黎曼假设有关，摘自康斯坦丝·瑞德（Constance Reid）的英文传记。

希尔伯特有一个学生，一天他把一篇声称证明了黎曼假设的论文交给了希尔伯特。希尔伯特仔细研究了论文，对其中深刻的证明极为赞赏；但遗憾的是，他在其中发现了一处连他也无力消除的错误。第二年，这个学生去世了。希尔伯特向悲痛的死者父母提出，能否允许他致一份悼词。当这个学生的亲友们雨中在墓地旁流着眼泪的时候，希尔伯特走上前来。他首先说，这样一个有天赋的年轻人还没有机会展示他的才华就去世了，这真是一个悲剧。接着希尔伯特话锋一转，尽管事实上这个年轻人关于黎曼假设的证明包含一个错误，但仍然有可能在某一天，这个著名的问题将沿着他所指出的方向被解决。"事实上，"他满怀激情地站在这位已故学生的墓前冒着雨继续说道,"让我们来考虑一个复变函数……。"

第二则是从戴维斯(Martin Davis)的著作《通用计算机》(*The Universal Computer*)中引用的。

> 人们看到希尔伯特每天都穿着撕破了的裤子,这使得许多人都感到窘迫。人们把这个得体地提醒希尔伯特的任务交给了他的助手柯朗(Richard Courant)。柯朗知道希尔伯特喜欢有人陪着他在乡间一边散步一边谈论数学,于是约他一起散步。为了尽力完成这个任务,柯朗故意让两个人经过一些带刺的灌木丛,并在那里提醒希尔伯特,他的裤子显然是被某棵灌木撕破了。"哦,不是的,"希尔伯特回答,"它们这个样子已经几个星期了,不过没有人注意到。"

第三则不足凭信,虽然很可能是真的。

> 希尔伯特的一个学生不来上课了。希尔伯特询问原因,并被告知是那个学生退学当了诗人。希尔伯特说:"我不能说我很意外。我从不认为他有足够的想象力成为一个数学家。"

顺便提一下,希尔伯特不是犹太人,但是他的姓在德国的非犹太人中与众不同,这在希特勒统治的时代使他遭受怀疑。他的父系祖先属于一个叫做虔敬派(Pietists)的原教旨主义清教徒教派,他们喜欢《旧约全书》和勉励性的名字。希尔伯特的祖父名叫戴维·菲希特戈特·莱贝雷希特·希尔伯特(David Fürchtegott Leberecht Hilbert,其中间两个德文词就是 Fear God Live Right,"敬畏上帝正直生活")。

Ⅱ. 康斯坦丝·瑞德这样描写在 1900 年大会上的希尔伯特:

> 那天上午登上讲坛的这个人还不到 40 岁,中等的个子和体格,结实而敏捷,宽广的前额引人注目,谢顶,只剩一些微红

的头发。眼镜稳稳地架在高鼻梁上。有一点胡须,唇髭略显散乱,下面的嘴惊人地宽大,与纤巧的下巴形成对比。透过闪光的镜片,明亮的蓝眼睛看上去纯真而坚定。

希尔伯特在巴黎大学一个闷热的报告厅里用德语发表他的演讲。出席这次大会的一共有250人,但不见得8月8日上午他们全都到场听了希尔伯特的演说。

他演讲的题目是"数学问题"。开头的那些话对于20世纪的数学家们来说十分熟悉,就如同美国的小学生熟悉葛底斯堡演说[*]一样。"我们当中有谁不想揭开隐藏着未来的帷幕,看一看我们这门学科接下来的进展和在未来世纪中如何发展的奥秘?"[59]希尔伯特接着讲了引起数学家们关注的、激励新进展和创建新符号的,以及把数学推向越来越高的广泛化水平的那些难题的重要性。最后他列出了23个特定的问题,"通过对它们的讨论,我们也许能期待科学的一个新进展"。

我很愿意带着你们对希尔伯特的23个问题作一次巡游。[60]然而,这样做的话,会使这本书的篇幅长得难以接受。另外,有大量的文献,已经在许多不同的理解水平上提供了这样的巡游。[61]我将仅仅顺便指出,希尔伯特问题的开头第一个就是连续统假设问题,我在前一章提到过它,它还成了实数性质的核心争论点,也是克罗内克所持异议的核心理由。关于连续统假设同样也有众多的文献。一个好的图书馆,或者一个好的互联网搜索引擎,都会满足任何想窥视这个迷人问题的人的好奇心。[62]

只有一个希尔伯特问题是与本书的主题直接相关的,那就是第八个问题。下面是纽森(Mary Winston Newson)为《美国数学学会通报》

---

　　[*] 1863年11月19日,美国总统林肯在宾夕法尼亚州葛底斯堡国家公墓的揭幕式上发表简短演说,阐释了美国的民主信念。——译者

（*Bulletin of the American Mathematical Society*）所翻译的版本。

8. 素数问题

素数分布理论的实质性进展是不久前由阿达马、瓦莱·普桑、冯·曼戈尔特和其他人作出的。不过，要完全解决黎曼的论文"论小于一个给定值的素数的个数"中给我们提出的那些问题，还需要证明黎曼的一个极其重要的命题的正确性，即除了众所周知的负整数实数零点以外，**由级数**

$$\zeta(s) = 1 + \frac{1}{2^s} + \frac{1}{3^s} + \frac{1}{4^s} + \cdots$$

定义的函数 $\zeta(s)$ **的零点的实部都是** $\frac{1}{2}$。一旦这个证明被成功做出，下一个问题就在于，更精确地考察黎曼关于小于一给定数之素数个数的无穷级数，特别是，**确定小于数** x **的素数个数与** x **的积分对数这两者之差趋于无穷大的速度是否确实不超过** x **的** $\frac{1}{2}$ **阶**。再进一步，我们必须确定，在计算素数时已经注意到的素数的偶然凝聚是否确实由黎曼公式中那些依赖于函数 $\zeta(s)$ 最初一些复零点的项所引起。

跟得上我的讲述的读者到此会理解它的某些部分。我希望到我讲完的时候它能被完全弄明白。这里需关注的要点是，黎曼假设被看作20世纪数学家们面临的23个重大而困难的议题或问题之一，而且持这种看法的是希尔伯特，他也许是1900年正在从事富有成效工作的最伟大的数学家。[63]

Ⅲ. 在第10章Ⅲ中，我简单提到了在那个世纪之交黎曼假设声名显赫的原因。主要的因素是素数定理在此时已被证明。从 1896 年起,人们知道从数学上可以毫无疑问地确定 $\pi(N) \sim Li(N)$。所有人的注意力都集中在那个波纹号上。好,只要 N 无限制地越来越大,$\pi(N)$ 就相应地越来越接近于 $Li(N)$。但这个接近的本质是什么? 可能有一个更好的逼近吗? 那个逼近到底有多逼近? "误差项"是什么?

自由地——既然 PNT 的证明已经确定无疑——考虑这些第二等的问题,数学家们发现,他们的目光为黎曼假设所吸引。当然,黎曼 1859 年的论文并没有证明 PNT,但它强烈地暗示了 PNT 应该是成立的,甚至进一步提出了误差项的表达式。那个表达式涉及了 ζ 函数的所有非平凡零点。确切地知道那些零点在哪里就成了一件具有紧迫重要性的事情。

这里的所有数学问题都将随着我们的进展而变得更清晰,不过我想当你们听说那些非平凡零点都是复数的时候不会太吃惊。在 1900 年,关于非平凡零点的位置(也就是说,它们在复平面上的位置),人们根据数学上的确定性已经知道下列情况。

■ 它们有无穷多个,实部都在 0 和 1(不含)之间。用复平面来表示时(见图 12.1),数学家们会说,我们知道所有非平凡零点都位于**临界带**内。黎曼假设给出了一个强得多的论断,即它们都位于实部是 $\frac{1}{2}$ 的那条直线上,就是说,在**临界线**上。"临界带"和"临界线"是论述黎曼假设时的常用术语,从现在起我将相当频繁地使用它们。

■ 零点以共轭对的形式出现。就是说,如果 $a+bi$ 是零点,那么 $a-bi$ 也是零点。换句话说,如果 z 是零点,那么它的复共轭 $\bar{z}$ 也是零点。我在第 11 章 V 中已经定义了"复共轭"和 $\bar{z}$ 符号。再换句话说,如果实线上方有一个零点,那么它在实线下方的镜像也是一个零点(当然,反

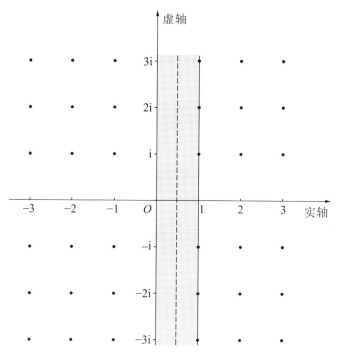

图 12.1　临界带(阴影)和临界线(虚线)

黎曼假设(几何表述)

ζ 函数的所有非平凡零点都在临界线上。

过来也一样)。

■ 它们的实部是关于临界线对称的;就是说,一个零点,或者其实部是 $\frac{1}{2}$(在黎曼假设所说的那条直线上),或者是实部为 $\frac{1}{2}+\alpha$ 和 $\frac{1}{2}-\alpha$ 且虚部相等的一对零点之一,其中 α 是 0 和 $\frac{1}{2}$ 之间的某个实数。例如实部是 0.43 和 0.57,或者实部是 0.2 和 0.8。关于这一点的另一种说法是:假设有某个不在临界线上的非平凡零点,那么它**关于临界线的镜像**必然也是零点。这可从第 9 章Ⅵ的那个公式得出。如果那个公式的一边是零,另一边一定也是零。撇开那些使公式中其余的项不起作用

或变成零的 s 的整数值,则这个公式表示,如果 $\zeta(s)$ 是零,那么 $\zeta(1-s)$ 一定也是零。于是,如果 $\left(\dfrac{1}{2}+\alpha\right)+it$ 是 ζ 函数的一个零点,那么 $\left(\dfrac{1}{2}-\alpha\right)-it$ 也是,而且根据前面那段话,其共轭 $\left(\dfrac{1}{2}-\alpha\right)+it$ 也是。

当希尔伯特进行他的演讲时,已知的比这些稍多了一点。黎曼提出了另一个带波纹号的公式,用于表示其虚部在零和某个大数 T 之间的零点的近似个数(见第 16 章 Ⅳ)。不过,这个公式直到 1905 年才由冯·曼戈尔特完成了证明。黎曼假设没有被完全忽视。它在 19 世纪 90 年代的一些数学文献中成了一个讨论话题,例如在法国探讨疑难问题的刊物《数学家的中介》(*L'Intermediaire de Mathematiciens*)中。然而实际上,19 世纪的数学家们把黎曼这个惊人而微妙的假设留给了他们 20 世纪的同行。

Ⅳ. 20 世纪是一个非常……**繁忙**的世纪。在人类致力的所有领域都发生了大量的事件。这使得它回顾起来显得非常漫长,比一个世纪实际上作为一个标准生命周期的仅仅一倍半还要长得多。然而,数学以稳重的步子前进着,而当代数学家们要对付的那些深奥问题仅仅以非常缓慢而勉强地展现着它们的秘密。数学中任何特定专业的世界也都是一个小世界,有它自己的英雄人物、风俗习惯,以及口头传说,这些东西在空间和时间上把这个社团凝聚在一起。在为本书搜集材料而同在世的数学家们交谈的过程中,我渐渐感到,20 世纪毕竟不是一个很长的时间跨度,世纪初的那些伟大名字几乎就在我们身旁。

例如,我在写这些文字的一星期之前,同休·蒙哥马利(Hugh Montgomery)进行了谈话。他是 20 世纪 70 年代和 80 年代数学发展中的关键人物(我将在合适的地方告诉你们有关的情况)。休 20 世纪 60 年代后期在剑桥大学三一学院做研究生。在学院成员中他与李特尔伍德(1885—1977)关系密切,后者在1914年取得了向着把握黎曼假设前进的最早的重要进展之一。"他试图劝说我吸鼻烟,"休说道,他仍然保存着李特尔伍德写给他的便条。从理论上说,李特尔伍德可能见过黎曼的朋友戴德金,并同他谈论过数学。戴德金活到1916年,他在数学上的活力几乎保持到生命的终点……而且他在高斯手下学习过!(我未能发现这样的会面是否发生过。实际上这种可能性很小。戴德金1894年从他在不伦瑞克工学院的教授职位上退休。根据波利亚[64]的说法,他从那以后"以一种平静的方式生活,很少见人"。)

由于对贯穿这个时期的连续性有着强烈的印象,我将尝试放弃那套严格按照时间顺序的方法来对待20世纪。而那个世纪的发展状况更坚定了我的这个想法。黎曼假设在20世纪的发展不是一个单线条故事,而是多线并存,有时交叉,有时互相纠缠。这需要作一点初步的说明;而这说明本身又需要一个开场白,即关于数学如何从1900年发展到2000年的一个简介。

V. 当然,1900年除了由于希尔伯特的巴黎演讲而著称以外,只不过是一个随意的标志。数学已经稳定而持续地发展到了现代。在1900年(或1901年,如果你愿意的话——见第6章Ⅱ)1月1日的前几个小时,数学家们在参加了新年聚会后的回家路上不会想到,"现在是20世纪了!我们必须进到一个更高的抽象水平上去!"正如没有一个欧洲人会在1453年5月30日早上醒来时想到,"中世纪过去了!我们要开始传播印刷的书籍,挑战教皇的权威,并且发现新大陆!"我真不愿意被迫面对由我的同行们组成的陪审团,为"20世纪的数学"这个说法辩护。

确实,最近几十年的数学有一种特色,它与高斯、狄利克雷、黎曼、埃尔米特和阿达马所遵循的数学的特色完全不同。还可以用一个词来概括,那个特色就是**代数的**。下面是20世纪末一本优秀的典型高等数学教科书——孔涅(Alain Connes)的《非交换几何学》(*Noncommutative Geometry*, 1990)中第一个命题的开头。

> 以几乎处处相等为模的有界随机算子类 $(q_l)_{l \in X}$, 被赋予
>
> 下面这些代数律后, 将形成一个冯·诺伊曼代数 $W(V,$
>
> $F) \cdots \cdots$。

代数的……代数……而这是在一本关于几何的书中!(顺便说一句, 在这本书最后一个定理的陈述中, 第 11 个词是"黎曼的"。)

粗略地说, 过去这几十年中发生的事情就是这样。就数学的大部分发展来说, 数学牢牢地扎根于数。大部分 19 世纪的数学都是和数有关的: 整数、有理数、实数、复数。在这个发展过程中, 新的数学对象被创建, 现有对象的范围被扩充——函数、空间、矩阵——强有力的新工具为着处理这些对象而被创造出来。这些仍然都是关于数的。一个函数从数的一个集合映射到另一个集合。平方函数从 3, 4, 5 映射到 9, 16, 25; 黎曼的 ζ 函数从 0, 1+i, 2+2i 映射到 $-\dfrac{1}{2}$, 0.58216-0.92685i, 0.86735-0.27513i。类似地, 一个空间是一个点的集, 这些点由它们的坐标来确认, 而坐标是数。一个矩阵则是一个数的阵列, 如此等等。(我将在第 17 章Ⅳ介绍矩阵。)

在 20 世纪数学中, 用来封装关于数的重要事实的那些对象, **其本身成了探究的对象**, 那些为研究数和数的集合而发展起来的方法也被转而用于那些对象本身。数学过去被束缚在数中, 现在它挣脱了出来, 上升到了新的抽象水平。

例如, 经典分析关心的是数或点("点"由数表示的坐标定义)的一个无穷序列的极限。与此对照, 20 世纪代表性的成果之一是"泛函分析", 其研究的基本对象是**函数**的序列, 它可能收敛, 也可能不收敛, 在这里, 一个函数本身很可能被当作无穷维空间中的一个"点"。

数学对其自身的转向甚至到了这样一个地步，研究和证明的方法本身成了探究的对象。20 世纪数学的一些最重要的定理与数学系统的完备性 [哥德尔 (Kurt Gödel)，1931 年] 和数学命题的可判定性 [丘奇 (Alonzo Church)，1936 年] 有关。

这些重大的发展甚至在 21 世纪的开端还没有被反映到数学教育之中，至少还没有放到大学入学的水平上。也许它们不能做到这点。数学是一门逐步累积的学科。每一个新的发现都被加到知识的主体之上，并且从来没有什么东西被去掉。当一个数学真理被发现后，它就永远留在那里，并且一代接一代的学生都必须学习它。它决不会（嗯，就说几乎不会吧）变成不正确的或不相干的——虽然它可能成为过时的，或者被作为特例归入某个更普遍的理论。[注意，在数学中"更普遍的"不一定意味着"更难的"。射影几何中有一条德萨格定理，它在三维中比在二维中更容易证明。考克斯特 (H. S. M. Coxeter) 的《正则多胞形》(*Regular Polytopes*) 的第 7 章中有一条定理[65]，它在四维中比在三维中更容易证明！]

设想你是一个刚进入大学数学专业一年级的生气勃勃的年轻美国人，那么你学习过的数学知识可能和年轻时的高斯所知道的差不多，或许还要领先一点。既然我把本书的读者定在这样一个水平上，你在这里读到的数学就具有浓厚的 19 世纪风味。我愿意在这些叙述性的篇章中论及迄今为止的所有数学进展，尽我所能地对它们进行说明，但我那些专讲数学知识的篇章中所涉及的内容常常是 1900 年之前的。

Ⅵ. 黎曼假设在 20 世纪的故事是一种关于迷恋的故事，这个时代的大部分伟大的数学家或早或迟地陷入了这种迷恋状态。有关的例子有很多，在以下几章中将会看得很清楚。在这里我只给出一个例子。

正如我已经描述过的，希尔伯特把黎曼假设列为他让 20 世纪的数学家们倾注全部努力的 23 个问题中的第 8 个。那是在 1900 年，是在他

对此产生迷恋之前。其后几年他的心态可以从下面这个故事中看出来,这是他的年轻同事波利亚说的:

> 死于十字军东征的 13 世纪德国皇帝腓特烈·巴尔巴罗萨 * 通常被德国人想象为仍然活着。他在屈夫霍伊泽山深处的山洞中熟睡,准备在德国需要他的时候苏醒并现身。有人问希尔伯特,如果他像巴尔巴罗萨那样能在沉睡了几个世纪以后苏醒,他会做什么。希尔伯特说:"我会问是否有人证明了黎曼假设。"

这不是一个缺乏挑战性问题的时代。费马大定理(当 n 大于 2 时,方程 $x^n+y^n=z^n$ 没有非零整数解,1994 年被证明)当时仍然悬而未决;四色定理(在任何平面地图上着色,只要四种颜色就足以避免有两个相邻地区颜色相同,1976 年被证明)也是如此;哥德巴赫猜想(每个大于 2 的偶数都是两个素数之和,仍未证明)也是如此;许多不那么重要但存在已久的问题、猜想和难题也是如此。黎曼假设的地位很快就超乎所有这些之上。

不同的数学家根据各自的数学倾向,以不同的方式对这个问题产生迷恋。因此在这个世纪的进程中,存在多条思路的发展——以不同的方法研究这个假设,每种方法都源自某一个个人,再由其他人推进,这些思路有时交叉,有时互相纠缠。例如,有一个是**计算的**思路,数学家们着手实际计算越来越多的零点的值,并发展了更好的计算方法。有一个是**代数的**思路,由阿廷(Emil Artin)在 1921 年开创,试图通过一种叫做域论的代数理论运动到侧翼来攻克黎曼假设。这个世纪的晚些

---

* 腓特烈·巴尔巴罗萨(Frederick Barbarossa,1123—1190),即(红胡子)腓特烈一世,神圣罗马帝国最伟大的皇帝之一。1190 年在第三次十字军东征途中溺死。原文中的 13 世纪似有误,应为 12 世纪。——译者

时候,作为一次非凡的学科间碰撞的结果(我将在适当的时候写到它),一个**物理学的**思路形成了,它把这个假设同粒子物理学的数学理论联系了起来。当所有这些正在发生的时候,**解析**数论家们仍然在不断地坚持他们的工作,延续着黎曼本人开创的传统,用复变函数论的工具来解决这个假设。

他们对素数本身的研究也在继续着,虽然并不特别适用于这个假设,但仍然常常希望那些对素数分布的新认识能有助于揭示这个假设之所以成立——或者之所以不成立(也可能是这种情况)——的原因。这方面的关键进展是 20 世纪 30 年代素数分布概率模型的形成,以及 1949 年塞尔贝格对素数定理的"初等"证明,后者我在第 8 章 III 中已经叙述过。

为了论及所有这些发展,我将尝试把我正在说到的某个思路的每一点都讲清楚,但有时也会随意地从一个跳到另一个,以便保持在总体上按照年代顺序叙述。我将从对计算思路的简要介绍性陈述开始,因为对非数学家来说那是最容易理解的。什么是非平凡零点的实际数值?怎样才能把它们算出来?将它们作为一个整体时,它们的总体统计学性质是什么?

VII. 关于零点的最初具体信息是由丹麦数学家格拉姆提供的,我在第 10 章里顺便提到过他。作为一个没有大学职位的业余数学家——和诗人斯蒂文斯*一样,他的正式职业是一家保险公司的董事长——格拉姆看来在若干年中一直在用研究实际计算非平凡零点位置的方法来打发时间(当然,这是在计算机时代之前很久的事了)。1903 年,在确定了一个效率颇高的方法以后,他发表了"最初" 15 个零点的一个表——这是些最靠近实轴并处于其上方的点。格拉姆的那些零点都点

* 斯蒂文斯(Wallace Stevens,1879—1955),美国诗人。1916 年入康涅狄格州哈特福德保险公司,1934 年升任副董事长,任该职直至逝世。——译者

在图12.2的那条临界线上。他表中零点的最右边一位数字有一些细微的误差，前面那几个是：

$$\frac{1}{2}+14.134725i, \frac{1}{2}+21.022040i, \frac{1}{2}+25.010856i, \cdots 。$$

图 12.2　格拉姆的零点

正如你所看到的，这些数每一个的实部都是$\frac{1}{2}$。[66]（当然，每一个零点的存在都意味着在实轴下方有一个共轭零点：$\frac{1}{2}-14.134725i$，等等。在第21章复共轭的重要性显示出来之前，我将把这一点视作不言而喻的，不再加以注明。）因此，就这些零点所延伸到的范围而言，它们证实了黎曼假设的是正确的。不过，它们当然并没有延伸太远。零点的数量已知是无穷的——这在黎曼1859年的论文中已有暗示。它们的实部都是$\frac{1}{2}$吗？黎曼是这样认为的。那就是他的伟大假设。然而在这一点上，没有人能找到线索。

当格拉姆的这一串零点发表的时候，数学家们一定怀着强烈的敬畏来看待它。从传奇性的高斯时代以来就吸引了数学家们注意力的素

数分布的秘密,如今以某种方式被锁在这一串数上:$\frac{1}{2}$+14.134725i,

$\frac{1}{2}$+21.022040i,$\frac{1}{2}$+25.010856i,…。但是以什么方式呢?它们的实部

当然是$\frac{1}{2}$,这正如黎曼所假设的;但它们的虚部没有表现出明显的条理

或模式。

当我说"数学家们一定……"的时候,我其实应该说的是"一些欧洲大陆的数学家们一定……"。20 世纪缠住了数学家的这个对黎曼假设的迷恋在 1905 年才刚刚开始露头。在这个世界上的某些地方,它还几乎不为人知。在我下一部分的历史叙述中,我将把读者带到英格兰,去领略她那闪耀着帝国光芒的爱德华七世*的昌盛时代。但是首先让我给你们看看 ζ 函数的实际样子。

---

* 爱德华七世(Edward Ⅶ,1841—1910),英国国王,1901 年至 1910 年在位。喜欢交际,为人和蔼可亲,颇受人民爱戴。他执政时期,英国维持了和平繁荣的局面。——译者

第13章

自变量蚂蚁和函数值蚂蚁

Ⅰ. 既然如同我曾试图说服你们相信的,可把复数看作是普通实数的一个非常简单的延伸,它适用所有的算术规则,只是要加上一条:$i^2 = -1$;再回想起一个函数只不过是把数的某一个范围——它的**定义域**——转换到另一个范围;那么还有什么理由不应该存在复数的函数吗? 没有,根本没有。

例如,按照乘法规则,平方函数可以很好地应用于复数。如$-4+7i$的平方是$(-4+7i) \times (-4+7i)$,它是 $16-28i-28i+49i^2$,即$-33-56i$。表13.1 显示了一些随机选取的复数的平方函数的实例。[67]

表 13.1 平方函数

z	z^2
$-4+7i$	$-33-56i$
$1+i$	$2i$
i	-1
$0.174-1.083i$	$-1.143-0.377i$

也许到这里还很难相信,但对"复变量函数"的研究是高等数学最精致而优美的分支之一。高中数学所有常见的函数都能很容易地把它

们的定义域扩展到覆盖全部或大多数复数。例如,表 3.2 列举了几个复数的指数函数。

表 13.2　指数函数

z	e^z
$-1+2.141593i$	$-0.198766+0.30956i$
$3.141593i$	-1
$1+4.141593i$	$-1.46869-2.28736i$
$2+5.141593i$	$3.07493-6.71885i$
$3+6.141593i$	$19.885-2.83447i$

正如前面一样,注意到当我以加法递增来选取自变量时——在这个例子中,我是每次加上 $1+i$——函数值则以乘法递增,在这个例子中是乘以 $1.46869+2.28736i$。如果我以每次加 1 来递增地选取自变量,那么显然其值将每次乘以 e。还请注意,我在这个表中加入了全部数学中最漂亮的等式之一:

$$e^{\pi i}=-1。$$

据说高斯说过——我相信他会的——如果你得知这个公式的时候不是立刻觉得显然如此,那么你决不会是个一流的数学家。

到底怎样才能定义 e 或任何其他数的复数次幂呢?用一个级数就可以了。式 13.1 显示了 e^z 的实际定义,其中 z 可以是无论什么数,实数或复数均可。

$$e^z=1+z+\frac{z^2}{1\times2}+\frac{z^3}{1\times2\times3}+\frac{z^4}{1\times2\times3\times4}+\cdots$$

式 13.1

不可思议的是(对我来说是这样),这个无穷和对于任何数都是收敛的。其分母增长得如此之快,它们最终吞没了任何数的任何次幂。同样不可思议的是,如果 z 是一个自然数,这个无穷和的计算结果恰好是你根据"幂"的基本意义所预期的,尽管只看式 13.1 的话,没有明显的理由可以认为它为什么应该是这样。如果 z 是 4,它的计算结果恰好与 $e×e×e×e$ 相同,那正是 e^4 本来的意义。

让我把 πi 填入式 13.1,来说明它是怎样收敛的。如果 z 是 πi,那么 z^2 是 $-\pi^2$,z^3 是 $-\pi^3 i$,z^4 是 π^4,z^5 是 $\pi^5 i$,如此等等。把这些填入那个无穷和,再计算 π 的实际的幂(为简明起见,只保留六位小数),则这个和是

$$e^{\pi i} = 1 + 3.141592i - \frac{9.869604}{2} - \frac{31.006277i}{6}$$

$$+ \frac{97.409091}{24} + \frac{306.019685i}{120} \cdots$$

如果你把它的前 10 项相加,你得到 $-1.001829104 + 0.006925270i$。如果你把前 20 项相加,你得到 $-0.9999999999243491 - 0.00000000528919i$。这足够让我们确信,它收敛于 -1。其实部逼近于 -1,而虚部趋于零。

对数函数也可以被扩展到复数吗?是的,它可以。当然,它就是指数函数的逆函数。如果 $e^z = w$,那么 $w = \ln z$。麻烦的是,与平方根一样,如果你不预先采取些措施,你就会陷入多值函数的陷阱。这是因为,在复数世界里,指数函数有时会对不同的自变量给出相同的值。例如,根据正负号规则,-1 的立方是 -1;所以如果你对 $e^{\pi i} = -1$ 的两边取立方,你会得到 $e^{3\pi i} = -1$;故自变量 πi 和 $3\pi i$ 都产生函数值 -1,正如 -2 和 $+2$ 在平方函数下都产生函数值 4 一样。那么 $\ln(-1)$ 是什么?它是 πi? 还是 $3\pi i$?

它是 πi。为了避免麻烦,我们把这个函数值的虚部限定在 $-\pi$(不

含)和 π(含)之间。这样每个非零的复数都有一个对数,而 ln(−1)=
πi。事实上,使用我在第 11 章 V 中引入的符号,则有 lnz= ln|z|+
iAm(z),当然,Am(z)要以弧度计量。表 13. 3 是对数函数的实例,保留
六位小数。

表 13.3　对数函数

z	ln z
−0. 5i	−0. 693147−1. 570796i
0. 5−0. 5i	−0. 346574−0. 785398i
1	0
1+i	0. 346574+0. 785398i
2i	0. 693147+1. 570796i
−2+2i	1. 039721+2. 356194i
−4	1. 386295+3. 141592i
−4−4i	1. 732868−2. 356194i

在这里,自变量以乘法递增(每一行都是 1+i 乘以前一行)而函数
值以加法递增(每次加 0. 346574+0. 785398i)。所以,它是一个对数函
数。唯一的问题是,当这个函数值的虚部(绝对值)变得大于 π 的时
候,例如表 13. 3 中从自变量−4 变到自变量−4−4i 的时候,你必须减去
2πi,以让它保持在所限定的范围内,其中 2π 弧度就是 360 度。(这在
第 11 章 V 中已经说过,数学家们喜欢用弧度来度量角。)这在实际应用
中不会引起任何问题。

Ⅱ. 既然复数有指数函数,又有对数函数,看来没有任何理由表明
我们不能对任意复数取任意复数次幂。据第 5 章 Ⅱ 中的幂运算规则 8,
任意实数 a 就是 $e^{\ln a}$,再据幂运算规则 3,a^x 就是 $e^{x\ln a}$。我们能不能把这
个概念扩展到复数领域,并宣称对于任意两个复数 z 和 w,z^w 就意味
着 $e^{w\ln z}$?

当然能,而且马上就做。如果你要取-4+7i 的 2-3i 次幂,首先就要计算-4+7i 的对数,它的结果大约是 2.08719+2.08994i。接着用 2-3i 乘它,得到 10.4442-2.08169i。然后取 e 的这么多次幂,得出的最后的结果是-16793.46-29959.40i。所以

$$(-4+7i)^{2-3i} = -16793.46-29959.40i。$$

小菜一碟。再举一个例子,因为 $e^{\pi i} = -1$,对它两边取平方根得 $i = e^{\frac{\pi i}{2}}$。如果你现在对两边取 i 次幂,再由幂运算规则 3,你得到 $i^i = e^{-\frac{\pi}{2}}$。注意这是一个实数,它等于 0.2078795763…。

既然我可以对任意复数取任意复数次幂,那么对一个实数取复数次幂就很容易了。因此,给定一个复数 z,我就可以计算 $2^z, 3^z, 4^z$,等等。你可以看到这会把我们引向何方。我们能不能把 ζ 函数

$$\zeta(s) = 1 + \frac{1}{2^s} + \frac{1}{3^s} + \frac{1}{4^s} + \frac{1}{5^s} + \frac{1}{6^s} + \frac{1}{7^s} + \frac{1}{8^s} + \cdots$$

的定义域扩展到复数的世界?当然可以。我告诉你们,你们可以用复数做任何事情。

Ⅲ. 因为 ζ 函数的公式仍然是一个无穷和,收敛性的问题就产生了。其结果是,对于任意实部大于 1 的复数,这个和式收敛。数学家们则会说成是"在半平面 Re(s)>1 中收敛",这里 Re(s)的意思就是"s 的实部"。

但是同实自变量的 ζ 函数一样,可以玩一些数学技巧,使 ζ 函数的定义域向后扩展到这个无穷和不收敛的范围里。在使用了那些技巧之后,你就有了完整的 ζ 函数,它的定义域是除了 $s=1$ 这单单一个地方之外的所有复数。在那个例外处,正如我在第 1 章开篇时用那副纸牌所表明的那样,ζ 函数没有值。它在其他每个地方都有一个单一而确定的

值。当然,存在一些地方,它们的函数值是零。我们已经知道这一点。第 9 章Ⅳ中的那些图表明,ζ 函数在所有负偶数−2,−4,−6,−8,⋯处的值为零。我已经不再考虑这些自变量,因为它们不是很重要。它们是 ζ 函数的平凡零点。是否有可能存在某些**复**自变量,它们的 ζ 函数值是零?是否有可能这些就是黎曼假设中提到的非平凡零点?确实如此;但我现在说得稍稍超前了一点。

Ⅳ. 40 年前,杰出而又古怪的埃斯特曼(Theodor Estermann)[68]写了一本题为《复数和函数》(*Complex Numbers and Functions*)的教科书,其中只包含两张图。"我⋯⋯避免了任何对几何直觉的借助",作者在他的前言中这样宣称。虽然有一小部分人持相似的态度,但大部分数学家并不采用埃斯特曼的方法。他们用一种强烈的直观方式来处理复变函数论。我们大多数人觉得,如果你有某种形象化的辅助手段,复变函数就会比较容易把握。

那么复变函数怎样才能被形象化呢?让我们以最简单的非平凡复变函数即平方函数为例。有什么方法能让我们掌握它的样子呢?

首先,通常的图像是无济于事的。在实数世界里,你可以像这样画出一个函数。画一条直线表示自变量(请回忆实数都在一条直线上)。与这条直线成直角地画另一条直线表示函数值。为了描绘出这个函数使数 x 变换到数 y 的情况,从自变量为零处向东行 x 的距离(如果 x 是负数则向西);然后从值为零处向北行 y 的距离(如果 y 是负数则向南)*。标出这一个点。对你愿意计算的函数值都重复这个步骤。这就给了你这个函数的一幅图像。图 13.1 就是一个例子。

这不能用于复变函数。自变量需要一个二维平面来铺展。函数值需要另一个二维平面。因此为了得到一幅图像,你需要四维空间来画

---

* 这里和下文中所用的方位与一般地图上的相同:上北、下南、左西、右东。——译者

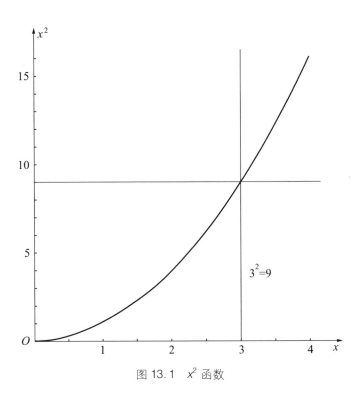

图 13.1　x^2 函数

出它：两个维用于自变量，两个维用于函数值。（信不信由你，在四维空间中，两个平坦的二维平面可以交于一个点。请比较以下事实：在三维世界里，两条不平行的直线完全不一定相交，这对于二维世界的居民来说是完全不可思议的。）

　　作为对这件令人沮丧的事情的补偿，你可以采用一些办法来画出复变函数的图像。请回忆关于函数的基本意义，它将一个数（自变量）映射到另一个数（函数值）。那么好，作为自变量的数是复平面上某个地方的一个点；而函数值是另一处的某个点。所以一个复变函数就是把它定义域中所有的点映射到另外一群点。你可以只选取某些点，并看看它们被映射到了哪里。

　　例如，图 13.2 显示了复平面上形成一个正方形各条边的某些数。我已把四个角标注为 a、b、c 和 d。它们实际上是复数$-0.2+1.2i,0.8+$

1.2i,0.8+2.2i,以及-0.2+2.2i。如果我对这些数运用平方函数会发生什么？如果你让-0.2+1.2i自乘,会得到-1.4-0.48i,所以这就是 *a* 的函数值。把 *b*、*c* 和 *d* 平方,就给了你其余那些角处的值——我已把它们标注为 *A*、*B*、*C* 和 *D*。如果你对这个正方形边上的所有点及构成其内部格子的各条边上的点。重复这个步骤,你会得到我在图 13.2 中显示的那个畸变正方形。

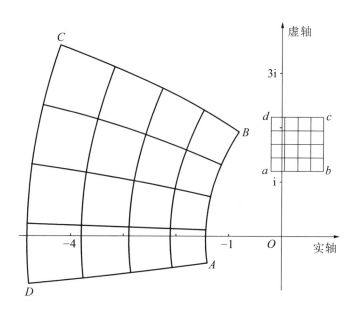

图 13.2　作用于一个正方形的 z^2 函数

Ⅴ. 把复平面看成一张可以无限延伸的橡皮膜,并探寻一个函数作用于这张膜的结果是什么将有助于研究复变函数。你可以从图 13.2 看到,平方函数将这张膜绕着原点向逆时针方向拉转,与此同时从我上面表述的那些数所在的点处把它向外拉伸。例如,2i 这个数,它的原始位置在正虚(北)轴上,当你把它平方,变成-4,就到了负实(西)轴上,离原点的距离是原来的两倍。下一个,-4,当你把它平方,就绕着圈

延伸到了 16,在正实(东)轴上,离原点更远了。-2i,在下面的负虚
(南)轴上,依据正负号规则,被转到了-4。事实上,由于正负号规则,
每个函数值都可以由两个自变量得到。记住-4 不仅仅是 2i 的平方,它
还是-2i 的平方。

黎曼看来有着非常强的直观想象力,他做出了下面的构想。取整
个复平面。沿负实(西)轴切割,到原点为止。现在抓住切口的上半部,
以原点为中心,把它按逆时针方向拉。拉着它恰好转过 360 度。此时
它在被拉伸了的膜的上方,而切口的另一侧在这张膜的下面。让它穿
过膜(你必须想象,复平面不仅可以无限延伸,而且是用一种能穿过其
自身的神秘物质制造的),并且把切口重新弥合。你脑海中的图景现在
看起来有点像图 13.3。这就是平方函数作用于复平面的结果。

图 13.3　对应于 z^2 函数的黎曼曲面

这不是一个空想的或无关紧要的操作。由此出发,黎曼发展出了
一个完整的理论,称为黎曼曲面理论。它包含了一些强有力的结论,并
且让人们深刻地了解了复变函数的特性。它还把函数论与代数学和拓
扑学联系起来,这是 20 世纪数学的两个关键性发展领域。事实上,它
是黎曼大胆无畏而不断创新的想象力的一个典型产物——历史上最伟
大的头脑之一的一个成果。

Ⅵ. 我将要用一种更为简单的方法来说明复变函数。我希望你们能认识我的朋友自变量蚂蚁，见图 13.4。

图 13.4　自变量蚂蚁

自变量蚂蚁几乎难以看见，因为它的尺寸是无穷小的。然而，如果你**能**看到它，它看起来就恰如一只普通的蚂蚁——确切地说，像一只日本弓背蚁工蚁——有着标准数量的附肢和触角等。这只自变量蚂蚁用最前面的一条附肢（为方便起见，我们把它称作一只"手"）抓着一个小仪器，就像寻呼机，或者移动电话，或者一个能告诉你所在的精确位置的那种全球定位装置。这个小仪器（图 13.5）有三个显示屏。第一个显示屏，标为"函数"，显示某些函数的名称：z^2，$\ln z$，或者这个小仪器能设置的任何函数。第二个显示屏，标为"自变量"，显示这只自变量蚂蚁当前所在的点，用复数表示。第三个显示屏，标为"函数值"，显示那个自变量的函数值。于是，这只自变量蚂蚁始终精确地知道它在哪里；同

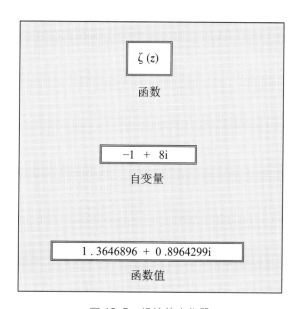

图 13.5　蚂蚁的小仪器

时,对于任何给定的函数,它知道它所站的那个点会被函数映射到哪里。

我已经让这个小仪器显示了 ζ 函数,我将要让这只自变量蚂蚁在复平面上自由地漫步。当"函数值"显示零的时候,它就正好站在 ζ 函数的一个零点("自变量")上。我可以让它在那些点上用它胸膛下面一个小口袋里装的神奇记号笔给我们做上记号。于是我们就能知道 ζ 函数的那些零点在哪里了。

实际上,我将要让这只自变量蚂蚁所做的工作,比上面所说的略多一点。我要让它给**所有那些得出纯实数或纯虚数函数值的自变量**作上记号。一个自变量,如果它的函数值是 2 或−2 或 2i 或−2i,就要做上记号;如果它的函数值是 3−7i,就不做记号。换一种方式说,被 ζ 函数映射到实轴或虚轴的所有那些点都要做上记号。当然,因为实轴和虚轴在原点相交,得出这两条轴交点的自变量,就将是 ζ 函数的零点。用这个方法,我可以得到 ζ 函数的某种图景。

图 13.6 显示了这个小小的探索旅行的结果。其中的直线显示了实轴、虚轴及临界带。而所有的曲线都是由那些能被映射到实轴或虚轴上的点组成的。在每条曲线由左边或右边走出这张图的那个点上,我写出了对应于那个点的函数值。

试图想象出 ζ 函数对复平面的作用结果——就像图 13.3 那样,它显示了平方函数对复平面的作用结果——是一项非常费力的智力操练。平方函数将这张平面在它自身上方拉伸了一圈,形成了如图 3.13 所示的双层膜曲面,而 ζ 函数则**无穷多次**地做了同样的事情,产生了一个有无穷多层膜的曲面。如果你发现这很难被形象化,不要觉得很沮丧。你需要经过几年的长期实践才能获得对这些函数的一个直观感受。就像我说过的,我这里要用一种比较简单的方法。

这只自变量蚂蚁在复平面上做记号,给出了图 13.6 所示的模式。

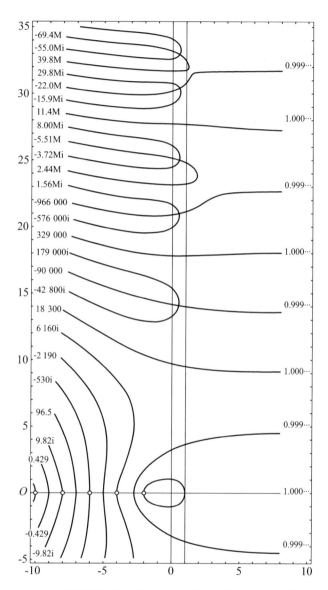

图 13.6 自变量平面,显示了被 ζ 函数"映射到"实轴和虚轴上的点

现在我要让它沿着一些那样的曲线漫步。假设它从所站的点–2 处开始起步。因为这是 ζ 函数的一个零点——平凡零点之一——"函数值"显示屏的读数是 0。现在他沿着实轴开始向西走。函数值从零开始缓

缓爬升。

它向西刚走过点－2.717262829时，"函数值"到达数0.009159890…。然后它开始向着零跌落。因为你已经读过第9章，你能猜想到将会发生什么。函数值将一直下降，在自变量为－4时到达零。

这并不算很有趣。让我们重新开始。从函数值读数为0的点－2处开始，自变量蚂蚁向西走到函数值最大的那一点。这次不再继续向西走到点－4，而是向右做一个急转弯，沿着那条抛物线形状的上半部分向北走。现在函数值将继续增长，超过0.01，然后超过0.1，在它穿过虚轴以后不久到达0.5。当它沿着抛物线的上面那段弧线向东走时，函数值继续增长。当它走出这个页面，几乎朝着正东方向时，显示屏的读数是0.9990286。这个读数仍然在增长，但增长得极慢，这只蚂蚁必须一直走到无穷远处才能让它显示1。

因为自变量蚂蚁发现它自己正处在无穷远处，它可能又向后转并走了回来。不过它不是沿原来的路回来，我将让它沿着正实轴回来。（关于这个不用考虑太多。在这些问题中，其实只存在一个"无穷远的点"，所以无论何时你发现自己身处那里，你都可以从任何方向回头进入实际的有限数王国。）现在"函数值"显示屏的读数在增长，它重新进入这张图的时候显示1.0009945751…，它经过2的时候（还记得巴塞尔问题吗？）显示1.644934066848…，然后当它接近1的时候，读数剧增。

当它踏上1这个数时，他抓着的小仪器上的蜂音器发出响声，而"函数值"显示屏以明亮的红色闪光显示一个大大的无穷大符号："∞"。如果自变量蚂蚁更凑近地看显示屏，它会注意到一个奇怪的情况。在无穷大符号的右边，一个小小的字母"i"正快速地忽隐忽现。与此同时，在无穷大符号的左边，一个负号也正快速地忽隐忽现，并且与"i"的闪烁不同步。仿佛是这个显示屏正试图在同时全部显示四个不同的值：∞，$-\infty$，∞i，$-\infty i$。太奇怪了！

　　原因是，自变量蚂蚁现在有三种选择（除了调头沿来路返回外）。如果它向正前方，沿着实轴向西走，直到它的出发点，即自变量-2这个零点，那么它先会看到函数值变成大的负数，像负一万亿，然后很快上升到中等的负数$(-1000,-100)$，一直上升到-1，然后在它踏上原点的时候函数值升到-0.5（因为$\zeta(0)=-0.5$），最后回在自变量为-2处达到零。

　　另一种情况是，如果它在1这个地方向右转弯往北，沿着原点附近那个椭圆的上半部分走，它就会从显示屏上发现函数值沿着负虚轴上升，从像$-1\,000\,000i$这样的数，向上经过$-1\,000i$到$-10i$，$-5i$，$-2i$，然后到$-i$。在它穿过虚轴前不久，显示器的读数是$-0.5i$。然后，当它走向-2这个零点时，函数值当然就上升到零。

　　为了帮助你辨明方向，并且在函数世界里（采用我在第3章中首次引进的表格方式）把这些坚实地固定下来，我用表13.4显示了刚才最后那次漫步，即以逆时针方向沿着椭圆的上半部分走。我以下列辐角（用度，不用弧度）：$0°$，$30°$，$60°$，$90°$，$120°$，$150°$和$180°$为这张表选取自变量。表13.4中的所有数字保留四位小数。

表 13.4　自变量蚂蚁经过图 13.6 中椭圆的上半部分

z	$\zeta(z)$
1	$-\infty i$
$0.8505+0.4910i$	$-1.8273i$
$0.4799+0.8312i$	$-0.7998i$
$0.9935i$	$-0.4187i$
$-0.5737+0.9937i$	$-0.2025i$
$-1.3206+0.7625i$	$-0.0629i$
-2	0

如果这只蚂蚁在 1 这个地方向左转,函数值会沿着**正虚轴**向下,经过 1.8273i,0.7998i 等等,回到零。

Ⅶ. 自变量蚂蚁可以从这个函数的任何其他零点开始它的漫步。我在图 13.6 中用小圆圈把这些零点都表示出来了。为了帮助蚂蚁知道它正去往哪里,我已经把它沿着任何一条特定路线走出这张图时“函数值”显示屏上的实际数值都标出来了。[为了节省篇幅,我把这些值中的“百万(million)”写作“M”。而“i”的意思当然就是 i。]注意当它从图的左侧边缘走出这张图时的模式,此时自变量的实部都是−10。从这一侧走出这张图的第一条曲线 * 映射到负实轴。下一条映射到正虚轴,再下一条映射到正实轴,再下一条映射到负虚轴,如此等等,这个模式不断重复着自己。

与此形成对照的是,从右侧边缘离开这张图的那些曲线,都是映射到正实轴的。事实上,在临界带的右边,这是一个非常平淡的函数。整个宽阔的东部区域映射到在 1 这个点附近的极小区域。它不像左边的西部区域那么“忙碌”,而西部区域又不如临界带那么有趣。对于 ζ 函数来说,所有有趣的事情全都发生在临界带里。(关于这个一般事实的另一个说明,见我在附录中对林德勒夫假设的论述。)

图 13.6 确实是本书的核心。在那里你实际**看到**了黎曼 ζ 函数,同样,**任何**一个复变函数也是**能**被看到的。我劝你们花点时间静静地思考一下这张图,并做一些蚂蚁漫步的操练。高等数学中的函数是非常奇妙的东西。它们不轻易展现它们的秘密。其中有些,就像这个 ζ 函数,能让你研究一生。我可能并不想成为一个研究 ζ 函数的专家。我没有全面收集关于 ζ 函数的文献,本书中的那些资料主要依赖大学图书馆和我自己的熟人。我也几乎没有费什么事就找到了自己要的一些

---

  * 按从下到上的顺序。——译者

书：蒂奇马什（E. C. Titchmarsh）的《黎曼 ζ 函数理论》(*The Theory of the Riemann Zeta-function*, 412 页)、帕特森（S. J. Patterson）的《黎曼 ζ 函数理论导引》(*An Introduction to the Theory of the Riemann Zeta-function*, 156 页)，以及爱德华兹（Harold Edwards）的必不可少的《黎曼的 ζ 函数》(*Riemann's Zeta-function*, 316 页，这书我有三本——不过说来话长)，还有厚厚一文件夹从各种杂志上复印的文章。一定还有大量探究这个函数秘密的整本的书，以及数以千计的有关文章。这是一个重要的数学课题。

而最重要的是，你可以在那张图中清清楚楚地看到黎曼假设。看！——那些非平凡零点实实在在地都位于临界线上。我没有在图 13.6 上标明临界线，但显然它处于整个临界带的中间，就像是高速公路的中线。

Ⅷ. 在离开把 ζ 函数形象化这个主题之前，且再看两张图。首先，就我们所知道的范围而言，你在图 13.6 中看到的一般模式将一直这样继续下去。

为了说明这一点，图 13.7 显示了在 $\frac{1}{2}+100i$ 附近区域的一些零点。你会注意到它们比图 13.6 中的那些挤得更紧些。事实上，这里显示的 8 个零点之间的平均间隔是 2.096673119…。而在图 13.6 中的 5 个零点之间的平均间隔是 4.7000841…。所以这里靠近虚轴上 100i 一带，零点的密集程度超过下面 20i 一带的两倍。

事实上，关于临界带上高度 T 处的零点平均间隔是有规律的。它是 $\sim 2\pi/\ln(T/2\pi)$。如果 T 是 20，它得出 5.4265725…。如果 T 是 100，它是 2.270516724…。你可能看出这个规律不是十分精确，但是正如那个波纹线符号所表示的，它对于越大的数字得到的结果越好。奥德利兹克发表过一张在 $\frac{1}{2}$ + 1 370 919 909 931 995 308 897i 附近的

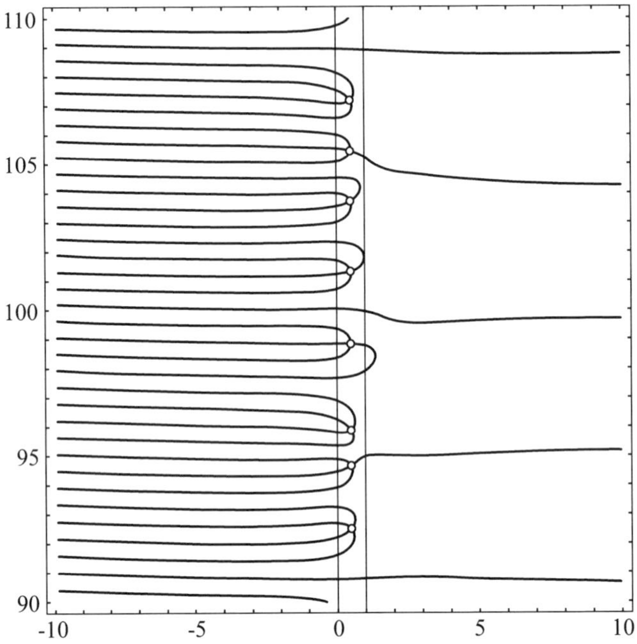

图 13.7　自变量平面中一个比较高的区域

10 000 个零点的表。在那个区域，$2\pi/\ln(T/2\pi)$ 的值是大约 0.13416467…。这 9999 个间隔的实际平均数是 0.13417894…。真是不错。

其次，请注意在本书下文中将变得相当重要的一点。关于实（东西方向）轴存在着某种对称性。如果我把图 13.6 往南延伸下去，这些线条将会是实轴北边那些线条的镜像。唯一的区别是，我在图 13.6 中所写的实数在北边和南边是相同的，而虚数则符号相反。其数学表达是，如果 $\zeta(a+bi)=u+vi$，那么 $\zeta(a-bi)=u-vi$。用适当的复数符号，是 $\zeta(\bar{z})=\overline{\zeta(z)}$。伴随而来的重要事实是：如果 $a+bi$ 是 ζ 函数的一个零点，那么 $a-bi$ 也是。

Ⅸ. 最后，是黎曼假设的一个图示——或者至少是临界线上有许多零点这一事实的图示。

为了理解图 13.8，你应该记住图 13.6 和图 13.7 是**自变量**平面的图。一个复变量的函数，是把一个复数（自变量）集合映射到另一个复数（函数值）集合。因为复数可以被表现为一个平面上的点，所以你可以将一个函数看作把一个平面（自变量平面）上的点映射到另一个平面（函数值平面）上的点。ζ 函数把自变量平面上的点 $\frac{1}{2}+14.134725i$ 映射到函数值平面上的点 0。请回顾图 13.2。在那里我把自变量平面和函数值平面两者放在一起显示，彷佛它们是透明的，一个放在另一个的上面。

图 13.6 和 13.7 是自变量平面的图，显示哪些自变量被映射到令人关注的函数值上。自变量蚂蚁生活在自变量平面上——它由此得名。我让它在自变量平面上漫游，记下自变量的点被 ζ 函数所映射到的地方。实际上我让它沿着那些奇特的曲线和环线漫步，这些曲线和环线是由那些被映射到（即它们的函数值等于）纯实数或纯虚数的点构成的。我将把这些称作"自变量平面的'映射'图"。

另一种表现一个函数的方式是采用**函数值**平面的"来源"图。[69]我在图 13.6 和 13.7 中显示的是被映射到令人关注的值（在那些例子中是纯实数和纯虚数）的自变量，与此不同的是，我可以给出一张函数值平面的图，显示来源于令人关注的自变量的那些函数值点。

让我们想象那个自变量蚂蚁有一个生活在函数值平面上的孪生兄弟。这个兄弟当然就是函数值蚂蚁。让我们进一步假设，这两兄弟保持着即时的无线电联系；而且它们用这个方法使它们的运动保持同步，以保证在任何瞬间，无论自变量蚂蚁正站在哪个自变量上，函数值蚂蚁就正站在函数值平面内的对应值上。例如，如果自变量蚂蚁正拿着它那设定在 ζ 函数上的小仪器站在 $\frac{1}{2}+14.134725i$ 上，那么函数值蚂蚁就正站在它的平面即函数值平面的 0 上。

现在假设,自变量蚂蚁不再沿着图 13.6 中那些奇特的环线和螺旋线走(它们使得函数值蚂蚁只能乏味地在实轴和虚轴上来回行走),而是从自变量 $\frac{1}{2}$ 出发,沿着临界线向正北方笔直走上去。那么函数值蚂蚁将沿着什么路线前进呢?图 13.8 告诉了你。它的出发点是 $\zeta\left(\frac{1}{2}\right)$,正如我在第 9 章 V 说过的,那是 $-1.4603545088095\cdots$。然后它在原点下方按逆时针方向走出一条类似半圆的弧线,接着在 1 附近拐弯并按顺时针方向转圈。它向原点走去并经过了它(那是第一个零点——自变量蚂蚁正好经过 $\frac{1}{2} + 14.134725i$)。然后它继续按顺时针方向转圈,并不时经过原点——每当它那位在自变量平面上的孪生兄弟踏上了 ζ 函数的一个零点。当自变量蚂蚁到达 $\frac{1}{2} + 35i$ 时,我停止了函数值蚂蚁的漫步,因为图 13.6 也是只到那么远。到这时为止,这条曲线五次经过了零点,对应于图 13.6 上的五个非平凡零点。注意,临界线上的那些点有一种强烈的倾向,它们要映射到带有正实部的点上去。

再说一遍,图 13.8 显示了**函数值**平面。它不像图 13.6 和 13.7 那样是"映射"图;它是"来源"图,显示了 ζ 函数作用于临界线的结果,正如图 13.2 显示了平方函数作用于那个带格小方块的结果。如果你要用严格的数学方式来表示它,则图 13.8 中的这条不断转着圈子的曲线就是 ζ(**临界线**),即来源于临界线上点的所有函数值点的集合。图 13.6 和 13.7 中的曲线是 ζ^{-1}(**实轴和虚轴**),即所有被映射到实轴和虚轴上的自变量点的集合。"ζ(**临界线**)"这一记法的意思是"临界线上自变量的所有 ζ 函数值"。反之,"ζ^{-1}(实轴和虚轴)"的意思是"所有其 ζ 函数值都在实轴或虚轴上的自变量"。注意,表达式"ζ^{-1}"在这里是以"反函数"这个特定的函数论意义来使用的。不要把它同幂运算规则

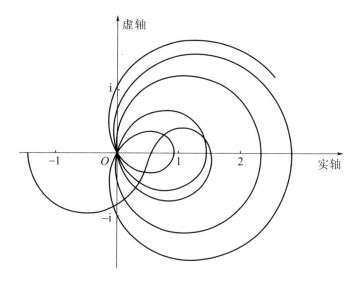

图 13.8　函数值平面，显示来自临界线上的那些点的函数值

5 中的 a^{-1} 相混淆，a^{-1} 在那里表示 $1/a$，即 a 的算术倒数。这是一种不同的用法——数学符号意义过多的又一个实例，就像 π 有 3.14159… 和素数计数函数这两种不同的用法。

一般而言，自变量平面的"映射"图对于理解一个函数的广泛性质（即它的零点在哪里）来说是更好的工具。而函数值平面的"来源"图对于研究这个函数的特定方面或奇妙特性来说会更有用。[70]

黎曼假设宣称，ζ 函数的所有非平凡零点都位于临界线上——实部是 $\frac{1}{2}$ 的复数所构成的直线。我在这一章中展示的所有非平凡零点确实都位于那条直线上，正如你们可以从图 13.6、13.7 和 13.8 中所看到的。当然，那并不能证明什么。ζ 函数有无穷多个非平凡零点，没有一张图可以把它们全都表示出来。我们怎样才能知道第一万亿个，或者第一亿亿亿个，或者第一亿亿亿亿亿亿亿亿个是位于临界线上的呢？我们不知道，通过画图无论如何也无法知道。它与素数到底又有什么关系呢？为了回答那个问题，我将不得不拧动金钥匙。

第 14 章

陷入迷恋状态

Ⅰ. 在 20 世纪初，当然不是只有格丁根这个地方在做第一流的数学工作。这方面还有英国的数学家李特尔伍德，60 多年前他曾向休·蒙哥马利提议吸鼻烟。1907 年，作为剑桥三一学院的一位年轻的数学家，李特尔伍德正在到处寻找一个内涵丰富的好题目来做他研究生论文的研究课题。

巴恩斯(E. W. Barnes)[71] 现在信心倍增，他建议考虑一个新的问题："证明黎曼假设"。事实上这个大胆的建议不会没有收获；但在 1907 年，我必须首先大致了解一下 $\zeta(s)$ 和素数的背景，特别是像我本人这种情况。我在林德勒夫(Ernst Lindelöf)[72] 的书中遇到过 $\zeta(s)$，但是那里没有什么是关于素数的，我也丝毫没有想过它们之间会有什么联系；对我来说，黎曼假设很有名，但它仅仅是整函数中的一个问题；而且所有这一切都发生在长假期间，在这期间我无法接触任何文献，即使我猜想会有什么文献的话。(至于那些得到较好指导的人，只是其中有一些人听说过阿达马的论文，还有更少的一些人从一本比利时杂志上知道了瓦莱·普桑。总之，这项研究被认为非常复杂并且在数学的主流之外。黎曼的那篇著名论文收录在他的选集中;这篇论文陈述了黎曼假设,以及不同寻常但尚未得到证明的那个关于 $\pi(x)$ 的"显式公式";"素数定理"没有被提到,虽然它无疑很容易从那个显式公式猜想出来。这里要特别提一下哈代,后来他告诉我,他知道素数定理已经被证明,但他认为是黎曼证明的。这一切在 1909 年由于兰道的书的出版而一下子被转变了。)

我从《李特尔伍德杂录》(*Littlewood's Miscellany*)中选取了这一段,这是一本奇特的集子,包括自传的片段、笑话、数学趣题和人物速写,1953 年第一次(以一个略有不同的书名)出版。引文中的另外两个人物是年龄比李特尔伍德大的英国数学家哈代(1877—1947),以及德国人兰道(1877—1938)。比希尔伯特晚半代的这三个人,都是早期向黎曼假设发起冲击的先驱。

Ⅱ. 19 世纪英国数学的发展和成就令人奇怪地不对称。英国数学家在数学的**最不**具有抽象性的领域中取得了重大进展,这些领域同物理学有着非常密切的关系。这一点是我本人在伦敦接受高等数学教育期间注意到的。我们要学习实分析,或复变函数论,或数论,或代数这些课程,于是那些与各条定理紧密相连的名字从欧洲大陆通过英吉利海峡滚滚而来:柯西、阿达马、雅可比、切比雪夫、黎曼、埃尔米特、巴拿赫(Banach)、希尔伯特……。后来我们要上方法论课(即应用于物理学的数学方法),忽然间又回到了维多利亚时代的英国:格林(Green)定理(1828 年)、斯托克斯(Stokes)公式(1842 年)、雷诺(Reynolds)数(1883 年)、麦克斯韦(Maxwell)方程(1855 年),以及哈密顿(Hamilton)XX*(1834 年)……。

---

* 因为有哈密顿圈、哈密顿函数、哈密顿群、哈密顿算子等等以"哈密顿"开头的术语,故在这里略作"XX"。——译者

发生在英国的其他这类活动集中在数学的**最**抽象的领域中。凯莱（Arthur Cayley）同西尔维斯特一起创立了矩阵的概念（详见后文）及代数不变式论。乔治·布尔开拓了"基础"的整个领域——那就是数理逻辑,他称之为"思维的法则"。（你可能会遇到一个关于这是否确实处在最高级抽象程度上的争论。布尔自己宣称,他的意图是使逻辑成为应用数学的一个分支。不过,我认为数理逻辑对我们大部分普通人来说是足够抽象的了。）有趣的是,在希尔伯特的巴黎数学家大会演讲前的那个星期,巴黎大会的同一个报告厅被一个国际哲学大会预订。宣读的论文之一是"空间和时间中的秩序和绝对位置之理念"（The Idea of Order and Absolute Position in Space and Time）。它的作者是一位年轻的英国逻辑学家,也是三一学院的人,名叫罗素,10 年后他和怀特黑德一起写出了数理逻辑（更准确地说,是运用了逻辑的数学）的经典著作《数学原理》。

那些既不是最不抽象也不是最抽象的,而是抽象性居中的广阔地带——函数论、数论、大部分的代数——被让给了欧洲大陆。在分析学这个 19 世纪数学成果最多的领域中,几乎看不到英国人。实际上,在那个世纪末,他们甚至在其擅长的领域里也几乎没有露面。在巴黎数学家大会上只有 7 位英国数学家出席,英国的排名低于法国（90 人）、德国（25 人）、美国（17 人）、意大利（15 人）、比利时（13 人）、俄国（9 人）、奥地利和瑞士（各 8 人）。在数学上,1900 年前后的英国是一潭死水。

当然,即使是一潭死水,也会有少许活水。剑桥三一学院仍保持着优良的数学传统,李特尔伍德在那里住校,1661—1693 年这里曾经是艾萨克·牛顿爵士的学院,并且在它 19 世纪的毕业生中,有好几位天才的数学家和物理学家:巴比奇（Charles Babbage）,被公认发明了计算机;天文学家艾里（George Airy）,有一族数学函数以他的名字命名;

德·摩根(Augustus de Morgan),逻辑学家;凯莱,代数学家;麦克斯韦;还有一些名气稍逊的杰出人物。罗素 1893 年在三一学院获得他的学位,1895 年被推选为研究员[73],哈代进入这个学院的时候,罗素正在那里教书。这个学院 20 世纪的历史多少有点鱼龙混杂。剑桥间谍帮[74]的大部分成员,还有好几个布卢姆斯伯里文化圈的人[*][75]都出自这里。然而,就这个世纪初的数学而言,它是哈代的最早也是最重要的家——就是李特尔伍德自传中提到的那个哈代。正是哈代,而不是任何其他人,把英国的纯粹数学从多年的沉睡中唤醒了。

哈代 1897 年正在三一学院攻读学位,他偶然接触了那个时代著名的教科书,法国数学家若尔当(Camille Jordan)的《分析学教程》(*Cours d'Analyse*)。若尔当为学复变函数论的学生们所熟知是因为若尔当定理,这个定理基本上是这么说的:平面上的一条简单闭曲线,比如一个圆,具有一个内部和一个外部。这个定理的证明极为困难——埃斯特曼把若尔当本人的证明说成是"一个聪明的尝试"。看来《分析学教程》对哈代的影响类似于查普曼的荷马史诗对济慈的影响[**]。就在希尔伯特发表演讲的那个夏季,哈代获得了他在三一学院的研究员职位。此后的几年中,他发表了关于分析学的一些论文。

哈代早期迷恋于分析学,他的成果之一是一本大学教科书《纯粹数学教程》(*A Course of Pure Mathematics*),1908 年首印,此后它的重印一直没有断过。我和 20 世纪英国的大部分大学生一样,从这本书中学了分析学。当时我们把这本书简称为"哈代"。这本书的标题完全是误

---

* 布卢姆斯伯里是伦敦的一个区,20 世纪初曾为文化艺术中心,这里指经常在那里聚会的一批文人。——译者

** 查普曼(Chapman)是 16 至 17 世纪英国诗人,曾译荷马史诗;济慈(Keats)是 19 世纪初英国浪漫主义诗人,由于没学过希腊文,他只能通过查普曼的译本来读荷马史诗。史诗中宏大的场面深深吸引了济慈,使他写下了《初读查普曼译荷马史诗》这一佳作。——译者

导,因为它除了分析学以外什么也不包括——没有代数,没有数论,没有几何,没有拓扑。不过从来没有人介意这一点。作为经典(即19世纪的)分析学的一本入门书,它几乎达到了一本教科书所能达到的完美程度。它极大地影响了我本人对数学的态度。通览我在本书中已写的内容,我清清楚楚地看见了哈代。

Ⅲ. 哈代是只有在19世纪的英国才可能产生的那种怪人。他晚年写了一本非常奇特的书,题为《一个数学家的辩白》(*A Mathematician's Apology*, 1940年),书中他记述了自己作为数学家的一生。从某些方面说,这是一本抒发悲伤的书——确切地说,是一本哀悼自己一生的书。其原因在斯诺(C. P. Snow)为后来再版所写的序言中有很好的说明。哈代是一个彼得·潘*,一个永远长不大的男孩。斯诺写道:"他直到老年还保持着一个才华横溢的年轻人的生活;他的心灵亦是如此:他的娱乐,他的兴趣,保留着一种年轻人的轻盈。并且和许多把年轻人的兴趣保留到六十多岁的人一样,他的晚年因此而更为暗淡。"李特尔伍德写道:"他直到30岁时看起来还是难以置信地年轻。"哈代喜欢的娱乐是板球,他酷爱此道,另外还有室内网球,这是比通常的网球更难、更需要智力的一种娱乐。

从1919年到1931年的12年,哈代在牛津大学拥有一个职位,其中1928年到1929年在普林斯顿交换一年;他一生的其余时间都在剑桥三一学院度过。他是一个英俊而有魅力的人,从未结婚,就人们所知,也没有任何种类的任何私密恋情。要知道,老牛津大学和剑桥大学的各个学院是只容男人的机构,它们都有着一种强烈的嫌恶女人的风气。在1882年之前,三一学院的研究员是不允许结婚的。按照我们时代的思维方式,近来有人猜测,哈代也许是个同性恋者。我向好奇的读者们

---

* 英国剧作家巴里(Barrie)笔下的人物,一个长不大的男孩。——译者

推荐卡尼格尔（Robert Kanigel）写的拉马努金（Srinivasa Romanujan，哈代是他的保护人）的传记《知无涯者》（*The Man Who Knew Infinity*），书中对这一点有详细论述。答案看来是：很可能不是，除非假定是在最深层的意识中。

哈代的故事甚至比希尔伯特的还多——我发现我已经说过一个了。下面又有两个，二者都涉及黎曼假设。第一个来自英国科学杂志《自然》（*Nature*）上的他的讣告。

> 哈代有一个占主导地位的爱好——数学。除此之外，他的主要兴趣在于打球，对此他是一个老练的选手和一个内行的评论家。他在（1920 年代）寄给一个朋友的明信片中列出了"新年六个心愿"，表明了他喜爱的和讨厌的一些事情：
>
> （1）证明黎曼假设。
>
> （2）在伦敦椭圆板球场举行的国际板球对抗赛决赛第四局中得 211 分且不出局。
>
> （3）找到一个能使一般民众信服的关于上帝不存在的证明。
>
> （4）成为登上埃弗勒斯峰（即珠穆朗玛峰）峰顶的第一人。
>
> （5）被宣布为由英国和德国组成的苏维埃社会主义共和国联盟的第一任总统。
>
> （6）谋杀墨索里尼。

第二个故事显示了哈代的又一个怪癖。他虽然声称不信上帝，却坚持同上帝进行无休无止的斗智。在 1930 年代，哈代常常去拜访他的朋友哈拉尔·玻尔（Harald Bohr），他是哥本哈根大学的数学教授［也是物理学家尼尔斯·玻尔（Niels Bohr）的弟弟］。波利亚讲述了下面这个关于其中一次行程的故事。

> 哈代同玻尔一起在丹麦一直住到暑假末,当他不得不回英国开课的时候,只有一条很小的船可以乘坐了……。北海可能有大风浪,而这样一条小船沉没的可能性并不为零。哈代还是坐了这条船,不过给玻尔寄了一张明信片:"我证明了黎曼假设。哈代。"如果这条船沉没并且哈代淹死了,所有人一定相信他证明了黎曼假设。然而上帝不想让哈代有这样大的荣耀,所以他没有让这条船沉没。

除了他那本出色的教科书以外,哈代以两次以他为一方的伟大合作而闻名天下。一次是和拉马努金的合作,这已广为人知,而且原因很简单,因为这是数学史上最奇妙最感人的故事之一。这在前面提到的卡尼格尔的书中有详细论述。不过,哈代-拉马努金的合作只是极偶然地涉及黎曼假设的历史,所以我不再多说。

哈代另一次伟大的合作是同李特尔伍德的,我曾把后者对自己研究生论文课题的一段回忆作为本章的开头。李特尔伍德 1910 年加入三一学院的教员行列。他和哈代的合作从次年开始一直持续到1946 年。哈代在牛津和普林斯顿的那些年他们主要通过邮件联系,在第一次世界大战期间也是如此,那时李特尔伍德正在为英国军队做炮兵方面的工作。但是对于哈代和李特尔伍德来说,这种通过邮件进行合作的方式并不是一种新的应变之举:他们住在三一学院宿舍的时候就常常通过邮件联系。

哈代和李特尔伍德两人都是伟大的数学家,都是教师的儿子,还都终身未婚。在大部分其他方面,他们有很大区别。关于哈代有一些很奇怪的事情。例如,他不喜欢拍照——他的现存照片只有半打[76]——而且当他住在旅馆或在别人家留宿时,他会把所有的镜子都遮上。李特尔伍德是一个非常实际的人。不同于哈代的瘦长而文雅,李特尔伍德矮胖而强壮,是一个出色的全方位运动员,擅长游泳、划船、攀岩、板球。他在 39 岁时开始滑雪,后来非常精通于此——在那个时代的英国人中这是一件很希罕的事。他还喜爱音乐和跳舞。

尽管遵守着关于做一个学院研究员的老观念——他在三一学院的同一套房间里从 1912 年到 1977 年住了 65 年,从未结婚——李特尔伍德却至少有两个孩子。按照他的同事博洛巴什(Béla Bollobás)的说法,李特尔伍德年轻的时候,通常每年都要同康沃尔郡的一个医生家庭一起去度假,这个家庭的孩子们从小就叫他"约翰叔叔"。这些孩子中有一个名字叫安(Ann);李特尔伍德称她"我的侄女"。然而,在同博洛巴什夫妇成为密友以后,李特尔伍德承认安实际上是他的女儿。他们劝他不要再把她称作他的侄女,而开始说"我的女儿"。一天晚上,他在学院公共休息室里这么说了,令他尴尬的是,他的同事们没有一个表现出最起码的惊讶。后来,在 1977 年李特尔伍德去世以后,一名中年男子出现在三一学院,并打听他的财产,说自己是李特尔伍德的儿子。

Ⅳ. "哈代和李特尔伍德"在 20 世纪头 20 年里的数学论文中成了一个非常常见的署名,以至于流传着这样的笑话,说李特尔伍德是虚构的,是哈代为了给他的错误找替罪羊而杜撰出来的。据说有一位德国数学家渡过英吉利海专程来到英国,以证实他关于李特尔伍德并不存在的想法。

那位数学家就是兰道,他比哈代小七天。兰道是那种不寻常现象的一个典型。他作为一名富家子弟,却有着一种很强的敬业精神,并在一个并不赚钱的领域里留下了一系列重大的成就。兰道的母亲约翰娜(Johanna),娘家姓雅各比(Jacoby),出自一个富有的银行世家。他的父亲是柏林的一位妇科学教授,临床经验丰富。老兰道还是犹太复国主义运动的一个热心支持者。这个家位于柏林最讲究的地区巴黎广场

6a，靠近勃兰登堡门。兰道 1909 年获得格丁根大学的教授职位。每当人们问起他家在什么地方，他总是回答："你们不会找不到。它是城里最漂亮的房子。"他跟着他父亲（以及阿达马）也对犹太复国主义关心有加，帮助创建了耶路撒冷的希伯来大学，并且在那个大学创办后不久的 1925 年 4 月用希伯来语上了第一堂数学课。

兰道是个人物——这是一个出数学人物的伟大时代——而且流传着他的一些逸闻趣事，这些逸闻趣事可与希尔伯特和哈代的相匹敌。或许最出名的故事是他对格丁根大学的女同事埃米·诺特的评论。诺特具有男子气质并且非常直率。当被问到她算不算伟大女数学家的一个代表时，兰道回答说："我可以证明埃米是一位伟大的数学家，但我不能保证她是女的。"他的敬业精神富有传奇性。据说他的一位年轻讲师大病初愈，正在住院康复之中，兰道爬上梯子把一大夹子作业从这个可怜虫的窗户里塞了进去。李特尔伍德说："他简直不知道疲劳是怎么回事。"哈代说兰道每天从上午 7 点一直工作到半夜。

兰道是一个杰出而热情的教师，也是一个特别多产的数学家。他写了 250 篇以上的论文和 7 部书。对我们的故事来说，最重要的是他那些书中的第一部，出版于 1909 年的一本数论经典。这就是我在本章开头的摘录中李特尔伍德提到的那部书："这一切……由于兰道的书的出版而一下子被转变了。"这部书的全名是 *Handbuch der Lehre von der Verteilung der Primzahlen* ——《素数分布理论手册》。数论专家通常将它简称为《手册》(*Handbuch*)[77]。这部书有两卷，每卷都超过 500 页，它把到那个时候为止已知的关于素数分布一切都搜集在一起，并特别着重于解析数论。黎曼假设出现在第 33 页。这部《手册》不是关于解析数论的第一部书——巴赫曼（Paul Bachmann）曾在 1894 年出版过一部——但是它那极其详细、系统的描述使这个主题以一种既清晰又有吸引力的风格展现了出来，兰道的书立刻就成了这个领域中的标准读物。

我认为兰道的《手册》未曾被译成英语。数论专家休·蒙哥马利，我的第18章中的明星，是通过手捧词典通读《手册》的方式自学德语的。他说了下面这个情况。这部书的最初50多页是历史概述，每一节都是以在这一领域作出贡献的大数学家的名字为标题：欧几里得，勒让德，狄利克雷，等等。其中最后四节的标题是"阿达马"，"冯·曼戈尔特"，"瓦莱·普桑"，"Verfasser"。休对于 Verfasser 的贡献有着极其深刻的印象，但是不明白为什么以前没有听说过这位优秀数学家的名字。后来他才知道"Verfasser"是德语中的一个词，意思是"作者"（在德语中普通名词的首字母要大写）。

Ⅴ．"这一切……由于兰道的书的出版而一下子被转变了。"哈代和李特尔伍德两人一定都在兰道的书面世之后不久就读过它。哈代[与海尔布伦(Hans Heilbronn)一起]在代表伦敦数学学会所写的兰道的讣告中这样说道：

> 这部《手册》也许是他所写的最**重要**的书。在书中解析数论第一次以这样的方式被呈现：它不是一些漂亮的分散的定理的一个汇编，而是一门系统的科学。当时这门学科还只是少数探险英雄的猎场，而这本书把这门学科转变成为过去三十年中最富有成果的研究领域之一。其中几乎所有的东西都被取代了，那正是对这本书的最大称颂。

肯定是《手册》这部书让哈代和李特尔伍德两人对黎曼假设着了魔。最初的成果出现在1914年。虽然他们那时正在合作，但这次成果并不是以合作的形式，而是作为两篇独立的论文发表，两者在这个理论的发展中都很重要。

哈代的论文题为"黎曼 $\zeta(s)$ 函数的零点"（Sur les zéros de la

fonction $\zeta(s)$ de Riemann），发表在巴黎科学院的 *Comptes Rendus* 上。在文中,他证明了关于非平凡零点分布的第一个重要成果。

哈代 1914 年的成果

ζ 函数有无穷多个非平凡零点满足黎曼假设

——即它们的实部是 $\dfrac{1}{2}$。

虽然是前进了一大步,但读者要明白,这并没有解决黎曼假设。存在着无穷多个非平凡零点;哈代证明了它们中的无穷多个的实部是 $\dfrac{1}{2}$。这留下了尚待确定的三种可能性:

- 有无穷多个零点的实部不是 $\dfrac{1}{2}$;

- 仅有有限多个零点的实部不是 $\dfrac{1}{2}$;

- 不存在实部不是 $\dfrac{1}{2}$ 的零点——即黎曼假设!

作为一个类比,请考虑下面这个关于大于 2 的偶数(即 $4,6,8,10,12,\cdots$)的陈述:

- 它们中有无穷多个能被 3 整除;也有无穷多个不能被 3 整除。

- 有无穷多个大于 11;只有 4 个不是。

- 有无穷多个是两个素数之和;没有一个不是——即哥德巴赫猜想(在我写下它的时候仍然未被证明)。

李特尔伍德的论文也发表在那一年巴黎科学院的 *Comptes Rendus* 上,题为"素数的分布"(Sur la distribution des nombres premiers)。它证明的结果虽然是在这个领域的不同部分,但它同哈代的结果一样精妙和引人注目。它需要一点铺垫。

Ⅵ. 我指出过,20 世纪初对黎曼假设的思考有下面的普遍倾向。素数定理(PNT)已经被证明。从数学上说,必然有 $\pi(x) \sim Li(x)$——用文字来表达,就是 $\pi(x)$ 和 $Li(x)$ 之间的相对差随着 x 越来越大而逐渐减小到零。那么现在关于这个差,这个误差项,我们能说出些什么?数学家们被引向黎曼假设的注意力正是聚焦在这个误差项上,因为黎曼 1859 年的论文给出了这个误差项的精确表达式。正如我将在适当时候说明的,那个表达式涉及了 ζ 函数的所有非平凡零点,因此理解这个误差项的关键以某种方式隐藏在这些零点之中。

让我列出这个误差项的一些实际值来具体说明。在表 14.1 中,"绝对误差"表示 $Li(x)-\pi(x)$,而"相对误差"表示那个数在 $\pi(x)$ 中所占的比例——换句话说,就是绝对误差除以 $\pi(x)$。

表 14.1

x	$\pi(x)$	误　差　项	
		绝对误差	相对误差
1 000	168	10	0.059523809524
1 000 000	78 498	130	0.001656093149
1 000 000 000	50 847 534	1 701	0.000033452950
1 000 000 000 000	37 607 912 018	38 263	0.000001017419
1 000 000 000 000 000	29 844 570 422 669	1 052 619	0.000000035270
1 000 000 000 000 000 000	24 739 954 287 740 860	21 949 555	0.000000000887

好了,相对误差确实是逐渐减小到零,这正如 PNT 所说的那样。之所以会这样,原因就是绝对误差虽然在递增,但绝对没有 $\pi(x)$ 递增得那么快。

那些寻根究底的数学头脑现在会问,这些数确切地说是怎样变化的?是否存在着可以描述绝对误差的缓慢递增,或者相对误差逐渐减

小到零的规则? 换一种方式说,如果你去掉表 14.1 的第二和第四列,
或者第二和第三列,将剩下的只有两列的表看作是某种函数(自变量和
函数值)的一组快照——那么它们是什么函数? 我们能否对它们得出
一个带波纹号的公式,就像我们为 $\pi(x)$ 所做到的那样?

那正是 ζ 函数的非平凡零点现身的地方。它们同误差项有密切的
关系,其方式我将在后面用精确的数学语言详细说明。

虽然 PNT 说的是相对误差,但这个领域中的研究更多地集中在绝
对误差上。当然,你考虑哪一个其实没什么差别。相对误差正是绝对
误差除以 $\pi(x)$,所以你总是可以容易地从一个跳到另一个。那么我们
能不能得到关于 $Li(x)-\pi(x)$ 这个绝对误差项的某种结果?

Ⅶ. 看看图 7.6 和表 14.1,我们可以非常有把握地说,绝对误差
$Li(x)-\pi(x)$ 是正的并且是递增的。它的数值依据如此有力,以至于高
斯在进行他自己的研究时,确信情况总是如此。也许最早的研究者们
会同意,或者至少觉得,$\pi(x)$ 总是小于 $Li(x)$。(我们不清楚黎曼对这
个问题的看法。)因此,李特尔伍德 1914 年的论文引起了轰动,因为它
证明了情况并非如此;恰恰相反,存在这样的数 x,使得 $\pi(x)$ 大于
$Li(x)$。实际上它证明的结论比这更多。

<blockquote>

李特尔伍德 1914 年的成果

$Li(x)-\pi(x)$ 从正变为负,再从负变为正,如此反复

无穷多次。

</blockquote>

既然目前的情况是,尽我们所有的能力,甚至采用功能最强大的计算
机,所取到的 x 都是使得 $\pi(x)$ 小于 $Li(x)$,那么哪里是使 $\pi(x)$ 变得等
于 $Li(x)$ 然后大于它的第一个交叉点,即第一个"李特尔伍德反例"呢?

在这种情况之下,数学家们会去寻找他们所谓的**上界**,那就是这样

一个数 N,他们可以证明这个问题的任何精确的答案无论如何都一定小于 N。这种已被证明的上界 N 有时远远大于实际答案。

对李特尔伍德反例来说,第一个上界就是如此。1933 年,李特尔伍德的学生斯克维斯(Samuel Skewes)证明,如果黎曼假设成立,交叉点一定在 $e^{e^{e^{79}}}$ 之前出现,这是一个大约有 $10^{-百亿亿亿亿}$ 位的数。$10^{-百亿亿亿亿}$ 并不是那个数,而是那个数的**位数**。(作为对照,宇宙中的原子数被认为大约有 80 位。)这个庞大的怪物以"斯克维斯数"而出名,这是到那个时候为止从数学证明中自然得出的最大的数。[78]

1955 年,斯克维斯改进了他的结果,这次没有假定黎曼假设成立,他得到了一个只有 10^{1000} 位的数。1966 年,莱曼(Sherman Lehman)把这个上界降到一个容易处理得多的(或者至少是能写下来的)数,1.165×10^{1165}(这是一个只有 1 165 位的数),并建立了关于这种上界的一个重要的一般性定理。1987 年,特里勒运用莱曼的这个定理进一步把这个上界降到 6.658×10^{370}。

当我写到这里的时候(2002 年中),最好的数是由贝斯和赫德森在 2000 年确定的,他们也是从莱曼的定理出发得到这个数的。[79]他们证明,在 1.39822×10^{316} 附近存在着一些李特尔伍德反例,并且还给出了这些数可能是最小一批反例的一些理由(贝斯和赫德森的论文留下了一个很小的可能性,即也许存在更小的反例,或许小到 10^{176}。他们还证明了 1.617×10^{9608} 附近有一个巨大的反例带。)

Ⅷ. 不过,误差项 $Li(x) - \pi(x)$ 从正到负再到正的反复波动完全发生在定义十分明确的约束之内。如果不是这样,PNT 就不会成立。关于这些约束的性质的某些想法已经在证明 PNT 的努力中展现了出来。瓦莱·普桑在他自己对 PNT 的证明中实际上包含了对约束函数的一种估计。五年以后的 1901 年,瑞典数学家冯·科赫(Helge von Koch)[80]证明了下面这个关键的结果，我用一种现代形式来陈述它。

冯·科赫1901年的成果

如果黎曼假设成立，那么

$$\pi(x) = Li(x) + O(\sqrt{x}\ln x)。$$

这个等式读作"x 的 π 函数等于 x 的积分对数加上根号 x 与 x 对数之积的大 O"。现在我必须解释"大 O"这个符号。

大 O 和默比乌斯 μ

Ⅰ. 我把这一整章全部用于讨论两个数学论题,它们都与黎曼假设有关,但除此之外它们之间没有其他任何关系。这两个论题就是"大 O"符号和默比乌斯 μ 函数。首先说大 O。

Ⅱ. 1976 年,伟大的匈牙利数论专家图兰(Paul Turán)因患癌症而处于弥留之际,他妻子就在他的床边。她说他最后喃喃自语的是"1 的大 O ……"。数学家们讲述这个故事时充满了敬佩。"到死也在做数论研究!一位真正的数学家!"

大 O 从兰道 1909 年的那部书进入了数学,正如我已经描述过的,那部书的影响非常大。但实际上大 O 并不是兰道发明的。他在《手册》的第 883 页坦承,这个符号是他从巴赫曼 1894 年的论文中借来的。但是,这个符号总被说成"兰道的大 O",而且可能大部分数学家都认为是兰道发明了它,这是不公平的。大 O 遍及解析数论的所有地方,而且还渗透到数学的其他领域。

大 O 是当一个函数的自变量趋向(通常是)无穷大时,确定函数大小的界限的一种方式。

大 O 的定义

如果对于足够大的自变量,函数 A 的大小决不超过函数 B

的某个固定的倍数,那么函数 A 就是函数 B 的大 O。

让我学着图兰的样子,考虑 1 的大 O。这里的"1"是一个函数,一种最简单的函数。它的图形是一条平直的水平线,在水平轴上方一个单位处。对于任何自变量来说,其函数值都是——1。那么,说某个函数 $f(x)$ 是 1 的大 O 表示什么意思? 按照我刚才给出的定义,它的意思是随着自变量 x 趋向无穷大, $f(x)$ 决不超过 1 的某个固定的倍数。换句话说, $f(x)$ 的图像永远处于某条水平线的下方。这是关于 $f(x)$ 的有效信息。有许多函数不符合这个标准。例如, x^2,或者 x 的任何正数幂,或者 e^x,甚至是 $\ln x$,都不符合这个标准。

实际上,大 O 的含义要比这更多一些。注意在我的定义中我说的是"A 的大小……"。这意思是指"A 的值,但不管它的正负号"。100 的大小是 100,-100 的大小也是 100。大 O 不管负号。说某个函数 $f(x)$ 是 1 的大 O,就是说 $f(x)$ 永远局限在两条水平线之间,一条在水平轴上方,另一条在水平轴下方,且这两条线到水平轴的距离相等。

正如我说过的,许多函数不是 1 的大 O。最简单的是函数 x ——即函数值总是等于自变量的函数。它的图形是一条与水平轴成 45° 的斜线,从右上角离开绘图纸。显然它不能被容纳在任何两条水平线之间。无论你把这两条水平线设置得相距多远,函数 x 最终会冲破它们。即使你减小斜率,情况仍然这样。函数 $0.1x$(见图 15.1)、$0.01x$、$0.001x$、$0.0001x$ 最终都会突破你设置为界限的任何固定的水平线。它们没有一个是 1 的大 O。

下面举例说明关于大 O 的另一个方面。大 O 不仅不管正负号,它同样也不管倍数。如果 A 是 B 的大 O,那么 A 的十倍、A 的一百倍、A 的一百万倍也是如此;A 的十分之一、A 的百分之一、A 的百万分之一也是如此。大 O 不会告诉你精确的增长率——我们有导数来为我们做这件

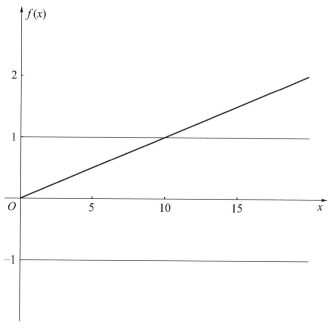

图 15.1　0.1x 不是 $O(1)$

事。它告诉你增长率的**类型**。函数"1"根本没有增长率;它是完全平坦的。一个函数如果是 1 的大 O,其增长决不能快于此。它可能具有各种其他特性:减小到零;在界定线之间无规则地振荡;或者越来越靠近其中一条限定线,但决不会突然上蹿或突然下跳而突破限定线并留在外面。

函数 0.1x、0.01x、0.001x、0.0001x 都不是 1 的大 O;它们都是 x 的大 O。那些永远局限在直线 ax 和它的镜像线 $-ax$ 之间这个"三角饼"内的任何其他函数都是如此。图 15.2 是不受这个局限的函数的一个例子。这是 x^2,平方函数。无论你将这块三角饼设得多么宽大——即无论 a 的值有多么大——x^2 的图像最终会冲破上面那条线。

现在你可以看懂冯·科赫 1901 年的成果的意思了吧。如果黎曼假设成立,那么 $\pi(x)$ 和 $Li(x)$ 之间的绝对差——无论 $Li(x)-\pi(x)$ 还是 $\pi(x)-Li(x)$ 都没有关系,因为大 O 不管正负号——随着 x 趋向无穷大

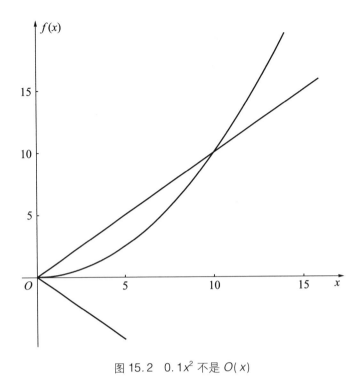

图 15.2 $0.1x^2$ 不是 $O(x)$

而局限在两条限定曲线之间。这里的限定曲线是 $C\sqrt{x}\ln x$ 和它的镜像，C 是某个固定的数。误差项可以在这两条曲线之间爱怎么样就怎么样，但不可以突破它们，不能突然剧增而逃脱它们的控制。$\pi(x)$ 与 $Li(x)$ 的差是 $\sqrt{x}\ln x$ 的一个大 O。

图 15.3 是一个 $O(\sqrt{x}\ln x)$ 函数的例子。图中显示的是：（1）曲线 $\sqrt{x}\ln x$（一条抛物线状曲线的上半部），（2）镜像曲线 $-\sqrt{x}\ln x$（同一曲线的下半部），（3）我为了说明问题而创造的无实际意义的函数，它是 $O(\sqrt{x}\ln x)$。图中大写的"M"代表"百万（million）"——这种事情只是和大的自变量有关系。注意，这个德比希尔函数*实际上在 200M 附近

---

* 以本书作者的名字命名。——译者

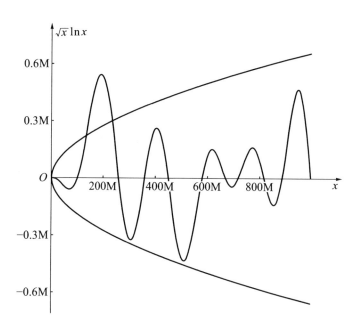

图 15.3 德比希尔函数 $O(\sqrt{x}\ln x)$

突破了它的限定曲线。这没有关系，**因为它再也不会这样了**。大 O 正是意味着从某个点起，这个函数将永远处在它的界限之内。相信我，它能做到这一点，尽管显然我不可能向你一路展示这个函数直到无穷大。大 O 不在乎有较小的值违反它的规则，这种情况在数论中至少是很平常的。（对照：所有素数都是奇数……除了开头的那个。）

还要注意，因为大 O 不管倍数，所以垂直方向上的标度完全是随意的。重要的是构形——限定曲线的形状，以及我的函数从某个点起永远局限在它们之间这个事实。

Ⅲ. 冯·科赫 1901 年的成果[81]——如果黎曼假设成立，那么 $\pi(x) = Li(x) + O(\sqrt{x}\ln x)$——是数论中现在频频出现的以"如果黎曼假设成立，那么……"开头的一类成果的早期例子。假如结果证明黎曼假设不成立，数论中相当大的部分将不得不推倒重来。

有没有什么关于误差项 $Li(x) - \pi(x)$ 的大 O 型结果**不**以黎曼假设

成立为前提呢? 哦,有的。几十年来在解析数论中有一种大众化的体育运动,就是为误差项寻找更好的大 O 公式。但没有一个能比得上 $O(\sqrt{x}\ln x)$。那是最最了不起的东西,是到目前为止已知的对误差项可能做到的最贴切的限定。尽管它以黎曼猜想成立为前提,我们还不能保证它的有效性。我们确知能保证有效性的公式都不如它贴切。在图 15.3 中,与这些公式相应的抛物线状曲线都有点开口过大,随着 x 趋向无穷大,这种差别变得越来越显著。如果黎曼假设成立,我们就有了迄今所知的关于那个误差项的最好的——即最贴切的——大 O 公式, $O(\sqrt{x}\ln x)$。它也是最简洁的。我们已经证明了的不以黎曼假设成立为前提的那些公式都相当难看。下面是我现在所知道的最好的一个:

$$O\left\{xe^{-C\left[(\ln x)^{\frac{3}{5}}/(\ln\ln x)^{\frac{1}{5}}\right]}\right\},$$

这里的 C 是一个常数。其他没有一个看起来比这个更简单。

现在把科赫 1901 年的成果同我在第 12 章 II 中用活体字给出的希尔伯特第八个问题相比较。希尔伯特当时响应了黎曼的说法,黎曼在 1859 年的论文里说, $\pi(x)$ 被 $Li(x)$ 所逼近,这种说法"只是在 $x^{\frac{1}{2}}$ 的量级上才是合适的"。现在, $\sqrt{x}$ 当然恰好是 $x^{\frac{1}{2}}$。此外,我在第 5 章 IV 中说明了, $\ln x$ 的增长比起 x 的任何(甚至是最微小的)正数幂都慢得多。这可以用大 O 记号这样表达: 对任意数 ε,无论它多么小, $\ln x = O(x^\varepsilon)$。因此,你可以这样(喔,它不是一眼就可以看出来,但实际上很容易证明),在 $O(\sqrt{x}\ln x)$ 中用 x^ε 代替 $\ln x$; 因为 $\sqrt{x}$ 恰是 $x^{\frac{1}{2}}$,你可以把幂指数相加得到 $O(x^{\frac{1}{2}+\varepsilon})$。这就给出了冯·科赫成果的另一种非常流行的表达方式, $\pi(x) = Li(x) + O(x^{\frac{1}{2}+\varepsilon})$。符号 ε 被用于表示近乎于零的微小数字,这种表示是如此常见,以至于几乎人人都理解"……对于任意的数 ε,无论它多么小"这句话的意思。

不过要注意的是,在做这个替代时,我稍稍减弱了冯·科赫的成果。"误差项 $= O(\sqrt{x}\ln x)$"蕴涵了"误差项 $= O(x^{\frac{1}{2}+\varepsilon})$";但反之不成立。这两个结果不是完全等价的。这是因为,正如我在第 5 章 IV 中说明的,不仅 $\ln x$ 的增长比 x 的任意幂慢得多;而且对于任意正数 N 来说,$(\ln x)^N$ 也是如此。因此,如果冯·科赫的成果陈述为误差项是 $O(\sqrt{x}(\ln x)^{100})$,我们**仍然**可以推出这个替代形式 $O(x^{\frac{1}{2}+\varepsilon})$!

不过,把冯·科赫的成果写成 $O(x^{\frac{1}{2}+\varepsilon})$ 这种稍稍弱化的形式很有启发性。从对数函数几乎是 x^0 的意义上说,黎曼差不多是对的;量级不是 $x^{\frac{1}{2}}$,它是 $x^{\frac{1}{2}+\varepsilon}$。就他能使用的工具而言,并考虑到这个领域中人们的知识积累状况,以及那个时代已知的例子,黎曼的 $x^{\frac{1}{2}}$ 仍然应当算作一种惊人敏锐的直觉。[82]

我用一个故事引入了大 O,而我也将用另一个故事来结束它。这个故事的中心思想是与其他专业人士一样,他们有时候会喷出一团乌贼的黑墨汁来吓唬和迷惑外行人。

在 2002 年夏天的柯朗会议上(见第 22 章),我同萨奈克(Peter Sarnak)谈了我的这本书。萨奈克是普林斯顿大学的数学教授,也是一位数论专家。我说到我正在争取想出一种方法,把大 O 向不熟悉它的读者说清楚。"哦,"萨奈克说,"你应该和我的同事尼克谈一谈。"(尼克即尼古拉斯·卡茨(Nicholas Katz),也是普林斯顿大学的教授,尽管他主要是一位代数几何学家)"尼克讨厌大 O,不愿意用它。"我轻易相信了,并把这件事记了下来,想着也许能在这本书的某个地方用到它。后来在那天晚上我偶然和怀尔斯聊了会儿,他同萨奈克和卡茨都很熟。我说到卡茨不喜欢大 O。"这都是胡说,"怀尔斯说。"他们在和你开玩笑。尼克大量地使用它。"果然,第二天卡茨在一个演讲中用了它。这就是数学家的幽默感,真好玩。

Ⅳ. 关于大 O 就说这么多了。现在来说默比乌斯函数。有许多方式可以介绍默比乌斯函数。我将通过金钥匙来介绍它。

取来金钥匙并把它颠倒过来,也就是说,对式 7.1 的两边取倒数。显然,如果 $A = B$ 并且两者都不为零,那么 $1/A = 1/B$。其结果是式 15.1。

$$\frac{1}{\zeta(s)} = \left(1 - \frac{1}{2^s}\right)\left(1 - \frac{1}{3^s}\right)\left(1 - \frac{1}{5^s}\right)\left(1 - \frac{1}{7^s}\right)\left(1 - \frac{1}{11^s}\right)\left(1 - \frac{1}{13^s}\right)\cdots$$

式 15.1

现在我要把右边的那些括号项相乘。乍一看这件事做起来简直太麻烦了。它们毕竟是有无穷多个。事实上,对于这件事,我在下面所给出的做法是有欠缺的,它还需要一些细致的证明。但是我只想得到一个有用的正确结果,因此在这种情况下,只要目的正当,可以不择手段。

把括号项相乘是你们在初等代数里学过的。把 $(a+b)(p+q)$ 相乘,你首先用 a 乘 $(p+q)$ 得出 $ap+aq$。接着你用 b 乘 $(p+q)$ 得出 $bp+bq$。然后,因为第一个括号项是 a 加 b,你把上面两个中间结果加在一起就得到最后结果,$ap+aq+bp+bq$。

如果你要把三个括号项 $(a+b)(p+q)(u+v)$ 相乘,重复上面这个过程就可以得到 $apu+aqu+bpu+bqu+apv+aqv+bpv+bqv$。 把四个括号项 $(a+b)(p+q)(u+v)(x+y)$ 相乘,得出的结果如式 15.2。

$$apux+aqux+bpux+bqux+apvx+aqvx+bpvx+bqvx+$$
$$apuy+aquy+bpuy+bquy+apvy+aqvy+bpvy+bqvy$$

式 15.2

所有这些正在开始变得有点令人望而生畏。而且我们有无穷多个括号项要相乘! 窍门是要用数学家的眼光去看。式 15.2 是由什么构成的? 对,它是若干项的总和。这些项看上去是什么样子? 从中随便取一个,比如说 $aqvy$。它是从第一个括号中取一个 a,从第二个中取一个 q,从第三个中取一个 v,从第四个中取一个 y。**它是从每一个括号中各取一个数而构成的一个乘积**。而整个式子是将所有可能选取的组合作为乘积再相加而得到的。

一旦你看出这一点,把无穷多个括号项相乘就是小菜一碟了。答案将是一个由各个项加出来的和——当然是无穷和;而每一个项是由从每个括号中各取一个数并且把所有这些取出的数乘起来而得到的。如果你把所有这种可能取得的乘积相加,你就得到了答案。但写出它们时,看起来还是相当惊人。就是说,在我的无穷和中每一个项都是一个无穷积。情况确实如此,不过既然式15.1右边的每个括号中都包含一个1,那么我可以如此巧妙对付:选取无穷多个1但只选取有限多个非1项。毕竟,因为每个括号中的每个非1项都是在 $-\frac{1}{2}$ 和 0 之间的一个数,如果我在它们中间选取无穷多个相乘,其结果的大小(我的意思是,不管正负号)一定会不大于 $\left(\frac{1}{2}\right)^{\infty}$——它是零!下面看我构建这个无穷和。

这个无穷和的第一项:从每个括号中取 1。这给了你无穷乘积 $1 \times 1 \times 1 \times 1 \times 1 \times 1 \times 1 \times \cdots$,它的值当然正是 1。

第二项:从除了第一个以外的每个括号中取 1。从第一个中取 $-\frac{1}{2^s}$。这得出无穷乘积 $-\frac{1}{2^s} \times 1 \times 1 \times 1 \times 1 \times 1 \times 1 \times \cdots$,它正是 $-\frac{1}{2^s}$。

第三项:从除了第二个以外的每个括号中取 1。从第二个中取 $-\frac{1}{3^s}$。这得出无穷乘积 $1 \times \left(-\frac{1}{3^s}\right) \times 1 \times 1 \times 1 \times 1 \times 1 \times \cdots$,它正是 $-\frac{1}{3^s}$。

第四项……。好了,我想你们能看出来,从除了第 n 个以外的每个括号中取 1,我将得到一个等于 $-\frac{1}{p^s}$ 的项,其中 p 是第 n 个素数。所以这个无穷和的样子就是式 15.3。

$$1-\frac{1}{2^s}-\frac{1}{3^s}-\frac{1}{5^s}-\frac{1}{7^s}-\frac{1}{11^s}-\frac{1}{13^s}-\cdots$$

式 15.3

不过这还没有结束。当你如上把这些括号项乘出来的时候，你只不过是从每个括号中取出一个数，从而得出**所有可能的项**，再把它们加起来。如果我从第一个括号中取 $-\frac{1}{2^s}$，从第二个中取 $-\frac{1}{3^s}$，而从所有其他括号中取 1，这就给了我 $\left(-\frac{1}{2^s}\right)\times\left(-\frac{1}{3^s}\right)\times 1\times 1\times 1\times 1\times 1\times\cdots$，它是 $\frac{1}{6^s}$。我每选取两个合适的非 1 项，就会得到一个类似的项。如从第三个括号中取 $-\frac{1}{5^s}$，从第六个中取 $-\frac{1}{13^s}$，从所有其他括号中取 1，这就给了我 $\frac{1}{65^s}$。

（注意，这里起作用的是两条简单的算术规则。一条是正负号规则，一个负数乘一个负数得出一个正数。另一条是幂的运算规则 7，$(x\times y)^n=x^n\times y^n$。）

除了我在式 15.3 中已经得出的项以外，我又有了一串新的项，每两个不同的素数——如 5 和 13——都会对应着其中的一个项，而这些项的符号都是正的。所以现在式 15.3 的样子变成这样：

$$1-\frac{1}{2^s}-\frac{1}{3^s}-\frac{1}{5^s}-\frac{1}{7^s}-\frac{1}{11^s}-\frac{1}{13^s}-\cdots$$

$$+\frac{1}{6^s}+\frac{1}{10^s}+\frac{1}{14^s}+\frac{1}{15^s}+\frac{1}{21^s}+\frac{1}{22^s}+\frac{1}{26^s}+\frac{1}{33^s}+\cdots$$

第二行中每个数的分母都是两个不同素数的积。

把这无穷多个括号项相乘这件事，我们还只是刚刚做了个开头。下一步是取所有可能的三个非 1 项以及其他所有等于 1 的项。一个例

子是 $1 \times \left(-\dfrac{1}{3^s} \right) \times 1 \times 1 \times \left(-\dfrac{1}{11^s} \right) \times \left(-\dfrac{1}{13^s} \right) \times 1 \times 1 \times 1 \times \cdots$，它得出 $-\dfrac{1}{429^s}$。现在

这个结果被扩充为

$$1 - \frac{1}{2^s} - \frac{1}{3^s} - \frac{1}{5^s} - \frac{1}{7^s} - \frac{1}{11^s} - \frac{1}{13^s} - \cdots$$

$$+ \frac{1}{6^s} + \frac{1}{10^s} + \frac{1}{14^s} + \frac{1}{15^s} + \frac{1}{21^s} + \frac{1}{22^s} + \frac{1}{26^s} + \frac{1}{33^s} + \cdots$$

$$- \frac{1}{30^s} - \frac{1}{42^s} - \frac{1}{66^s} - \frac{1}{70^s} - \frac{1}{78^s} - \frac{1}{102^s} - \frac{1}{105^s}$$

第三行中每个数的分母都是三个不同素数的积。

假定我可以继续这样做下去，再假定我可以随意重新排列所得到的项，式 15.1 就会归结为式 15.4 的样子。

$$\frac{1}{\zeta(s)} = 1 - \frac{1}{2^s} - \frac{1}{3^s} - \frac{1}{5^s} + \frac{1}{6^s} - \frac{1}{7^s} + \frac{1}{10^s} - \frac{1}{11^s} - \frac{1}{13^s} + \frac{1}{14^s} + \frac{1}{15^s} - \cdots$$

式 15.4

这里右边出现的那些自然数是……什么呢？毫无疑问，不是所有的自然数：4,8,9 和 12 都没有出现。不全是素数：6,10,14 和 15 都不是素数。如果你回顾我把这无穷多个括号项相乘的整个过程，你就会知道答案就是：每一个这样的自然数：奇数（包括 1）个不同素数的积，前面加负号；以及偶数个不同素数的积，前面加正号。不出现的那些数如 4,8,9,12,16,18,20,24,25,27,28,…都能被某个素数的平方整除。

欢迎来到默比乌斯函数，这是以德国数学家和天文学家默比乌斯（August Ferdinand Möbius，1790—1868）[83] 的名字命名的。现在它一般表示为希腊字母 μ，读作"mu"，这是"m"在希腊字母中的对应字母。[84] 下面是默比乌斯函数 $\mu(n)$ 的完整定义。

■ 它的定义域是 $\mathbb{N}$，也就是所有自然数 1,2,3,4,5,…。

- $\mu(1)=1$。

- 如果 n 有一个平方因子,那么 $\mu(n)=0$。

- 如果 n 是一个素数,或者是奇数个不同素数的积,那么 $\mu(n)=-1$。

- 如果 n 是偶数个不同素数的积,那么 $\mu(n)=1$。

对你来说这可能看起来像是一个十分累赘的函数定义。然而,默比乌斯函数在数论中非常有用,而且在本书后面还要充当重要的角色。作为其应用的一个实例,请注意我刚才所做的所有费劲的代数运算都可归结为由式 15.5 表示的漂亮结果。

$$\frac{1}{\zeta(s)} = \sum_{n} \frac{\mu(n)}{n^s}$$

式 15.5

V. 与 $\mu(n)$ 本身在黎曼假设的历史中起同样重要作用的是它的累加值,也就是对某个数 k 计算 $\mu(1)+\mu(2)+\mu(3)+\cdots+\mu(k)$ 所得到的数。这就是"麦尔滕函数",$M(k)$。它的开头 10 个值(也就是对于自变量 $k=1,2,3,\cdots$ 直到 10)是:1, 0, -1, -1, -2, -1, -2, -2, -2, -1。$M(k)$ 是一个非常不规则的函数,以数学家所谓的"随机游动"的方式围绕着零来回摆动。对于自变量 1000, 2000, $\cdots$ 直到 10 000,它的值是:2, 5, -6, -9, 2, 0, -25, -1, 1, -23。对于自变量 1 百万, 2 百万, $\cdots$ 直到 1 千万,它的值是:212, -247, 107, 192, -709, 257, -184, -189, -340, 1 037。如果你不管正负号,可以看出 $M(k)$ 的大小有递增趋势,但别的都不清楚。

因为式 15.5, μ 函数和 M 函数(μ 的累加值)的行为表现与 ζ 函数紧密联系了起来,并因此与黎曼假设紧密联系了起来。事实上,如果你能证明定理 15.1,就将推出黎曼假设成立!

$$M(k) = O(k^{\frac{1}{2}})$$

定理 15. 1

然而,如果定理 15. 1 不成立,并不能推出黎曼假设不成立。数学家们说定理 15. 1 比黎曼假设强。[85]定理 15. 2 是一个稍稍弱一些的说法,它和黎曼假设恰好一样强。

对任意数 ε,无论它多么小,都有

$$M(k) = O(k^{\frac{1}{2}+\varepsilon})$$

定理 15. 2

如果定理 15. 2 成立,则黎曼假设亦成立;而如果它不成立,则黎曼假设亦不成立。它们是完全等价的定理。更多详情见第 20 章Ⅵ。

第16章

攀爬临界线

I. 1930 年,希尔伯特迎来了他的 68 岁生日。依照格丁根大学的规定,他退休了。荣誉滚滚而来。其中之一是哥尼斯堡官方决定把城市钥匙授予这位杰出的民族之子。授予仪式被安排在那年秋天德国科学家和医生学会的一个会议的开幕式上。这种场合当然需要有一个演讲。于是,1930 年 9 月 8 日在哥尼斯堡,希尔伯特发表了他一生中第二次重要的演讲。

演讲的题目是"逻辑与对自然的理解"(Logic and the Understanding of Nature)。希尔伯特的意图是表达关于我们的内心生活——我们的心理过程,包括那些帮助我们提出和证明数学真理的心理过程——和物质世界这两者之间关系的某些观点。当然,这是一个在哲学上源远流长的论题,哥尼斯堡的另一位民族之子、18 世纪哲学家康德在这个论题上享有特别的声望。对黎曼假设的现代理解恰好与此特别有关,我将在第 20 章说明这一点。不过,这在希尔伯特发表哥尼斯堡演讲时并不为人所知。

那次演讲以后,希尔伯特被安排通过无线电广播发表这个演讲的一个简短版本——在那个时代,这当然是非常新鲜的事情。这个简短版本被录制了下来,居然还被制成每分钟 78 转的留声机唱片发行。

（"名流数学家"在魏玛德国*显然不是一句反话。）它现在还能在互联网上被找到。于是你只要稍花一点工夫，就能听到那六个词，那可是希尔伯特本人的声音。由于这六个词，他被人们永志不忘。这六个词也出现在格丁根墓地他的纪念碑上。那是他的哥尼斯堡演讲的结尾。

希尔伯特坚定地相信人类的智慧具有无穷的力量来揭示大自然和数学的真理。在他年轻的时候，法国哲学家杜布瓦-雷蒙**的那些相当悲观的理论非常流行。杜布瓦-雷蒙坚持认为，某些事情——如物质和人类意识的本质——是根本不可知的。他创造了格言 ignoramus et ignorabimus——"我们无知，并且我们将继续无知"。希尔伯特从来不喜欢这种悲观哲学。好，全世界（或者至少是其中的科学-数学界）都在听着，他给了它一个决定性的回击。

> 我们不应当相信今天那些以一种哲学的架势和高人一等的口气预言文化的衰落并且沾沾自喜于接受不可知原则的人。对我们来说没有什么不可知，以我的看法，对于自然科学来说也没有什么不可知。抛弃这个愚蠢的不可知，让我们决心反其道而行之："我们必须知道，我们必将知道。"

最后那六个词——德语是 Wir müssen Wissen, wir werden wissen——是希尔伯特说过的最著名的话，也是科学史上最著名的话之一。它表达了一种强烈的乐观主义，更值得注意的是它出自一个即将退休且身体虚弱的人之口。（希尔伯特患恶性贫血多年，这种病在1920 年代才刚刚找到疗法。）这句话同哈代的《辩白》***中相当悲观的

---

　*　又称魏玛共和国，指 1919—1933 年根据魏玛宪法建立起来的德意志共和国。——译者

　**　杜布瓦-雷蒙（Emil duBois-Reymond，1818—1896），德国电生理学家。1870 年代后亦致力于哲学研究。本书作者说他是法国人，似有误。——译者

　***　即前文提到的《一个数学家的辩白》。——译者

唯我论形成了鲜明的对比——《辩白》是 10 年后哈代 63 岁时写的,他当时比哥尼斯堡演讲时的希尔伯特年轻 5 岁。

Ⅱ. 同样形成鲜明对比的是——尽管现在我们是事后看问题——随即笼罩了德国的那种恐怖气氛。希尔伯特 1930 年从他的教授职位上退休的时候,格丁根大学仍然是数学研究和学习的一个重要中心,这种状况已经持续了 80 年,而且在那时它也许是全世界首屈一指的。四年以后它成了一个空壳,那些最伟大的头脑从这里逃走,或者被赶走。

主要事件当然就是 1933 年最初几个月里发生的那些:1 月 30 日希特勒(Adolf Hitler)宣誓就任总理;2 月 27 日发生国会大厦纵火案;3 月 5 日选举,纳粹党赢得 44% 的选票(相对多数),3 月 23 日授权法案通过,它把关键的立法权从立法机关转移到政府。到 4 月,纳粹党几乎完全控制了德国。

4 月 7 日,纳粹颁布了他们最初的法令之一,打算从政府部门中解雇所有犹太人。我说"打算",是因为年迈的陆军元帅冯·兴登堡(Paul von Hindenburg)仍然是德意志共和国的总统,必须听从他的意见。他坚决主张 4 月 7 日的法令对两种人豁免:第一,任何在第一次世界大战中服过兵役的犹太人;第二,任何在 1914 年 8 月之前即在战争开始之前已经担任政府部门职务的犹太人。

大学教授也算政府部门人员,因此受这条法令的管辖。在格丁根大学的五位教数学的教授中,有三位——兰道、柯朗和伯恩斯坦(Felix Bernstein)——是犹太人。第四位,外尔(他接替了希尔伯特的教席),有一个犹太人妻子。只有赫格洛茨(Gustav Herglotz)在种族上不受连累。事实上,4 月 7 日的法令不适用于兰道和柯朗,因为他们在兴登堡的豁免范围之内。兰道 1909 年获得他的教授职务;柯朗战时曾在西线战场英勇战斗。[86]

但是,在这种事情上严格按照法令行事不是纳粹的作风。尽管格丁根的人大都偏向希特勒也不予通融。对于"城镇居民"和"大学师生"来说都是如此。在 1930 年的选举中,格丁根把相当于全国平均数两倍的选票投给了希特勒的政党;早在 1926 年,纳粹在该大学的学生代表大会上就获得了多数。(那幢让兰道颇为骄傲的豪宅,1931 年被一张画着绞刑架的画弄得大煞风景。)4 月 26 日,市里的那份报纸——强烈亲纳粹的《格丁根日报》(*Göttinger Tageblatt*)[87]发表了关于格丁根大学的六名教授被确定无限期离职的布告。这个布告对六位教授来说来得很意外:他们事先没有得到通知。

那一年的 4 月到 11 月之间,作为数学中心的格丁根被抽空了。不但犹太人教员被卷入,任何被认为有左派倾向的人都受到怀疑。数学家们纷纷逃离——大部分人最后设法到了美国。总共有 18 名教员从格丁根数学研究院离开或被解雇。

有一个人坚持留了下来,他是兰道(顺便说一下,他是格丁根大学数学教授中唯一的市犹太教会会员)。兰道相信法律是健全的,在 1933 年 11 月试图恢复他的微积分课,但是科学学生会得知了他的意图并组织了罢课。穿制服的纳粹冲锋队队员阻止兰道的学生进入课堂。凭着非凡的勇气,兰道要求学生会的首领,一个名叫泰希米勒(Oswald Teichmüller)的 20 岁学生书面说明他组织罢课的理由。泰希米勒照办了,这封信不知怎么保存了下来。

泰希米勒是一个非常聪明的人,事实上他后来成了一个优秀的数学家。[88]从他的信中可以清楚地看出,他罢课的动机是意识形态上的。他一心一意且真诚地相信着纳粹的教义,包括关于种族的教义,并认为日耳曼人被犹太人教育是不合理的。我们习惯地认为,纳粹的积极分子都是暴徒、恶棍、投机者,以及这样或那样落魄的艺术家,他们中的大部分确实如此。但在他们的行列中也包括某些具有很高才智的人,这是一个有益的提醒。[89]

兰道本人后来心碎地离开了格丁根,回到了柏林的家。他有过几次去国外演讲的经历,看起来这给了他很大的快乐,但是他不愿意离开祖国到国外定居。1938 年他在柏林的家里寿终正寝。

希尔伯特本人于战时的 1943 年 2 月 14 日在格丁根去世,那是他81 岁生日后三个星期,死于在大街上摔倒后的并发症。只有十来个人参加了葬礼。其中仅两个人有过数学上的荣誉:物理学家索末菲(Arnold Sommerfeld),他是希尔伯特的老朋友,还有就是前面提到的赫格洛茨。希尔伯特的故乡哥尼斯堡市在战争中被摧毁;它现在是俄罗斯的加里宁格勒。格丁根现在是一所相当普通的德国地方大学,但有一个很强的数学系。

Ⅲ. 20 世纪 30 年代的最初那几年,在黑暗降临之前,产生了黎曼假设历史上最有传奇性的插曲之一,即黎曼-西格尔公式的发现。

西格尔(Carl Ludwig Siegel),一个柏林邮递员的儿子,当时是法兰克福大学的讲师。他是一位有造诣的数论专家,同任何读过黎曼1859 年论文的数学家一样,他完全明白,(借用第 4 章Ⅱ中介绍的戈夫曼的术语来说)黎曼的论文只是“前台”表演——是正式报告的一个概要,一定还有多得多的“后台”工作。西格尔花费了他在格丁根能抽出的所有时间,仔细研究了从那个时期起黎曼未发表的数学论文,看看他能否洞悉黎曼在构思论文时的思想活动。

西格尔并不是第一个做这种尝试的人。那些论文 1895 年被海因里希·韦伯保存在大学图书馆,那是在他出了黎曼选集第二版之后。当西格尔来到的时候,它们已经在格丁根的档案里搁置了 30 年(它们现在仍然搁置在那里——见第 22 章Ⅰ)。一些研究者已经研究过它们,但是都因为黎曼随手记下的这些东西太过零散和无序而放弃了,要不然就是因为他们缺乏理解它们所需要的数学技能。

西格尔骨子里有着一种坚韧不拔的精神。他坚持研究这一堆字迹潦草的纸页,并得出了惊人的发现,并发表在他 1932 年题为"论有关解析数论的黎曼未发表遗稿"(Of Riemann's Nachlass[90] as It Relates to Analytic Number Theory)的论文中。这是黎曼假设故事中的关键论文之一。为了说明西格尔的发现的本质,我将不得不转到我的叙述中的计算思路——那就是,尽力实际计算 ζ 函数的零点,以实验方法证实黎曼假设。

Ⅳ. 我上一次离开计算思路是在第 12 章,那时我提到了格拉姆在 1903 年发表的最初 15 个非平凡零点。沿着这个方向的进一步工作不断地继续,直到现在。在关于黎曼假设的 1996 年西雅图会议上,奥德利兹克展示了表 16.1 中所示的历史进展。

表 16.1　关于 ζ 函数零点的计算工作

研究者	发表时间	实部是 $\frac{1}{2}$ 的零点数目
格拉姆	1903	15
贝克隆德(R. J. Backlund)	1914	79
哈钦森(J. I. Hutchinson)	1925	138
蒂奇马什(E. C. Titchmarsh)等	1935—1936	1 041
图灵(A. M. Turing)	1953	1 054
莱默(D. H. Lehmer)	1956	25 000
梅勒(N. A. Meller)	1958	35 337
莱曼	1966	250 000
罗瑟(J. B. Rosser)等	1969	3 500 000
布伦特(R. P. Brent)等	1979	81 000 001
特里勒,范德伦(J. van de Lune)等	1986	1 500 000 001

范德伦继续着他的研究工作,在 2000 年底达到了 50 亿个零点,2001 年 10 月达到了 100 亿个。与此同时,2001 年 8 月,维德尼斯基

(Sebastian Wedeniwski)利用 IBM 德国公司的 550 台办公室个人计算机的闲置时间,开始了更进一步的计算工作。维德尼斯基所公布的最新结果的时间是 2002 年 8 月 1 日,据报告实部是 $\frac{1}{2}$ 的非平凡零点现在已经达到 1000 亿个。

实际上,这里有许多不同的事情在进行着,在人们的心里让它们保持不同很重要。

首先,在(a)**临界线上的高度**和(b)**零点的数目**这两者之间有混淆。这里的"高度"只意味着一个复数的虚部;如 3+7i 的高度是 7。在讨论 ζ 函数的零点时,现在习惯把这个高度表示为 t 或 T。(顺便说一下,因为我们知道零点是关于实数轴对称的,所以我们只关心正的 T。)对于到高度 T 为止的零点数,我们有一个公式。

$$N(T) = \frac{T}{2\pi}\ln\left(\frac{T}{2\pi}\right) - \frac{T}{2\pi} + O(\ln T)$$

这实际上是一个非常好的公式——前面的两项是黎曼提出的——它甚至对 T 的相当低的值给出了极好的近似值。忽略大 O 项[91],对于 T 等于 100,1000 和 10 000,它给出 28. 127,647. 741 和 10 142. 090。到这些高度为止的实际零点数是 29 649 和 10 142。要得到等于维德尼斯基的 1000 亿的 $N(T)$ 值,你需要的 T 是 29 538 618 432. 236…,这是维德尼斯基的工作所达到的高度。

下一个混淆是关于实际被计算出来的是什么。不能设想维德尼斯基能以高的(即使是中等的)精确度给我们展示那全部 500 亿个零点。大部分这类工作的目的在于进一步证实黎曼假设,而这不需要对零点做非常精确的计算。有一种理论可以让你计算有多少个零点在高度 T_1 和 T_2 之间的临界带中——就是说,在一个底边和顶边为虚数 T_1 和 T_2、左边和右边为实数 0 和 1 的矩形之内,如图 16. 1 所示。还有一种理

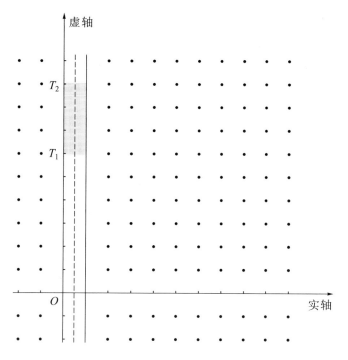

图 16.1　临界带上的高度 T_1 和 T_2

论可以让你计算有多少个零点在这两个高度之间的临界线上。[92] 如果这两项计算给出相同的结果,你就在那个范围证实了黎曼假设。你只要对那些零点的实际位置有一个粗略的认识就可以做到这一点。表16.1 中的大部分工作就是这种类型。

关于零点的实际精确值的列表情况如何? 这方面的成果少得令人吃惊,除非在做其他工作时(即验证黎曼假设)附带得到。就我所知,第一个发表了有点长度的这类列表的是哈塞尔格罗夫(Brain Haselgrove)。1960 年,哈塞尔格罗夫和他的同事们在英国剑桥大学和曼彻斯特大学的第二代计算机主机上连续工作,列出了开头的 1600 个零点,精确到六位小数,并发表了这张表。

奥德利兹克告诉我,当他在 20 世纪 70 年代末开始进行 ζ 函数零点的工作时,哈塞尔格罗夫的表是他所知道的仅有的一个,不过他认为莱曼可能做过更多零点的精确计算,作为他1966年工作的一部分。奥德利兹克本人有一个开头200万个零点的表(在计算机硬盘上,没有打印),精确到九位小数。在我写到这里的时候,那是已知最大的零点表。

以上所有工作都是关于开头的 N 个零点的。奥德利兹克还曾大步向前跳,研究过一些小而孤立的位置极高的区段。他发表了 ζ 函数的迄今所知最高的非平凡零点,即第 10 000 000 000 000 000 010 000 个零点。它位于自变量 $\frac{1}{2}$ +1 370 919 909 931 995 309 568.335 39i 处,虚部精确到五位小数。奥德利兹克还将开头100个零点都计算到1000位小数。[93]第一个零点(当然,我指的是它的虚部)的开始部分是:

14. 134725141734693790457251983562470270784257115699243175685556746014996342980925676494901039317156101277920297154879743676614269146988225458250536323944713778041338123720597054962195586586020005555667258360107737002054109826615075427805174425913062544...8

V. 表16.1的后面还有故事。例如,图灵,就是从事数理逻辑的那个图灵,他提出了图灵测试(判定一台计算机或它的程序是否有智能的一种方法)和图灵机(一种非常通用的理论计算机,一种用于处理数理逻辑中某些问题的思想实验)的思想。对于计算机科学领域的成就,人们设立了图灵奖,从1966年以来每年由(美国)计算机协会颁发,它相当于数学中的菲尔兹奖[94],或其他科学中的诺贝尔奖。

图灵被黎曼假设深深地吸引。1937年(他26岁),他认定黎曼假设不成立,并设想建造一个机械计算装置来生成一个反例——即不在临界线上的一个零点。他向英国皇家学会申请了一笔款子用于建造的开支,并在他所任教的剑桥大学国王学院工程学系自己动手加工了一些齿轮。

图灵在"ζ 函数机"上的工作于 1939 年突然中断,那时第二次世界大战爆发了。他加入了设在布莱奇利庄园的政府编码和密码学校,在战争岁月中破译敌方的密码。然而,有一些齿轮幸存了下来,是在他的遗物中发现的。他于 1954 年 6 月 7 日去世,可能是自杀。

与图灵之死同样悲哀和蹊跷的是——他吃了一个由他亲手涂上氰化物的苹果——在传记作者方面,他死后走了好运。霍奇斯(Andrew Hodges)写了一本出色的关于他的书[《阿兰·图灵:谜一样的人》(*Alan Turing:The Enigma*),1983 年],后来怀特摩尔(Hugh Whitemore)在这本书的基础上创作了一部迷人的戏剧[《破译密码》(*Breaking the Code*),1986 年]。

我在这里没有足够篇幅来探究图灵的生活细节。我向读者推荐霍奇斯所写的那本内容详细的传记,我只从中引用下面这段话。

> (1952 年)3 月 15 日,他将他关于 ζ 函数的计算工作投送发表,尽管在曼彻斯特原型计算机上实际尝试的结果十分不能令人满意。可能是他希望将此事作个了结,以防他万一入狱。

图灵于 3 月 31 日因 12 项"严重猥亵"的指控而受到审讯,同性恋行为在那个时代的英国属于刑事犯罪。在这个事件中他没有入狱。他被裁决为有罪但被判缓刑,条件是他必须接受医学治疗。霍奇斯写道,"在 1952 年的英国不存在性表现权利的观念"。

还有另一个故事。蒂奇马什曾经是哈代的学生(顺便说一下,图灵也是),他借用英国海军部用来编制潮汐表的穿孔卡片机,完成了他的 1041 个零点[95]。他又进一步写了一本关于 ζ 函数的经典数学教科书[96]。当然,所有这些机械操作的工作都随着第二次世界大战后电子计算机的出现而告终。

还有别的故事……但是我已经离题太远了。[97] 我马上就把关于黎曼-西格尔公式的故事给你讲完。

Ⅵ. 表 16.1 中最前面的三项——格拉姆、贝克隆德和哈钦森的成果——都是使用纸、笔和数学用表经辛苦工作而做出的。这是计算上的艰苦劳动;ζ 函数的值不是容易计算的。基本技巧是一种叫做"欧拉-麦克劳林求和公式"的算法,是由欧拉和苏格兰数学家麦克劳林(Colin Maclaurin)在 1740 年前后经过分别独立工作提出的。它针对的是用冗长而复杂的和式对积分作逼近。虽然费力,但它是人们能提出的最好方法了。格拉姆本人尝试过其他几种方法,历经数年,但收效甚微。

西格尔通过对格丁根图书馆黎曼遗稿的深入研究得到了一些发现,其精髓是:黎曼在他为 1859 年论文所做的后台工作中,提出了算出零点的一个好得多的方法——而且他自己使用这个方法计算了最初的三个零点! 这在 1859 年的论文中丝毫没有透露。它完全隐藏在未发表的遗稿中。

爱德华兹说:"黎曼实际上有办法以惊人的精确度计算 $\zeta\left(\dfrac{1}{2}+it\right)$。"[98] 然而,黎曼自我满足于粗略的计算,零点的精确位置对他的工作来说并非关键问题。他得出的第一个零点的虚部(参见上面)是 14.1386,并证实它**确实**是第一个;他计算的第二个和第三个零点的精确度为百分比点或两位小数。

黎曼公式——因为由西格尔整理并发表而成了黎曼-西格尔公式——的发现使得关于零点的计算工作容易多了。依赖于它的所有重大研究一直持续到 20 世纪 80 年代中。例如,奥德利兹克 1987 年的经典论文"论 ζ 函数的零点之间间隔的分布"就使用了黎曼-西格尔公式,我将在第 18 章 V 中更多地谈到它。受这项工作的激励,奥德利兹克和舍恩哈格(Arnold Schönhage)后来发展并使用了一些改进了的算法,但所有这些都是建立在黎曼-西格尔公式之上的。

顺便提一下,西格尔不是犹太人,也没有直接受到纳粹早期的限制性法令的影响。但是他厌恶纳粹,并于 1940 年离开德国到普林斯顿高等研究院工作。他 1951 年回到德国,在格丁根大学结束了他的教授生涯,20 年前就在这同一个格丁根大学,档案向他展现了隐藏在黎曼平静羞怯的外表背后的惊人智慧。

第 17 章

谈一点代数

Ⅰ. 本书实际上会涉及**许多**代数知识,比我能介绍的多得多。我的注意力集中在黎曼以及他关于素数和 ζ 函数的工作上。那些工作属于数论和分析学,因此我的叙述主要围绕着那些主题。然而,正如我已经说明的,现代数学是很代数化的。本章补充了一些代数背景资料,它们对你理解黎曼假设的两个重要的研究途径是必需的。

就像第 7 和第 15 章,这又是个合二为一的一章。第 Ⅱ 和第 Ⅲ 节给出了域论的基本知识;本章的剩余部分讨论算子理论。域论很重要,因为它让某些同黎曼假设非常相似的东西得到了实际证明。许多研究者相信,域论提供了最有希望攻下原版的、经典的黎曼假设的思路。[99]算子理论是在我下一章将描述的那些非凡且颇为浪漫的发展产生之后才变得重要起来的。不过,首先谈谈域论。

Ⅱ. "域"对于数学家来说有着一种非常特别的意义。如果一些元素能按照一般的算术规则——例如,规则 $a \times (b+c) = ab+ac$ —— 做加、减、乘、除,那么这些元素的集合就构成了一个域。所有这些运算的结果都必须在这个域之内。

例如,$\mathbb{N}$ 不是一个域。如果你试着把 7 减去 12,你得到一个不在 $\mathbb{N}$ 之内的结果。$\mathbb{Z}$ 与此相似。如果你用 7 除 12,答案也不在 $\mathbb{Z}$ 之内。这些都不是域。

不过,$\mathbb{Q}$,$\mathbb{R}$ 和 $\mathbb{C}$ 都是域。如果你把两个有理数加、减、乘或除,你得到另一个有理数。实数和复数与此相同。这些是域的三个例子。当然,每一个都有无穷多个元素。

另一些无限域也很容易构造。考虑由所有形式为 $a+b\sqrt{2}$ 的数组成的家族,这里的 a 和 b 是有理数。b 或者是零,或者不是零。如果 b 不是零,因为 $\sqrt{2}$ 不是有理数,所以 $a+b\sqrt{2}$ 也不是有理数。因此这个家族包括所有有理数(b 是零),以及许多很特别的无理数。它是一个域。把 $a+b\sqrt{2}$ 和 $c+d\sqrt{2}$ 相加得到 $(a+c)+(b+d)\sqrt{2}$,做减法得到 $(a-c)+(b-d)\sqrt{2}$,相乘得到 $(ac+2bd)+(ad+bc)\sqrt{2}$,使用对复数采用的一个技巧做除法,得到 $(ac-2bd)/(c^2-2d^2)+((bc-ad)/(c^2-2d^2))\sqrt{2}$。因为 a 和 b 完全可以是任何有理数,所以这个域有无穷多的成员。

域并非一定是无限的。下面是所有域中最简单的一个,它只有两个成员,0 和 1。加法的规则是:$0+0=0$,$0+1=1$,$1+0=1$,$1+1=0$。减法的规则是:$0-0=0$,$0-1=1$,$1-0=1$,$1-1=0$。(注意这些规则与加法的规则相同。在这个域中,任何减号可以用加号随意替换!)乘法的规则是:$0\times 0=0$,$0\times 1=0$,$1\times 0=0$,$1\times 1=1$。除法的规则是:$0\div 1=0$,$1\div 1=1$,而用零除是不允许的。(用零除永远是不允许的。)这是一个完全合理的域,而且决不能小瞧它;我马上就要好好利用它。数学家称它为"F_2"。

事实上,你可以为任何素数 p 构造一个有限域,甚至为任何素数的任何幂构造一个。如果 p 是一个素数,有一个有限域有 p 个成员,有一个有 p^2 个成员,有一个有 p^3 个成员,等等。而且,这些就是所有可能的有限域。你可以把它们列出来:F_2,F_4,F_8,$\cdots$,F_3,F_9,F_{27},$\cdots$,F_5,F_{25},F_{125},$\cdots$,$\cdots$;当你做了这件事,你就列出了有限域的所有可能的例子。

初学者经常有个错误的想法,即有限域只是对我在第 6 章Ⅷ中描述过的时钟算术的一种重述。这种想法只对成员数为素数的域来说才是对的。对于其他有限域来说,其中的算术要微妙得多。例如,图 17.1 显示了对于一个只有 4 个小时刻度(即 0,1,2,3)的时钟的时钟算术——加法和乘法。

+	⓪	①	②	③
⓪	0	1	2	3
①	1	2	3	0
②	2	3	0	1
③	3	0	1	2

×	⓪	①	②	③
⓪	0	0	0	0
①	0	1	2	3
②	0	2	0	2
③	0	3	2	1

图 17.1　在一个 4 小时时钟上的加法和乘法
(就是说,用通常方式做加法和乘法,再用 4 除,取余数)

这个数和规则的系统很有趣也很有用,但它不是一个域,因为你不能用 2 除 1 或 3。(如果你能用 2 除 1,那么等式 $1 = 2 \times x$ 就会有一个解。这不可能。)数学家把它叫做一个**环**——这不是没有道理的,因为我们在谈论时钟*。在一个环中,你可以加、减和乘,但不一定能除。

图 17.1 所示的那个环有正式的符号 $\mathbb{Z}/4\mathbb{Z}$。不过我承认我从来不喜欢这类符号表示,因此我将要行使作者的特权,并对此创造一个我自己的符号:Clock_4。显然,你可以对任何自然数 N 构造这样一个环。按照我的符号,那个环可以被叫做 Clock_N。

你不可能对每一个数 N 构造一个域 F_N,你只能对素数和素数幂这样做。对于一个纯粹的素数 p,F_p 看上去正如 Clock_p——同样的加法表,同样的乘法表。然而,对于一个素数幂,事情变得麻烦了。图

---

*　"环"的英文是 ring,又义"敲钟",故作者杜撰了这个"道理"。——译者

17.2 显示了 F_4 中的加法和乘法（当然,你可以从中推得减法和除法）。注意 F_4 不同于 $\mathbb{Clock}_4$。

+	⓪	①	②	③
⓪	0	1	2	3
①	1	0	3	2
②	2	3	0	1
③	3	2	1	0

×	⓪	①	②	③
⓪	0	0	0	0
①	0	1	2	3
②	0	2	3	1
③	0	3	1	2

图 17.2　有限域 F_4 中的加法和乘法

　　每一个域,无论是有限的还是无限的,都有一个重要的性质叫做**特征**。一个域的特征告诉你的是,需要把 1 与自身相加多少次能得到零。如果 $1+1+1+1+\cdots$（N 次）$= 0$,那么其特征就是 N。显然,F_2 的特征是 2。不太明显但仍可以通过核查图 17.2 中的加法表而看到的是,F_4 的特征也是 2。像 $\mathbb{Q}, \mathbb{R}$ 和 $\mathbb{C}$ 那样的域,把 1 与自身相加再多次也得不出零,被认为特征是零。（你可能认为说它们的特征是无穷大应该更符合逻辑,也许你是对的,但是选择用零为特征有着更好的理由。）可以证明,每一个域所具有的特征要么是零要么是一个素数。

　　因为这是代数,一个域的元素不一定必须是数。代数可以处理任何种类的数学对象。考虑任意次的所有多项式,也就是所有像 $ax^n + bx^{n-1}+cx^{n-2}+\cdots$ 这样的表达式,这里的 a, b, c 等等都是整数。现在构造所有有理函数的集合——就是任何作为两个多项式之比的函数。这是一个域。下面是在这个域中做加法的一个例子。

$$\frac{x}{2x^2+5x-3}+\frac{20x^2-19x+3}{x^4+3x^3}=\frac{x^4+40x^3-58x^2+25x-3}{2x^5+5x^4-3x^3}$$

（这是高中代数课经常关注的事情。）

在这种域中,多项式的系数不一定必须是整数。事实上,令它们成为像我在上面定义的 F_2 那种有限域的成员,你可以获得某种乐趣。下面是你在这种情况下会遇到的用加法求和的一个例子:

$$\frac{x+1}{x}+\frac{x^3+x^2+x+1}{x^2+x+1}=\frac{x^4+x^2+x+1}{x^3+x^2+x}。$$

(如果你检验这个式子,要记住在域 F_2 中 $1+1=0$;因此,$x+x=0$,$x^2+x^2=0$,等等。)那个域应被称作"F_2 上的有理函数域"。当然,它有无穷多的成员,只是**系数**被限制在一个有限域中。于是,你可以用一个有限域来构造一个无限域。还要注意的是,因为 $1+1=0$,这个域的特征是 2。这样,一个无限域可以拥有一个有限的特征。

要问在上面两个例子中 x 代表什么,这对你没什么很大的帮助。它是一个符号,对它的操作我们有严格的规则。从代数的观点来看,那就是主要的事情。事实上,对这个问题的回答几乎必定是"x 代表一个数"。然而,代数学家更多关注它是**什么种类**的数——这个数属于什么族、什么群、什么域,遵循什么操作规则。对分析学家来说,我的数 $a+b\sqrt{2}$ 不是很有意思。"这只是一个实数",分析学家会说——"好吧,一个**代数**数"(见第 11 章 Ⅱ),如果他被追问的话。但是对代数学家来说,它非常有意思,因为它代表一个域。通常来说,分析学家和代数学家并不是真的在讨论不同的东西;他们只是对那些东西的不同方面感兴趣。[100]

Ⅲ. 对代数域论的范围、威力和美妙的粗略描述我就花这些篇幅了,不过我将在第 20 章 Ⅴ 中从一个不同的角度简要地回顾这些话题。我对这些概念做了一些叙述,是因为 1921 年奥地利数学家阿廷在他的莱比锡大学哲学博士学位论文中运用域论开辟了对黎曼假设的新研究途径。这里的数学知识很深奥,我只能给出一个概略。

在上一节中我提到,对于任意的素数幂 p^N 都存在一个有限域。我还说明了一个有限域怎样能被用作一种基础来构造其他的域,甚至包括无限域。已经证明,如果你从一个有限域出发,就可以有一种方法来构造出一个这样的"扩张"域,使得一个 ζ 函数可以同这个域关联起来。我说的"一个 ζ 函数",是指定义在复数域上的一个复变函数,它的性质在很大范围上与黎曼的 ζ 函数有着不可思议的相似性。例如,黎曼 ζ 函数的这种相似物有着它们自己的金钥匙,有着它们自己的欧拉积(见注释36),以及它们自己的黎曼假设。

1933 年,在德国马尔堡大学工作的哈塞(Helmut Hasse),实际上已能对那些基础域的某种类型证明一个类似于黎曼假设的结论。1942 年,韦伊(André Weil)[101]把这个证明扩展到更大的一类对象,并猜想类似的结论可能适用于还要大的一类对象——它们就是著名的三个"韦伊猜想"。1973 年,比利时数学家德利涅(Pierre Deligne)在一项使他获得菲尔兹奖的惊人成就中,证明了韦伊猜想,基本上完成了这个由阿廷启动的研究计划。

为对这些非常玄妙的域来证明这些类似于黎曼假设的结论而开发出来的技术,是否能用于解决经典的黎曼假设,还不得而知。许多人认为它们能,这就形成了黎曼假设研究的一个非常活跃的领域。

这些研究者有所斩获吗? 不清楚——至少对我来说不清楚。为了说明这方面的难点所在,回到这一节的第二段。我在那里说过,一个这样的类 ζ 函数关联着某种类型的域。对于原版黎曼假设所涉及的那个经典的 ζ 函数——本书主要就是讲它——来说,它所关联的域就等价于 ℚ,即通常的有理数域。随着过去这几十年的研究,事情已经很清楚:这个基本的有理数域 ℚ 在某种意义上要比阿廷、韦伊和德利涅的结论所涉及的那些微妙的人为制造的域更深奥,更难对付。但是,从另一方面说,为处理那些人为制造的域而开发出来的技术有着巨大的能量——怀尔斯用它们证明了费马大定理!

Ⅳ. 黎曼假设研究中的物理学思路开辟了广阔的新探索领域,它的源头我将在第Ⅵ节描述,它还依赖于对另一个代数论题的某些认识,那就是**算子理论**。因此,我会在这一节和下一节对算子作一番解释,用有关的矩阵理论来介绍它们。

矩阵在现代数学和物理学中无处不在,而对它们的操作是现代数学的一种基本技巧。因为我的篇幅有限,我将对整个事情作一简化,只给出最低限度的一些要点。特别是,我将忽略所有关于退化矩阵的问题,仿佛这些东西并不存在。或许这是本书中最放肆的简化行为,我为此向在数学上要求严格的读者们道歉。

矩阵是数的一个方阵,就像$\begin{pmatrix} 5 & 1 \\ 2 & 6 \end{pmatrix}$这样。为简洁起见,我只用整数。矩阵中的数可以是有理数,实数,甚至复数。这个矩阵是2×2的。而矩阵可以是任意大小:$3 \times 3, 4 \times 4, 120 \times 120$,等等。它的大小甚至可以是无穷大,不过运算规则对于无穷矩阵有细微的变化。每个矩阵都有一个重要部分,即**主对角线**,它从左上角延伸到右下角。在我的例子中,主对角线上的元素是5和6。

给出两个同样大小的矩阵,你可以对它们进行加、减、乘、除。这些运算的规则并不简单。例如,如果A和B是同样大小的矩阵,$A \times B = B \times A$一般并不成立。你可以在任何正规的代数教科书中找到矩阵的运算规则,我在这里就不必对它们作深入探讨了。说有这些规则,以及有一种矩阵的算术就够了,这种算术很像普通数的算术,只是更需要技巧。

对我们来说,关于矩阵的重要方面就是这些。从任何$N \times N$矩阵,你可以得出一个N次多项式——就是由x的各次幂(最高到N次幂)构成的一个函数。我恐怕不能具体说明怎样得出一个给定矩阵的特征多项式。请你相信我,它是存在的,并且有一种方法可以得出它。这个多项式称为这个矩阵的**特征多项式**。

我那个作为例子的 2×2 矩阵的特征多项式是 $x^2-11x+28$。当 x 是什么值时这个多项式等于零？这就等于问，二次方程 $x^2-11x+28=0$ 的解是什么？采用众所周知的那个公式（或者像我的中学老师经常乐观地说的那样，"靠审视"），可得解是 4 和 7。果然，如果你把 4 代入 x，这个多项式的值是 16−44+28，它确实是零。用 7 代入也一样：49−77+28 也是零。

所有这些说明了一个普遍的事实。任何 $N×N$ 矩阵都有一个 N 次特征多项式，而这个多项式有 N 个零点。[102] 一个矩阵的特征多项式的零点是极其重要的。它们被称为这个矩阵的**本征值**。注意另一个问题。如果你把我那个作为例子的 2×2 矩阵的主对角线中的数相加，你得到 11（因为 5+6=11）。这也是本征值的和（7+4=11）；它还是出现在特征多项式里的第一个数的相反数（−11 的相反数是 11）。这是一个非常重要的数，称为这个矩阵的**迹**。

特征多项式、本征值、迹——这都是怎么回事？你知道，矩阵的重要性不在于它们自身，而在于它们所表示的东西。一旦你掌握了矩阵算术的诀窍，它就只不过是一种按部就班的技能，就像普通的算术。然而正如普通的数能被用来表示更深层、更基本的东西，矩阵也是如此。从我的家走到亨廷顿村要花掉 12 分钟，距离大约是 0.8 英里。如果从明天起，美国改用米制，我将不得不说"大约 1.3 千米"而不是"大约 0.8 英里"。然而，这个距离并没有改变；**只是用来表示它的数改变了**。它仍然需要我步行 12 分钟（除非我们改用米制的钟）。

再举一个例子，墙上的挂历是用数字表示太阳和月亮运行的一种方式。主要是太阳，因为我们美国人用太阳历，它的月份和月亮的运行不同步。不过，我的挂历是本地一家中国餐馆给的。如果我凑近它看，我能看到用传统中国农历标出的月和日，每个月份的开始都是一个新的月亮周期。这些数字和太阳历的数字都不一样，但是它们表示相同的天象,相同的时间推移,相同的实际日子。

矩阵也是这样。矩阵非凡的重要性就在于它们能用于表示和量化某些更深层、更基本的东西。那些东西是什么? 它们是**算子**。算子的概念是 20 世纪数学,也是物理学中最重要的概念之一。我不想深入讨论关于算子的细节,至少在第 20 章之前不这样做。需要把握的要点是,它们就隐藏在矩阵的所有那些行动中,矩阵能让我们进行量度的和从数值上进行研究的,正是算子的性质。

那就是为什么特征多项式、本征值和迹成为如此关键的概念的原因。它们是潜藏着的算子的性质,而不只是表示算子的那个矩阵的性质。事实上,一个算子能被许多矩阵所表示,它们都有同样的本征值等。我那个作为例子的 2×2 矩阵表示某个特定的算子,矩阵 $\begin{pmatrix} 3 & 2 \\ -2 & 8 \end{pmatrix}$ 表示同一个的算子。$\begin{pmatrix} -1 & 8 \\ 5 & 12 \end{pmatrix}$ 也是,$\begin{pmatrix} 1000000 & 666662 \\ -1499994 & -999989 \end{pmatrix}$ 也是。所有这些矩阵——以及无穷多个其他的矩阵——都有特征多项式 $x^2 - 11x + 28$,本征值 4 和 7,迹 11。那是因为那个潜藏着的算子具有那些性质。

所有这些都适用于任何大小的矩阵。下面是一个 4×4 矩阵。

$$\begin{pmatrix} 2 & 1 & 5 & 1 \\ 1 & 3 & 7 & 0 \\ 0 & 0 & 2 & 1 \\ 2 & 4 & 1 & 4 \end{pmatrix}$$

它的特征多项式是 $x^4 - 11x^3 + 40x^2 - 97x + 83$。(注意,这个矩阵和前面那个一样,迹都是 11。这只是巧合;它们在其他方面则不相关。)那个多项式有一整套四个零点。精确到五位小数,它们是:1. 38087,7. 03608,1. 29152−2. 62195i 和 1. 29152+2. 62195i。当然,这些都是这个矩阵的本征值。正如你所看到的,其中有两个是复数。(并且是互相复共轭的——对于一个实系数多项式来说,情况总是这样。)这是很正常的,尽管在原矩阵中所有的数都是实数。如果你把这四个本征值相加,就得到了 11;虚数部分在相加的时候抵消了。

Ⅴ. 数学家对矩阵研究了几十年之后,他们已经把矩阵分成了不同的类型。可以说,他们已经建立了矩阵的分类,其中 $N \times N$ 矩阵的整个家族——数学家称之为"N 阶一般线性群",并且用符号"GL_N"表示——被编成了种和属。

我将从这个庞大的矩阵园中只抽出一个种类,**埃尔米特**矩阵,它是以法国大数学家埃尔米特的名字命名的,我们在第 10 章 Ⅴ 中简短地介绍过他。埃尔米特矩阵中的数是复数,它们具有如下模式:如果第 n 列第 m 行的数是 $a+bi$,那么第 m 列第 n 行的数就是 $a-bi$。换句话说,这个矩阵的每一个元素都与它关于主对角线的镜射像互为复共轭(见第 11 章 Ⅴ)。我希望用一个例子来说清这一点。下面是一个 4×4 埃尔米特矩阵。

$$\begin{pmatrix} -2 & 8-3i & 4+7i & -3+2i \\ 8+3i & 4 & 1-i & -1-5i \\ 4-7i & 1+i & -5 & -6i \\ -3-2i & -1+5i & 6i & 1 \end{pmatrix}$$

你看到第三行第一列的元素和第一行第三列的元素是如何互为复共轭了吗?这就是一个埃尔米特矩阵。注意,按照定义,它的主对角线上的所有数必须为实数,因为定义要求对角线上的每个数都是与它自己互为复共轭,而只有实数才能与它自己互为复共轭:当且仅当 b 为零时,$a+bi = a-bi$。

现在,有一个关于埃尔米特矩阵的著名定理,它说的是,**埃尔米特**

矩阵的所有本征值都是实数。如果你仔细想一下,会发现它十分令人惊讶。即使一个矩阵的所有元素都是实数,其本征值仍然可能是复数,正如我的第一个4×4矩阵的例子表明的那样。一个有复数元素的矩阵却有实数本征值,这是值得注意的。好啦,如果这个矩阵是埃尔米特矩阵,那么它就是这样。我刚才展示的那个矩阵的本征值(近似地)是:4.8573, 12.9535, −16.553 和−3.2578。都是实数(相加得−2,这就是迹)。

顺便说一下,从这个定理可推出:**埃尔米特矩阵的特征多项式的所有系数都是实数**。这是由任何矩阵的本征值根据定义都是这个矩阵的特征多项式的零点这一事实得出的。如果一个多项式有零点 $a, b,$ $c, \cdots$,那么它可以被因式分解为 $(x-a)(x-b)(x-c)\cdots$。你只要把所有的括号项相乘,就可以重新得到这个多项式的通常形式。好啦,如果 $a,$ $b, c, \cdots$ 都是实数,那么把那些括号项相乘会得出一个实数系数的式子。因为我已经公布了上面那个4×4埃尔米特矩阵的本征值,所以我们知道那个特征多项式就是 $(x-4.8573)(x-12.9535)(x+16.553)(x+3.2578)$。如果你把所有这些括号项相乘,你会得到如下的特征多项式:$x^4+2x^3-236x^2+286x+3393$。

Ⅵ. 所有这些在100年前就已为人所知了……在那时,希尔伯特刚开始搞他的积分方程研究,而算子的研究在其中起了关键作用。另一些数学家——有些是独立进行的,有些是受到希尔伯特工作的启发——也在20世纪初的那些年月全神贯注于算子的研究。这在当时很流行。黎曼假设在那时远不及它那么流行;尽管随着希尔伯特1900年的演讲和1909年兰道的书出版,许多最优秀的头脑开始努力思考这个问题。

因此,这两个问题一起进入当时的两个最卓越且涉猎广泛的头脑,并不完全令人意外。这两个头脑之一是希尔伯特的,另一个是波利亚的,他们看来是各自独立地得出了相同的认识。他们的思考过程也许有点像是这样的。

> 这里有一个数学对象,埃尔米特矩阵,它是由复数构建的;而它最内在和最本质的特征——它的本征值表——完全而出人意外地是由实数构成的。现在这里又有一个函数,黎曼 ζ 函数,它也是由复数构建的;而它最内在和最本质的特征是它的非平凡零点表。(在这个论题中让我们忽视其他零点。)这些零点中的每一个都在临界带内。它们是关于临界线对称的,临界线上复数的实部是 $\frac{1}{2}$。让我们说对于某个数 z,一个典型的零点是 $\frac{1}{2}+zi$。于是黎曼假设说所有的 z 都是实数。

1910 年代的数学家们实际上习惯说的是"算子",而不是"矩阵"。虽然矩阵这个词自从 1856 年被凯莱创造以来已经到处存在,但直到 1925 年左右量子力学脱颖而出它才得到普遍流传。然而,你能在这里看到一些相似之处。由埃尔米特矩阵的本征值和 ζ 函数的非平凡零点这两者,我们有了一张从一个本质上是复数对象的关键特性中浮现出来的出人意外的实数列表。于是就有

希尔伯特-波利亚猜想
黎曼 ζ 函数的非平凡零点对应于某种埃尔米特算子的本征值。

这个猜想的起源有点不明确。希尔伯特和波利亚两人都被认为是于 1910—1920 年间的某个时候在演讲或谈话中提到过有可能存在某种这样的对应关系。然而,就我所能找到的,他们都没有把这个想法写

成论文供发表。就我所知——而且萨奈克说过就他所知——据推测，关于希尔伯特-波利亚猜想的唯一书面证据由 60 年以后波利亚写给奥德利兹克的一封信所给出，信的片断展示于图 17.3。在信中，波利亚说兰道问过他下面的问题："你能想出黎曼假设为什么可能成立的任何**确确实实的理由**吗？"至于希尔伯特本人的猜想，据我所知根本没有实体证据。

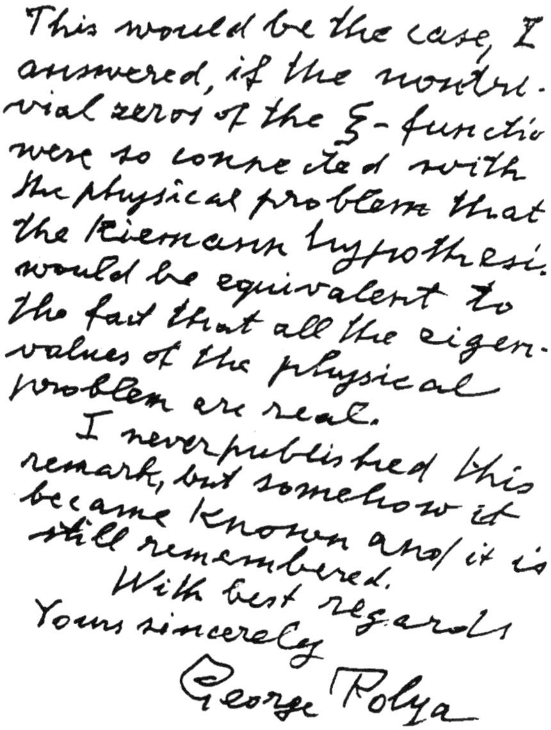

> This would be the case, I answered, if the nontrivial zeros of the ξ-function were so connected with the physical problem that the Riemann hypothesis would be equivalent to the fact that all the eigenvalues of the physical problem are real.
>
> I never published this remark, but somehow it became known and it is still remembered.
> With best regards
> Yours sincerely
> George Polya

图 17.3 波利亚写给奥德利兹克的信的片断

但是必须记住，希尔伯特是 20 世纪初的数学巨人；并且他生活和工作在德国的学术环境中，在那里大学教授被他们的学生和下属尊为高高在上无所不知的神，只能怀着极度的敬意去对待他们。不但一位教授被人称呼时从不会有低于"教授先生"的尊称，甚至他的妻子也成了"教授夫人"。事实上，对这些奥林匹亚山上众神中最伟大的神，连"教授先生"也不合适了。这种最杰出的人物被德国政府授予"枢密顾问"的头衔——一种大致相当于英国爵士的地位。于是正确的称呼方式就成了"枢密顾问先生"，不过希尔伯特本人并不关心这种俗套的等级。

了解这些以后，毫不令人奇怪的是，如果你有幸近距离接触到一位这样的神，听到他讲话，你就不会很快忘记他所说的话了。固然，还会有这样的情况，这样的巨人会引发某些关于他们的无法证实的轶闻。然而，我还是认为，这个证据的分量（尽管是间接证据）使人相信希尔伯特确实在某个时候提到过希尔伯特-波利亚猜想，或者是相当于此的什么话。（顺便说一下，把它简单地说成"波利亚猜想"会产生混淆，因为有另一个不同的猜想以这个名字命名。）

第18章

数论与量子力学相遇

Ⅰ. 在上一章中,我给出了希尔伯特-波利亚猜想的数学背景和少量历史背景。这个猜想远远超前于它的时代,躺在那里半个世纪没有被打扰。

然而,在物理学领域,那是充满大事的半个世纪,是有史以来变故最多的时期。1917 年,就在提出那个猜想的前后,卢瑟福(Ernest Rutherford)发现了原子的分裂;15 年以后,科克罗夫特(Cockcroft)和沃尔顿(Walton)用人工方法分裂了原子。这又引出了费米(Enrico Fermi)的工作,导致了 1942 年的第一次受控链式反应,还导致了 1945 年 7 月 16 日的第一次核爆炸。

"分裂原子"是所有高中物理教师对他们的学生上课时采用的说法,但这是一种不恰当的说法。你每一次划火柴就分裂了原子。我们这里真正在谈论的是原子核即原子核心的分裂。为了让核反应——受控的或非受控的——能够进行,你必须把一个亚原子粒子射入一个很重元素的原子核。如果你以某种特定方式实现了这一点,这个原子核就会分裂,并射出新的亚原子粒子。这些粒子穿透相邻原子的核……这样下去,就导致了链式反应。

好,一个重元素原子核是一头非常奇特的野兽。你可以把它想象为一团躁动不安的质子和中子,它们以一种很难说清一个粒子应该在哪儿,另一个粒子又应该在哪儿的方式融合在一起。对于像铀那样的超重元素,这团东西正在不稳定状态的边缘上摇摇晃晃。事实上,根据质子数和中子数的准确比例,它可能就是不稳定的,倾向于自行爆裂。

随着 20 世纪中间几十年核物理学的发展,了解这头奇特野兽的习性,特别是了解如果你向它射入一个粒子后会发生什么情况,已变得非常重要。好,这个原子核,这团躁动的东西,可以处于若干种状态,有些具有高能量(请想象为一种非常强烈的躁动),有些具有低能量(一种迟缓无力的躁动)。如果一个粒子射入这个原子核,使得它吸收了这个粒子而不发生爆裂,那么——因为这个粒子的能量一定要有去处——这个原子核从一个较低的能态迁移到了一个较高的能态。此后,厌倦了所有这些刺激的原子核可能会射出一个与入射粒子同类型的粒子,或许是一个完全不同类型的粒子,并回复到一个较低的能态。

有多少可能的能级? 一个原子核什么时候从能级 a 迁移到能级 b? 能级之间的互相间隔怎么样,以及为什么它们之间的间隔是那样? 类似这样的一些问题将原子核研究放到了更大的一类问题中,即关于**动态系统**的问题中。动态系统是指一大堆粒子,其中的每一个在任何时刻都有一个特定的位置和一个特定的速度。随着 1950 年代研究的继续进行,事情变得很显然:量子领域中包括重核在内的一些最令人关注的动态系统过于复杂,以至于不能用数学分析来精确地处理。能级的数量太大,可能的结构数也数不清。所有这些都是经典(即量子力学之前的)力学中"多体"问题的一种恶梦式翻版。在这里所说的多体问题中,各个对象之间——例如太阳系的行星——通过引力发生互相作用。

在处理这个水平的复杂性时,精确的数学遇到了麻烦,所以研究者们转而求助于统计学。如果我们不能精确地看出将要发生的是什么,或许我们能看出平均来说最有可能发生的是什么。这种统计的处理方法在经典力学中已经相当成熟了,早在 19 世纪 50 年代,在量子理论出现以前很久就开始了。在量子世界中情况有些不同,但至少有经典理论这样一个好东西来提供灵感。必需的工作都做了,像重元素核那样的复杂量子动态系统所必需的统计工具在 20 世纪 50 年代末和 20 世纪 60 年代初被开发,这里的关键人物是核物理学家维格纳(Eugene Wigner)和戴森(Freeman Dyson)。一个核心概念是**随机矩阵**。

Ⅱ. 正如它的名称所表示的,随机矩阵是由随机选取的数所构成的一个矩阵。实际上并非完全是随机的。让我来举一个实例。下面是一个随机 4×4 矩阵,它是一个相当特殊的类型,其意义我将在后面说明。我把下面的每个数都保留四位小数,以节省空间。

$$\begin{pmatrix} 1.9558 & 0.0104-0.4043i & 1.8694-1.2410i & 0.8443-0.4180i \\ 0.0104+0.4043i & 1.8675 & 0.7520+1.1290i & 0.2270+0.1323i \\ 1.8694+1.2410i & 0.7520-1.1290i & 0.0781 & -1.6122+0.8667i \\ 0.8443+0.4180i & 0.2270-0.1323i & -1.6122-0.8667i & -2.0378 \end{pmatrix}$$

关于这个玩意儿,你可能注意到的第一件事情是,它是埃尔米特矩阵——它具有我在第 17 章 Ⅴ 中描述的关于主对角线的那种并不完全的对称性。从那一章中回顾一下以下事实。

- 每个 $N×N$ 矩阵都关联着一个 N 次多项式,叫做**特征多项式**。
- 这个特征多项式的零点叫做这个矩阵的**本征值**。
- 这些本征值的总和叫做这个矩阵的**迹**(也等于主对角线元素的和)。
- 在埃尔米特矩阵这个特殊情况下,所有的本征值都是实数,并且因此其特征多项式的系数都是实数,迹也是实数。

对于我在这里给出的矩阵实例,其特征多项式是

$$x^4 - 1.8636x^3 - 15.3446x^2 + 26.0868x - 2.0484$$

其本征值是：$-3.8729, 0.0826, 1.5675$ 和 4.0864。迹是 1.8636。

现在把你的注意力转到构成那个矩阵实例的具体的数上。你在那里看到的数——构成主对角线的实数(有一点儿限定,见下面),以及不在主对角线上的复数的所有实部和虚部——就某种特定意义来说是随机的。它们是根据高斯正态分布——在统计学中到处出现的著名的"钟形曲线"——随机选取的。

请想象画在一张精细的坐标方格纸上的标准钟形曲线,使得在这条曲线下方有几百个坐标方格(图 18.1)。随机选择那些方格中的一个,它和峰值中线的水平距离就是一个高斯正态随机数。聚集在峰值附近的那些方格要比出现在曲线两端的多得多,因此你得到-1 和$+1$ 之间某个数的可能性要比你得到$+2$ 右边或-2 左边某个数的可能性大得多。你观察本节开头给出的矩阵实例中的数就会发现这一点。(不过由于技术原因,主对角线上的元素实际上是高斯正态随机数乘以$\sqrt{2}$,因此比你所预期的数略大一点。)

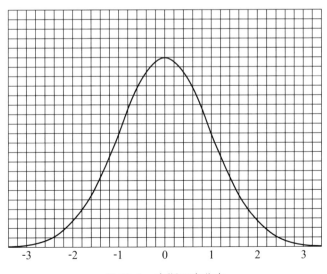

图 18.1　高斯正态分布

　　类似于那个矩阵的,不过要远远大得多的高斯随机埃尔米特矩阵,被证明恰恰适合于作为某种量子动态系统的行为模型。特别是,其本征值与实验中观察到的能级非常相符。因此,这些本征值,随机埃尔米特矩阵的本征值,成了20世纪60年代被深入研究的主题。特别是它们的间隔非常令人感兴趣。它们的间隔不是随机的。例如,对于两个邻近的能级来说,其间隔远比你按随机方法所预期的不寻常。这就是所谓的"推斥"现象——能级之间努力尽可能远离,就像是不爱交往的人们所排成的一个长队。

　　为了有助于你直观地了解我在这里所描述的东西,我借助我的软件包 *Mathematica* 4,生成了一个随机的 269×269 埃尔米特矩阵,并计算了它的本征值(见图18.2)。在这里用269这个数的原因你很快就会明白。软件包 *Mathematica* 总是令我吃惊,它在一刹那间就完成了计算。这269个本征值从 −46.207887 到 46.3253478。我的想法是把它们一滴滴地排列在从 −50 到 +50 的一条线上,就像围栏铁丝上的雨滴,以此

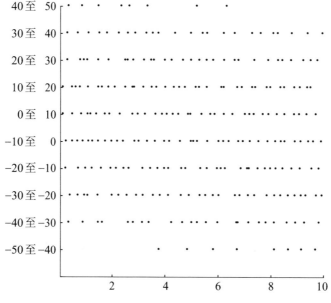

图18.2　269×269 随机埃尔米特矩阵的本征值

来向你展示间隔的模式。但是我无法把它干净利落地安排在书的一页纸上,所以我把这条线切成相等的 10 段(-50 到 -40,-40 到 -30,等等),并把一段放在另一段的上面,形成图 18.2。

这些间隔没有明显的模式。你可能说它是随机的。完全不是如此! 图 18.3 显示了从 0 到 10 中完全随机抽出的 269 个数,并以同样方式作图。比较图 18.2 和图 18.3,你会发现,一个随机矩阵的本征值不是随机分布在它们所在的范围中的。你会在图 18.2 中看到推斥效应——图 18.3 的随机分布中所具有的非常接近的相邻数对比本征值分布中的相邻数对更多(不可避免地,数对之间离得也更远)。图 18.2 中的本征值,虽然并不想形成任何可辨认的模式——它们毕竟是从一个随机矩阵中产生的——却尽力保持着互相之间的距离。与此形成对照的是,一个纯粹的随机点如果发现自己同另一个随机点挤在一起,它似乎根本不会在乎。

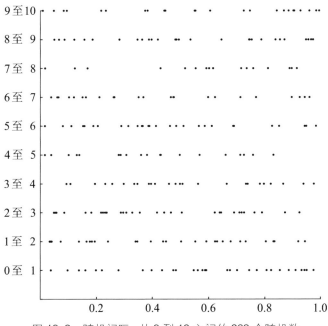

图 18.3　随机间隔:从 0 到 10 之间的 269 个随机数

请允许我在这里引入三个专业术语。我描述的那种类型的随机（也就是高斯随机）埃尔米特矩阵[103]的集合，总体上被称为"高斯幺正系综"（Gaussian Unitary Ensemble）或 GUE（读作"goo"）。像我举例说明过的那一长串非均匀分布的数之间的间隔，其精确的统计性质被概括成一个称为"对关联函数"（pair correlation function）的东西。与这个函数，以及它极其与众不同的特征有关的某种比率，被称为它的"形状因子"（form factor）。

现在，让我来告诉你一次值得注意的会面，这次会面开启了关于黎曼假设的非常奇特而神秘的问题，并且开创了一千个研究项目。

Ⅲ. 这次见面发生在 1972 年春天的普林斯顿高等研究院，这是一位数论专家和一位物理学家之间的偶然相遇。那位数论专家是休·蒙哥马利，一个年轻的美国人，正在剑桥三一学院——那是哈代曾经呆过的学院——进行研究生阶段的研究。那位物理学家是戴森，他拥有这个研究院的教授职位。我在前面提到过这位戴森，他是一位著名的物理学家。他的第二职业是写关于生命起源和人类未来的发人深省的畅销书，不过他那时还没有开始这项工作。

休·蒙哥马利当时的工作是对 ζ 函数的非平凡零点之间的间隔进行研究。这与证明黎曼假设的任何尝试无关。凑巧的是，关于那些间隔的性质有一个与数域理论相关的结果。这里所说的数域，就是与我在第 17 章 Ⅱ 中向你们展示的那个域 $a+b\sqrt{2}$ 有点像的域。[104]这是蒙哥马利的兴趣所在。下面是他讲的故事。

> 我做这项研究的时候还是一个研究生。我已经写好了我的学位论文，但是还没有答辩。我最初做这项研究的时候，我尚未领会它意味着什么。我感觉到这里面会告诉我一些什么东西，但我不知道那是什么，我也为此而烦恼。

那个春天,1972年的春天,戴蒙德(Harold Diamond)[105]在圣路易斯组织了一次解析数论会议。我去了那里并作了演讲,然后我飞往安阿伯。在安阿伯,我接受了一份工作,于是我要买一幢房子。好,我买了房子。后来我在回英国的途中于普林斯顿停留,特地去找塞尔贝格谈论这个问题。我有点担心的是,当我向他展示我的结果时,他会说:"这些都非常好,休,但我在许多年前就证明了。"但他没有这样说,我宽慰地大大舒了一口气。他看上去有些感兴趣,但态度很不明朗。

那天我在富尔德楼同乔拉(Chowla)[106]一起喝下午茶。戴森站在房间的另一头。我前一年就在这个研究院度过,从外貌上我完全能认出他,但我从来没有和他说过话。乔拉说:"你和戴森见过面吗?"我说没有。他说:"我来给你们介绍。"我说不用,我不觉得我非见戴森不可。乔拉还是坚持,于是我不情愿地被拉到房间的另一头去和戴森见面。他非常和气,并问我正在研究什么。我告诉他我正在研究黎曼ζ函数的非平凡零点之间的间隔,而且我形成了一个猜想,即这些间隔的分布函数具有被积函数 $1-(\sin\pi u/\pi u)^2$。他很是激动。他说:"那是随机埃尔米特矩阵本征值的对关联的形状因子!"

我从未听说过"对关联"这个术语。它真的建立了这种联系。第二天塞尔贝格带来了戴森写给我的一封短信,其中提到梅赫塔(Mehta)的书[107],以及我应该看的章节,等等。到这一天为止,我同戴森谈过一次话,收到过他一封信。这非常有成效。现在我想这种联系本该会建立的,只是这种联系来得如此之快纯属偶然。后来当我为这次会议写论文的时候,它使我能够运用恰当的术语,并提供参考资料,进行解释说明。几年以后,当戴森发表了一篇题为"错过的机会"(Missed

Opportunities)的论文时,我被逗乐了。我相信有许多错过的机会,但这次却是一个反例。我能在这个关键的时刻遇到他,真的是意外的好运气。

你可以理解为什么戴森如此激动。休·蒙哥马利提到的那个式子,那个从他对黎曼 ζ 函数非平凡零点的深入研究中形成的式子,恰恰是和一个随机埃尔米特矩阵有关的形状因子——戴森在他深入研究量子动态系统时同那种东西打了好几年交道。(而蒙哥马利还没有充分表达这次见面的运气好到什么程度。戴森虽然以物理学家出名,他的第一个学位却是数学的,而且他第一感兴趣的领域是数论。如果不是这样,他可能就不会明白蒙哥马利所谈的内容。[108])

为了说明这一点,我将选取直到高度 500i 的,即从 $\frac{1}{2}$ 到 $\frac{1}{2}+500i$ 的所有黎曼 ζ 函数非平凡零点——在临界线上(它们都在临界线上;黎曼假设在这些低的高度上肯定成立)。在这个范围内有 269 个零点。(这就是为什么我在图 18.2 和图 18.3 中挑选 269 这个数。)图 18.4 展示了它们,整个区域被切成 10 段,像前面那样一段放在另一段上面。如果你把这个图与图 18.2 和图 18.3 比较,你会发现它类似于图 18.2 而不是图 18.3。

你在比较这些图的时候,应该有某种适当的宽容度。根据我在第 13 章 Ⅷ 中所说的原理,图 18.4 中的 ζ 函数零点过了一段才开始出现,并且沿着临界线上升时越来越密集。同样,图 18.2 中的本征值在其区域内的开始和末尾阶段拉得比较开,而在中部则相应地挤压在一起。这两种效应都可以通过取更多的零点和更大的矩阵或者通过正规化(见下面)来削弱。即使允许有这些失真,下列基于这些图示的观点看起来仍然挺像回事。

■ ζ 函数零点和本征值看起来都不太像随机散布的点。

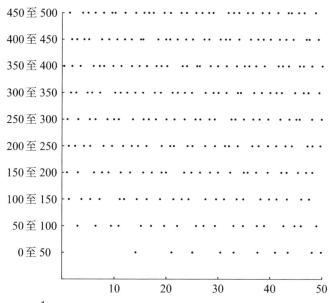

图 18.4　设 $\frac{1}{2}+it$ 是 ζ 函数的一个非平凡零点，这里就是"*t*"的开头 269 个值

- 它们彼此相似。

- 特别地，两者都显示出推斥效应。

Ⅳ. 休·蒙哥马利关于 ζ 函数零点间隔的论文 1973 年由美国数学学会发表。它的第一句话说，"在本文中我们通篇假定黎曼假设（RH）成立……"。关于这没什么好惊奇的。到 1973 年，已经有大量的数学文献由假定黎曼假设成立的定理所构成。[109]今天这个数量相应地更大了，而如果 RH（从现在起，我将跟着蒙哥马利和其他现代研究者用此来称呼黎曼假设）被证明不成立，这整个上层建筑将变得摇摇欲坠；但如果反例很少，其中有许多可以被挽救。

蒙哥马利 1973 年的论文包括两个结果。第一是关于 ζ 函数零点间隔的一般统计性质的一个定理。这个定理以 RH 成立为前提。第二个结果是一个猜想。它声称那些间隔的对关联函数正是蒙哥马利告诉戴森他所认为的那样。这是一个猜想，理解这一点很重要。蒙哥马利不能证明它,甚至在假定 RH 成立的基础上也不能证明。目前也没有其他人能证明它。

你将要看到描述和讨论的关于黎曼 ζ 函数零点的大部分特征,以及在过去 30 年里提出的大部分想法,这些同样都是猜想。在这个领域中确凿的证明极端缺乏。部分原因是,在蒙哥马利建立这个联系以后,物理学家和应用数学家作出了非常多的关于 RH 的新思考。迈克尔·贝里爵士(Sir Michael Berry)[110] 对这种情况喜欢引用诺贝尔奖获得者、物理学家费恩曼(Richard Feynman)的话:"已知的远远多于已经证明的。"另一部分原因是 RH 是一个非常非常棘手的问题。现在有如此大量的关于 RH 的文献,以致你必须不断提醒你自己,实际情况是关于 ζ 函数零点的确信无疑的东西非常少,即使在过去几年中它引起了那么多人的兴趣,数学上滴水不漏的结果仍然只是偶然地出现,而且间隔很长。

Ⅴ. 新泽西州的普林斯顿高等研究院距离默里山的 AT&T(美国电话电报公司)贝尔实验室研究中心只有 32 英里。休·蒙哥马利 1978 年在普林斯顿所作的演讲,题目叫"蒙哥马利的对关联函数猜想"。听讲者中有奥德利兹克,他是一名来自 AT&T 研究机构的年轻研究者。大约就在这个时候,他的实验室得到了一台克雷-1 型超级计算机。研究者们被鼓励把项目放到克雷机上运行,以让自己熟悉适合于其结构的各种算法。

在对蒙哥马利的演讲进行了反复思考后,奥德利兹克产生了如下的想法。蒙哥马利猜想宣称,ζ 函数零点的间隔遵循如此这般的某种统计定律。这种定律也出现在符合 GUE 模型的某一族量子动态系统的研究中。这族量子动态系统的统计性质已经被着重分析了好几年。然而,ζ 函数零点的统计性质却很少被研究过。通过对 ζ 函数零点的统计研究,可以做些有用的工作,使平衡得到恢复。

那就是奥德利兹克开始着手做的事情。他利用贝尔实验室克雷计算机[111]的 5 小时空闲时间段,运用黎曼-西格尔公式,在高精确度上(约 8 位小数)生成了黎曼 ζ 函数的前 100 000 个非平凡零点。然后,为了了解临界线上极高处的大概情况,他生成了从第 1 000 000 000 001 个开始的又 100 000 个零点。于是他对这两组零点进行各种各样的统计试验,以发现它们怎样对应于 GUE 算子矩阵的本征值。所有这些工作的结果都发表在 1987 年的一篇里程碑式的论文中,题目是"论 ζ 函数零点之间间隔的分布"(On the Distribution of Spacings Between Zeros of the Zeta Function)。

这些结果并不完全确定。正如奥德利兹克在论文中的微妙表述,"至今为止显露的这些数据同 GUE 所预言的相当符合"。比起 GUE 模型所预言的,有略多一点儿的小间隔。不过奥德利兹克的结果给人的印象足够深刻,引起了广大研究者的注意。进一步的工作解除了 1987 年论文中指出的差异,而蒙哥马利的对关联函数猜想也变成了蒙哥马利-奥德利兹克定律[112]。

蒙哥马利-奥德利兹克定律

黎曼 ζ 函数相继非平凡零点之间的(适当正规化的)间隔分布

与 GUE 算子本征值的间隔分布在统计意义上一致。

VI. 对于奥德利兹克结果的性质,我只能给出一个简要概述。为此,我将使用奥德利兹克贴在他网页上的一个零点表(这帮了我的大忙),并在我自己的个人计算机上复制了这些结果。为了避免开始阶段的任何异常现象,我选取从 $z = \frac{1}{2}$ 处沿临界线向上数的第 90 001 个到第 100 000 个零点。那是 10 000 个零点——要得出某种统计意义上的结果完全足够。第 90 001 个零点在 $\frac{1}{2}$ +68194. 3528i 处；第 100 000 个零

点在 $\frac{1}{2}$ + 74920. 8275i 处（保留到 4 位小数）。因此我将研究由

10 000 个实数组成的一个数列的统计性质，这个数列始于 68194. 3528，

止于 74920. 8275。

因为正如我在第 13 章Ⅷ中指出的，你沿着临界线向上，平均来说，

零点变得越来越靠近，所以我必须作一个调整，以将这个区间的较高端

部分伸展开来。我只要把每个数乘以它的对数就能很容易地做到这一

点。越大的数就有越大的对数，这恰恰是我把间隔均匀化所需要的。

这就是上面给出的蒙哥马利-奥德利兹克定律的陈述中"正规化"一词

的意思。我的数列现在始于 759011. 1279，止于 840925. 3931。

此外，我关心的是这些零点的**相对**间隔；因此我可以从这个数列的

每一个数中减去 759011. 1279 而不影响我的结果。现在这个数列成了

从 0 到 81914. 2653。最后，仅仅是为了让这些数字更简洁，我将换一个

不同的尺度，用 8. 19142653 除我的数列中的每一个数。这也不影响相

对间隔；我只是换了把尺。我的数列的这个最终形式开头是这样：0，

1. 2473，2. 5840，…，末尾是这样：9997. 3850，9999. 1528，10 000。

如果算上端点，现在我就有了供研究而排好的从 0 到 10 000 的

10 000 个数。因为相邻数之间有 9999 个间隔，平均间隔就是 10 000÷

9999，恰好比 1 略大一点。

现在我可以问些统计上的问题了。典型的问题：这些间隔怎样偏

离那个平均值？有多少长度小于 1 的间隔？[113]答案是 5349 个。有多少

长度大于 3 的间隔？没有。哦，这和你从一个理想随机分布中得到的

计数完全不一致，在那里，相应的两个答案分别是 6321 和 489。[114]这进

一步证实了图 18.2 和 18.3 给我们的提示。零点不是随机分布的。它

们更多地大约以平均间隔(略大于 1)出现,小间隔和大间隔很少见。

统计长度在 0 和 0.1 之间、0.1 和 0.2 之间等等的间隔的数目,并把这些数据制成直方图,使整个区域的面积是 9999,我就得到了图 18.5。它显示了我这 10 000 个零点的间隔与 GUE 理论所预言的曲线的对照。这并不是一个感觉上很好的拟合,不过话得说回来,我的样本不是非常大,也不位于临界线上的极高处。所以说,这个拟合已经够好了,完全在偶然性所容许的变化之内;奥德利兹克的论文中的拟合当然要好得多。[115]

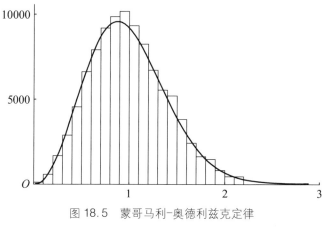

图 18.5 蒙哥马利-奥德利兹克定律

(第 90 001 个到第 100 000 个 ζ 函数零点的间隔分布)

Ⅶ. 如此看来,ζ 函数的非平凡零点与随机埃尔米特矩阵的本征值是有某种方式的关联。这产生了一个相当大的问题,从 1972 年发生在富尔德楼的那次偶然相遇以来就悬而未决的一个问题。

黎曼 ζ 函数的非平凡零点产生于对素数分布的探究。随机埃尔米特矩阵的本征值产生于在量子力学的各种定律下对亚原子粒子系统行为的探究。**素数的分布究竟与亚原子粒子的行为有什么关系?**

第 19 章

拧动金钥匙

Ⅰ. 现在我将尝试径直进入黎曼 1859 年论文的核心。这包括领会一些黎曼的数学,它很超前。我将轻轻跳过那些真正困难的部分,把它们作为**既定事实**呈现出来,并且尝试给出黎曼论证的逻辑步骤。我将使用类似下面这样的语句:"数学家们有一种方法可以从这推出那",而不去解释这种方法是什么,或者为什么它会起作用。

我希望你看到最后至少能对黎曼所采取的主要逻辑步骤有一个大概的了解。然而,要是不进行一点少量的微积分计算的话,我甚至还不能做到那么多。所需微积分知识的要点我已经在第 7 章 Ⅵ-Ⅶ 中介绍过了。你可能会发现下面几节内容颇具挑战性。对此的回报将是一个非常漂亮有力的结果,从它可以得出下面这一切——这个黎曼假设,它的重要性,以及它同素数分布的关联。

Ⅱ. 作为开始,我将否定我早在前面第 3 章 Ⅳ 中说过的一些东西。嗯,是貌似的否定。我说过没有足够的点来画出素数计数函数 $\pi(N)$ 的图像。在本书的那个阶段确实没有。好了,现在有了。

不过,首先我要做一些小小的调整。我将不再写 $\pi(N)$,以数学的眼光来看,它被解释为"直到自然数 N(包括 N)的素数个数";我将要写的是 $\pi(x)$,它将意味着"直到实数 x(包括 x)的素数个数"。这没有什么大不了的。显然,到 37.51904283(含)为止的素数个数,就是到 37(含)为止的素数个数,共有 12 个:2,3,5,7,11,13,17,19,23,29,31, 37。但是我们要碰到某些微积分计算,所以我们希望处在一般的数的 范围内,而不仅仅是整数的范围。

还有一个调整。随着我在某段数值范围内把自变量 x 平滑地向前 推进,$\pi(x)$ 将会出现突然的跳跃。例如,假设 x 从 10 平滑移动到 12。 小于 10 的素数有 4 个(2,3,5 和 7),所以当 $x=10$ 的时候这个函数的值 是 4;当 $x=10.1,10.2,10.3$ 等等的时候当然也是如此。然而,在自变 量 11 处,函数值将突然跳跃到 5;而对于 11.1,11.2,11.3,…这个值稳 定地保持在 5 上。这就是数学家们所说的"阶梯函数"。而这里有一个 处理阶梯函数时经常采用的调整。就在 $\pi(x)$ 发生跳跃的那个点处,我 将赋给它一个跳跃度为一半的值。于是在自变量 10.9,或 10.99,或 10.999999 处,函数值是 4;在自变量 11.1,或 11.01,或 11.000001 处, 函数值是 5;但是在自变量 11 处,函数值是 4.5。如果这看起来有点古 怪,那么我很抱歉,但它对于后边的内容来说是非常重要的。如果我做 了这个调整,那么本章和第 21 章中的所有自变量都能有效;如果不做 这个调整,它们就不能有效。

现在我可以画出 $\pi(x)$ 的一个图像(见图 19.1)。对阶梯函数开始 时会有点难适应,但从数学的观点来看,它们是非常合理的。这里的定 义域是所有的非负数。在这个定义域内,每个自变量都有一个独一无 二的函数值。给出一个自变量,我就给你一个函数值。数学上比这奇 怪得多的函数有的是。

Ⅲ. 现在我要引入另一个函数,它也是一个阶梯函数,只是比 $\pi(x)$ 多一点点零头。黎曼在他 1859 年的论文中称之为"f"函数,但是 我将采用爱德华兹的叫法,把它称作"J"函数。因为在黎曼的时代,数 学家已经习惯于用"f"来代表一个一般的函数,"设 f 是一个任意的函

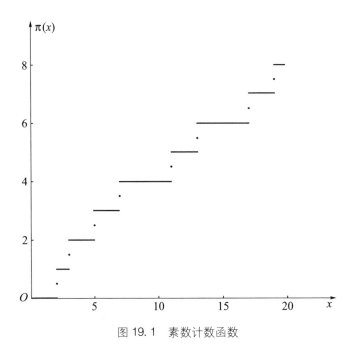

图 19.1 素数计数函数

数……",所以要让他们将 f 看作一个特定的函数有点困难。

好,这里是 J 函数的定义。对于任意非负数 x 来说,J 函数具有式 19.1 所示的值。

$$J(x) = \pi(x) + \frac{1}{2}\pi(\sqrt{x}) + \frac{1}{3}\pi(\sqrt[3]{x}) + \frac{1}{4}\pi(\sqrt[4]{x}) + \frac{1}{5}\pi(\sqrt[5]{x}) + \cdots$$

式 19.1

这里的符号"π"是前面定义过的对于任意实数 x 的素数计数函数。

注意,这**不**是一个无穷和。为了弄清为什么不是,请考虑某个确定的数 x,比方说,$x = 100$。100 的平方根是 10;立方根是 4.641588…;4 次方根是 3.162277…;5 次方根是 2.511886…;6 次方根是 2.154434…;7 次方根是 1.930697…;8 次方根是 1.778279…;9 次方根是 1.668100…;10 次方根是 1.584893…。当然,我可以继续算出它的 11 次、12 次、13 次方根等等,你愿意算多少都可以。但是我不需要这么做,因为素数计数函数有一个非常好的特性:如果 x 小于 2,$\pi(x)$ 的值是零,因为没有任何素数小于 2! 实际上我在算出 100 的 7 次方根以后就可以停下来了。在这个情况下我有

$$J(100) = \pi(100) + \frac{1}{2}\pi(10) + \frac{1}{3}\pi(4.64\cdots)$$

$$+ \frac{1}{4}\pi(3.16\cdots) + \frac{1}{5}\pi(2.51\cdots)$$

$$+ \frac{1}{6}\pi(2.15\cdots) + 0 + 0 + \cdots$$

如果数出素数的个数,它就是

$$J(100) = 25 + \left(\frac{1}{2}\times 4\right) + \left(\frac{1}{3}\times 2\right) + \left(\frac{1}{4}\times 2\right)$$

$$+ \left(\frac{1}{5}\times 1\right) + \left(\frac{1}{6}\times 1\right),$$

得出 $28\frac{8}{15}$,或 28.53333…。对于任何非负数,如果你不断地取它的方根,或迟或早方根会落到 2 以下,从那里开始 J 函数中所有的项都是零。因此对任意自变量 x 来说,$J(x)$ 的值可以通过一个有限和来算出——对我们一直在处理的某些函数来说,这是一个巨大的优越性!

如我所说,这个 J 函数是一个阶梯函数。图 19.2 显示了它的图像,自变量到 10 为止。你可以看到 J 函数从一个值突然跳跃到另一个值,在新的值上保持一会儿,然后作另一次跳跃。这些跳跃有多高? 其模式是什么?

如果你紧紧盯着式 19.1 看,就会发现下面的模式。首先,当 x 是任意素数时,$J(x)$ 会上跳 1,因为 $\pi(x)$——直到 x(包括 x)的素数个数——会上跳 1。其次,当 x 恰好是一个素数的平方时(例如 $x=9$,它是

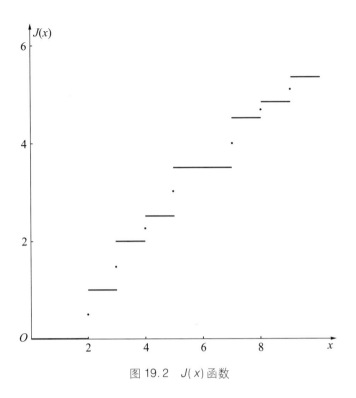

图 19.2　$J(x)$ 函数

3 的平方)，$J(x)$ 会上跳二分之一，因为 x 的平方根是一个素数，所以 π

$(\sqrt{x})$ 会上跳 1。第三，当 x 恰好是一个素数的立方时（例如 $x=8$，它是

2 的立方)，$J(x)$ 会上跳三分之一，因为 x 的立方根是一个素数，所以

$\pi(\sqrt[3]{x})$ 会上跳 1。如此等等。

顺便请注意，J 函数保持了我通过 $\pi(x)$ 介绍的那个特性。在发生
跳跃的那个点处，函数值取跳跃度为一半的值。

为了较完全地观察 J 函数，我们给出图 19.3，它显示了自变量直到
100 的 $J(x)$ 的图像。这里的最小跳跃出现在 $x=64$ 处，它是一个 6 次幂
（$64=2^6$)，所以 J 函数在 $x=64$ 处上跳了六分之一。

像这样的一个函数会有什么用处？耐心一点，再忍一忍。但首先，
我将进入我在本章开头说到的那些跳过部分中的一个。

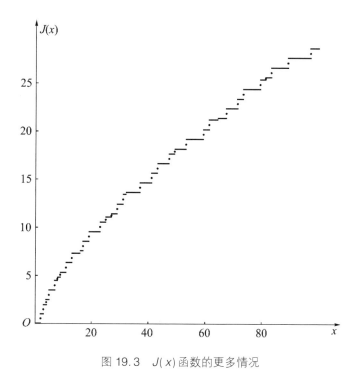

图 19.3　*J*(*x*) 函数的更多情况

Ⅳ. 我再次提一下,数学家们有许多方法来逆转关系。我们有一个用 *Q* 表示 *P* 的表达式? 好,让我们来看看能否找到一种用 *P* 表示 *Q* 的方式。经过几个世纪,数学界已经开发了关于逆转技巧的一个巨大的工具箱,用于应对各种各样的情况。其中一个叫做"默比乌斯反演",它正好是我们这里所需要的。

我不准备对默比乌斯反演进行一般的解释。任何关于数论的好教科书都会描述它[例如,参见哈代和赖特(Edward Wright)的经典著作《数论》(*Number Theory*)的 16. 4 节],通过互联网搜索也会找到许多参考资料。我不准备从一个点到一个点地平滑移动,而是采用像 π 函数和 *J* 函数那样的方式,直接跳到下面的事实:当默比乌斯反演运用于式 19. 1 时,其结果如式 19. 2 所示。

$$\pi(x) = J(x) - \frac{1}{2}J(\sqrt{x}) - \frac{1}{3}J(\sqrt[3]{x}) - \frac{1}{5}J(\sqrt[5]{x})$$

$$+ \frac{1}{6}J(\sqrt[6]{x}) - \frac{1}{7}J(\sqrt[7]{x}) + \frac{1}{10}J(\sqrt[10]{x}) - \cdots$$

式 19.2

你会注意到,某些项(第四、第八、第九项)在这里消失了。而那些出现的项,有些(第一、第六、第十项)带有正号;其余的(第二、第三、第五和第七项)带有负号。你想起什么来了吗?这是第 15 章中的默比乌斯 μ 函数。事实上,

$$\pi(x) = \sum_n \frac{\mu(n)}{n}J(\sqrt[n]{X})$$

(其中的 $\sqrt[1]{x}$,在这里和在本书中所有地方,都被理解为就是 x)。你认为它为什么被叫做"默比乌斯反演"?

现在我写出了用 $J(x)$ 表示 $\pi(x)$ 的方式。这是一件奇妙的事情,因为黎曼找到了一种用 $\zeta(x)$ 来表示 $J(x)$ 的方式。

在离开式 19.2 之前,我只想指出,它和式 19.1 一样,是一个有限和,不是一个无穷和。这是因为 J 函数和 π 函数一样,当 x 小于 2 的时候值为零(请核对其图像),而当你不断地对一个数取方根,答案最后都会落到 2 以下并留在那里。例如,

$$\pi(100) = J(100) - \frac{1}{2}J(10) - \frac{1}{3}J(4.64\cdots)$$

$$- \frac{1}{5}J(2.51\cdots) + \frac{1}{6}J(2.15\cdots) - 0 + 0 - \cdots$$

$$= 28\frac{8}{15}\left(\frac{1}{2}\times 5\frac{1}{3}\right) - \left(\frac{1}{3}\times 2\frac{1}{2}\right) - \left(\frac{1}{5}\times 1\right) + \left(\frac{1}{6}\times 1\right)$$

$$= 28\frac{8}{15} - 2\frac{2}{3} - \frac{5}{6} - \frac{1}{5} + \frac{1}{6},$$

这恰好等于 25,它确实是小于 100 的素数个数。真是不可思议。

现在让我们拧动金钥匙。

Ⅴ. 下面就是金钥匙,黎曼 1859 年论文中的第一个等式,我在第 7 章得出过它,并证明它正是一种富有想象力的写出埃拉托色尼筛法的方式。

$$\zeta(s) = \frac{1}{1-\dfrac{1}{2^s}} \times \frac{1}{1-\dfrac{1}{3^s}} \times \frac{1}{1-\dfrac{1}{5^s}} \times \frac{1}{1-\dfrac{1}{7^s}} \times \frac{1}{1-\dfrac{1}{11^s}} \times \frac{1}{1-\dfrac{1}{13^s}} \times \cdots$$

记住,右边的数都是素数。

我将对两边取对数。如果一个对象等于另一个对象,当然它的对数也一定等于另一个对象的对数。根据幂运算规则 9,即 $\ln(a \times b) = \ln a + \ln b$,

$$\ln\zeta(s) = \ln\left(\frac{1}{1-\dfrac{1}{2^s}}\right) + \ln\left(\frac{1}{1-\dfrac{1}{3^s}}\right) + \ln\left(\frac{1}{1-\dfrac{1}{5^s}}\right)$$

$$+ \ln\left(\frac{1}{1-\dfrac{1}{7^s}}\right) + \ln\left(\frac{1}{1-\dfrac{1}{11^s}}\right) + \cdots$$

根据幂运算规则 10,$\ln\dfrac{1}{a} = -\ln a$,等式右边就是

$$-\ln\left(1-\frac{1}{2^s}\right) - \ln\left(1-\frac{1}{3^s}\right) - \ln\left(1-\frac{1}{5^s}\right) - \ln\left(1-\frac{1}{7^s}\right) - \ln\left(1-\frac{1}{11^s}\right) - \cdots$$

现在回想一下第 9 章Ⅶ中牛顿得出的关于 $\ln(1-x)$ 的无穷级数。它适用于 -1 和 $+1$ 之间的 x,在这里情况确实如此,只要 s 是正数。所以我可以像式 19.3 所示的那样,把每个对数项展开成无穷级数。

$$\frac{1}{2^s} + \left(\frac{1}{2} \times \frac{1}{2^{2s}}\right) + \left(\frac{1}{3} \times \frac{1}{2^{3s}}\right) + \left(\frac{1}{4} \times \frac{1}{2^{4s}}\right) + \left(\frac{1}{5} \times \frac{1}{2^{5s}}\right) + \left(\frac{1}{6} \times \frac{1}{2^{6s}}\right) + \cdots + \frac{1}{3^s} +$$

$$\left(\frac{1}{2} \times \frac{1}{3^{2s}}\right) + \left(\frac{1}{3} \times \frac{1}{3^{3s}}\right) + \left(\frac{1}{4} \times \frac{1}{3^{4s}}\right) + \left(\frac{1}{5} \times \frac{1}{3^{5s}}\right) + \left(\frac{1}{6} \times \frac{1}{3^{6s}}\right) + \cdots + \frac{1}{5^s} + \left(\frac{1}{2} \times \frac{1}{5^{2s}}\right) +$$

$$\left(\frac{1}{3} \times \frac{1}{5^{3s}}\right) + \left(\frac{1}{4} \times \frac{1}{5^{4s}}\right) + \left(\frac{1}{5} \times \frac{1}{5^{5s}}\right) + \left(\frac{1}{6} \times \frac{1}{5^{6s}}\right) + \cdots + \frac{1}{7^s} + \left(\frac{1}{2} \times \frac{1}{7^{2s}}\right) + \left(\frac{1}{3} \times \frac{1}{7^{3s}}\right) +$$

$$\left(\frac{1}{4} \times \frac{1}{7^{4s}}\right) + \left(\frac{1}{5} \times \frac{1}{7^{5s}}\right) + \left(\frac{1}{6} \times \frac{1}{7^{6s}}\right) + \cdots + \frac{1}{11^s} + \left(\frac{1}{2} \times \frac{1}{11^{2s}}\right) + \left(\frac{1}{3} \times \frac{1}{11^{3s}}\right) +$$

$$\left(\frac{1}{4} \times \frac{1}{11^{4s}}\right) + \left(\frac{1}{5} \times \frac{1}{11^{5s}}\right) + \left(\frac{1}{6} \times \frac{1}{11^{6s}}\right) + \cdots$$

式 19.3

这是一个无穷和的无穷和——我想,乍一看会有点令人吃惊,但实际上在数学中这并不是一种少见的情况。

看到这里,你可能认为我比开始的时候差劲多了。从一个相当简洁娇小的无穷乘积开始,我现在让自己得出了一个无穷和的无穷和。这个状况可能有些令人失望。啊,但那是没有用到微积分计算的威力。

Ⅵ. 让我从那个和的和中只挑出一个项来。我挑出的是 $\frac{1}{2} \times \frac{1}{3^{2s}}$ 这个项。考虑这个函数:x^{-s-1},并暂时假定 s 是一个正数。x^{-s-1} 的积分是什么? 根据我在第 7 章Ⅶ中给出的关于幂的积分的一般规则,它是 $x^{-s}/(-s)$,也就是 $(-1/s) \times (1/x^s)$。如果我把这个积分在无穷大的值减去它在 3^2 的值,我得到什么? 好,如果 x 是一个非常大的数,$(-1/s) \times (1/x^s)$ 就是一个非常小的数,因此可以说,当 x 是无穷大的时候,它是零。我将从那个数——从零——减去 $(-1/s) \times (1/(3^2)^s)$。这个减法的答案是 $(1/s) \times (1/(3^2)^s)$。总之,我从式 19.3 中挑出的那个项可以被改写为一个积分,

$$\frac{1}{2} \times \frac{1}{3^{2s}} = \frac{1}{2} \times s \times \int_{3^2}^{\infty} x^{-s-1} \mathrm{d}x_。$$

我究竟为什么要这么做？为了回到 J 函数,这就是为什么。

你知道,$x = 3^2$ 就是 J 函数上跳 $\frac{1}{2}$ 的地方。在一个数学家的头脑里——当然是在像黎曼那样的大数学家的头脑里——那个部分表达式 $\frac{1}{2} \times \int_{3^2}^{\infty} \cdots$ 会呈现为一个图像。这样呈现出来的图像就是图 19.4 中的那个。它是 J 函数,添加了一条狭长的带子。这条带子从 3^2(就是从 9)延伸到无穷大,它的宽度是 $\frac{1}{2}$。显然,J 函数下方的整个区域("下方的面积"——请联想到"积分")由这样的带子构成。从每个素数延伸到无穷大的带子,其宽度是 1;从每个素数的平方延伸到无穷大的带子,其宽

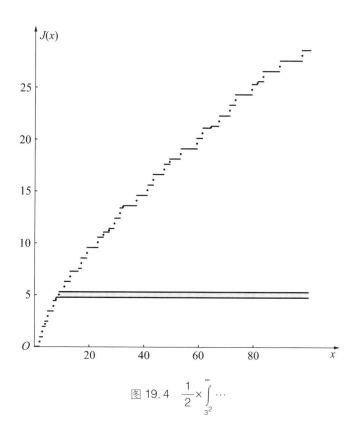

图 19.4　$\dfrac{1}{2} \times \displaystyle\int_{3^2}^{\infty} \cdots$

度是 $\frac{1}{2}$；从每个素数的立方延伸到无穷大的带子，其宽度是 $\frac{1}{3}$……。看出怎样把这一切嵌进式 19.3 那个无穷和的无穷和中了吗？

当然，J 函数下方的面积是无穷大。我画出的那条带子有无穷大的面积 $\left(宽 \frac{1}{2}，长度无穷大，\frac{1}{2} \times \infty = \infty\right)$。所有其他的带子也是如此。放在一起，相加得到无穷大。但是，如果我在右边向下挤压这个 J 函数，使在它下方的面积成为有限则会怎样呢？每一个这样的带子会越来越细直到消失，并拥有有限的面积吗？我怎样才能完成这样的挤压呢？

最后的那个积分启示了一种方法。假设我选定某个数 s（我将假定它大于 1）。对每个自变量 x，我将用 x^{-s-1} 乘 $J(x)$。为了说明，取 $s = 1.2$。这时 x^{-s-1} 就是 $x^{-2.2}$；或者用另一种写法，$1/x^{2.2}$。取一个自变量，比如说，$x = 15$。现在 $J(15)$ 的值为 $7.333333\cdots$；$15^{-2.2}$ 的值为 $0.00258582\cdots$。把它们相乘，$J(x)x^{-s-1}$ 的值为 $0.018962721\cdots$。如果我取一个更大的自变量，这种挤压就更明显。对 $x = 100$，$J(x)x^{-s-1}$ 的值为 $0.001135932\cdots$。

图 19.5 展示了函数 $J(x)x^{-s-1}$ 的一个图像，其中 $s = 1.2$。为了突出挤压的效果，我展示了前面展示过的那条带子被挤压后的样子。你可以看到，随着自变量向东而去，它变得越来越薄。如果它的总面积居然能成为有限，这样的机会真是难得，尽管它还是无限的长。假如这成立，又假如这对于其他的带子都成立，那么这个函数下方的总面积将是多少？用数学的语言来说，$\int_0^\infty J(x)x^{-s-1}\mathrm{d}x$ 的值将是多少？

让我们来看一下。依次选取素数。对于素数 2，挤压之前我有一个从 2 延伸到无穷大的带子，宽度是 1；然后是一个从 2^2 延伸到无穷大的带子，宽度是 $\frac{1}{2}$；然后是一个从 2^3 延伸到无穷大的带子，宽度是 $\frac{1}{3}$，如

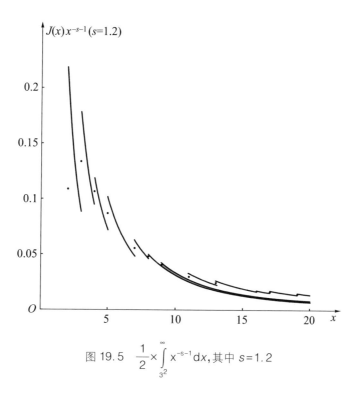

图 19.5　$\dfrac{1}{2} \times \displaystyle\int_{3^2}^{\infty} x^{-s-1} \mathrm{d}x$，其中 $s = 1.2$

此等等。只考虑素数 2 的正整数幂，被挤压的带子（面积）的和如式 19.4 所示。

$$\int_{2}^{\infty} 1 \times x^{-s-1} \mathrm{d}x + \int_{2^2}^{\infty} \frac{1}{2} \times x^{-s-1} \mathrm{d}x + \int_{2^3}^{\infty} \frac{1}{3} \times x^{-s-1} \mathrm{d}x +$$

$$\int_{2^4}^{\infty} \frac{1}{4} \times x^{-s-1} \mathrm{d}x + \int_{2^5}^{\infty} \frac{1}{5} \times x^{-s-1} \mathrm{d}x + \cdots$$

式 19.4

当然，那只是有关 2 的带子。对于有关 3 的带子，有一个类似的积分无穷和，如式 19.5 所示。

$$\int_{3}^{\infty} 1 \times x^{-s-1} \mathrm{d}x + \int_{3^2}^{\infty} \frac{1}{2} \times x^{-s-1} \mathrm{d}x + \int_{3^3}^{\infty} \frac{1}{3} \times x^{-s-1} \mathrm{d}x +$$

$$\int_{3^4}^{\infty} \frac{1}{4} \times x^{-s-1} dx + \int_{3^5}^{\infty} \frac{1}{5} \times x^{-s-1} dx + \cdots$$

式 19.5

还有一个有关 5 的,一个有关 7 的,以及如此等等有关所有素数的带子。一个积分无穷和的无穷和!越来越糟了!啊,不过黎明前总是最黑暗的。

这把我们带回到这一节的开头。因为一个乘法因子可以穿过积分符号,所以 $\int_{3^2}^{\infty} \frac{1}{2} \times x^{-s-1} dx$ 和 $\frac{1}{2} \times \int_{3^2}^{\infty} x^{-s-1} dx$ 相等。但是我在这一节的开头说明了,我选自式 19.3 的示例项 $\frac{1}{2} \times \frac{1}{3^{2s}}$ 等于 $s \times \frac{1}{2} \times \int_{3^2}^{\infty} x^{-s-1} dx$;那就是,$s$ 乘以我刚才得到的东西。所以式 19.5 等同于什么?啊,它恰好是式 19.3 中的第二个无穷和除以 s!而式 19.4,加上式 19.5,加上所有有关其他素数的类似式子,会得出整个式 19.3 除以 s。

我正在摆弄的东西,即 $\int_{0}^{\infty} J(x) x^{-s-1} dx$,恰好是式 19.3 除以 s。伴随着这个结论,黎明到来了。而根据金钥匙,式 19.3 等于 $\ln \zeta(s)$。因此,其结果如式 19.6 所示。

金钥匙(微积分形式)

$$\frac{1}{s} \ln \zeta(s) = \int_{0}^{\infty} J(x) x^{-s-1} dx。$$

式 19.6

我简直无法告诉你这个结果有多么精彩。它直接导向黎曼论文中的主要结果,即我将在第 21 章中展示的一个结果。确实,它只是用微积分改写了的金钥匙。然而,这是做了一件重要的、了不起的事情,因为它让金钥匙向 19 世纪微积分的所有有效工具开放了。那是黎曼的成就。

那些工具之一是另一种反演方法,它能让我们把这个新的表达式掉个个儿,得到用 ζ 表示 J 的表达式。我将暂时不展示这个逆转过来的式子。不过,逻辑上已经很清楚了。

- 我可以用 $J(x)$ 来表示 π(x)(本章第Ⅳ节)。
- 将表达式 19.6 逆转,我可以用 ζ 函数来表示 $J(x)$。

因此,

- 我可以用 ζ 函数来表示 π(x)。

这恰恰就是黎曼当初着手做的事,因为后来人们会发现,π 函数的所有特性以这样那样的方式被编制在 ζ 函数的特性中。

π 函数属于数论;ζ 函数属于分析和微积分;而我们刚才就在这两者之间架起了一座浮桥,跨越了计数和度量之间的鸿沟。简言之,我们刚才得出了解析数论中的一个强有力的结果。图 19.6 给出了式

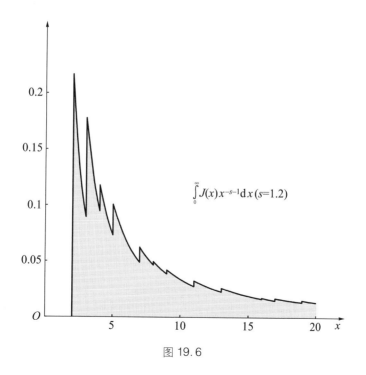

图 19.6

19.6(即微积分形式的金钥匙)的一种图形表示。其中阴影部分所示面

积是 $\int_0^\infty J(x)\,x^{-s-1}\mathrm{d}x\,(s=1.2)$。它的实际数值是 1.434385276163…。这

等于 $\dfrac{1}{1.2}\ln\zeta(1.2)$。

第20章

黎曼算子及其他研究途径

Ⅰ. 蒙哥马利-奥德利兹克定律告诉我们, 黎曼 ζ 函数的非平凡零点看起来像是——即在统计意义上——某个随机埃尔米特矩阵的本征值。由这样的矩阵所表示的算子, 可以被用作量子物理学中某种动态系统的模型。那么, 是否存在这样一个黎曼算子, 这个算子的本征值恰好是 ζ 函数的零点? 如果存在, 它代表什么动态系统? 那个系统可以在物理实验室中产生吗? 而如果可以, 那有助于证明黎曼假设吗?

对这些问题的研究甚至在奥德利兹克 1987 年论文发表之前就进行了。事实上, 在前一年, 贝里发表了一篇题为"黎曼的 ζ 函数: 量子混沌的一个模型?"(Riemann's Zeta Function: A Model for Quantum Chaos?)的论文。贝里运用那时被广泛传播和讨论的成果, 包括奥德利兹克的一些成果, 解决了下列问题: 假定有一个黎曼算子, 它可以作为哪种动态系统的模型? 他的答案是: 一个混沌系统。为了解释这一点, 我必须兜个小圈子, 简短地介绍一下混沌理论。

Ⅱ. 纯粹的数论——关于自然数及其相互关系的各种概念——应该与亚原子物理学有关, 这并不那么令人意外。量子物理学比经典物理学有着更强的算术成分, 因为它基于物质和能量不是无限可分这一观念。能量以 1、2、3 或 4 个量子的形式出现,而不是以 $1\frac{1}{2}$、$2\frac{17}{32}$、$\sqrt{2}$ 或 π 个量子的形式出现。这并不是全部的情况,而且若没有近代分析学那些最强有力的工具,量子力学也不可能产生。例如,薛定谔那著名的波动方程就是用传统微积分的语言写的。然而,算术成分也存在于量子力学中,而在经典力学中却几乎不见它的踪影。

从数学观念来说,经典物理学——牛顿和爱因斯坦的物理学——的基础是典型的分析学。它们依赖数学分析,依赖无限可分的概念、光滑性和连续性的概念、极限和导数的概念,以及实数的概念。牛顿还创造了微积分——"极限"概念的终极运用——请记住它最终主导了分析学中的大部分内容。

以一个经典问题为例。在引力相互作用之下,一个物体处在围绕着另一个物体的椭圆轨道上。在离母体的某个距离(以一个实数 r 来量度)上,那个卫星体具有某个精确的速度(以另一个实数 v 来量度)。v 和 r 两者之间的关系有一个精确的数学表达式;v 实际上是 r 的一个函数,由初步学过天体力学的学生都熟悉的所谓活力方程表示:

$$v = \sqrt{M\left(\frac{2}{r} - \frac{1}{a}\right)} \, ,$$

其中 M 和 a 是某种固定的数,取决于被观测系统的成分和初始条件——关于这两个物体的质量的,等等。

当然,我们其实无法做到给 v 和 r 指派实数时所需的无限精确性。我们也许能把 v 量度到 10 位小数,甚至 20 位;但是要确定一个实数,你需要无穷多位小数,而那是我们无法做到的。因此,就任何实际的轨道来说,在给 r 指派一个实数时会出现某种适度的误差,在计算 v 值时相应地有一种误差。这并不是非常要紧。开普勒定律使我们确信,我们仍然能得到一个标准的椭圆,而活力方程的数学告诉我们,r 的

1%误差通常只对 v 引起 0.5%的误差。局势是可控制和可预测的。正如数学家们所说，它是"可积的"。

然而，那只是一个极其简单的问题。几乎所有实际的物理学问题都比它复杂。比如，考虑在引力相互作用下三个物体的情况——即著名的"三体问题"。我们能用像活力方程那样的封闭形式解来解决它吗？它是可积的吗？到 19 世纪末，答案已经很明显了：不，我们不能；而且它也不是可积的。得到解的唯一方式是靠大量的数值计算，导出近似值。

事实上，1890 年庞加莱发表了一篇关于三体问题的权威性论文，明确了这个问题不仅没有封闭形式的解，而且还有另一种甚至更令人不安的性质：它的解有时候是混沌的。那就是说，如果你对这个问题的初始条件——相当于我那两个物体的例子中的数 M 和 a——做很微小的改变，得出的轨道会大大变化，变得完全认不出来。庞加莱本人评论说，一组条件使得"轨道如此混乱，以致我甚至无法着手画出它们"。

庞加莱的论文通常被看作现代混沌理论诞生的标志。几十年里混沌理论中没有出现太多的东西，主要是因为数学家们没有办法在分析混沌结果所需的规模上处理数字。在计算机普遍运用以后，这个情况发生了变化，混沌理论随着 20 世纪 60 年代麻省理工学院气象学家洛伦茨（Ed Lorenz）的研究工作而获得了新生。[116]混沌理论现在是一个庞大的学科，有许多与物理学、数学和计算机科学交叉的分支。

重要的是要了解，一个混沌系统，就像三体问题的一个解，不一定（而且在一般情况下也不是）由随机运动组成。混沌理论的美在于，混沌系统中嵌有着模式。一般来说，虽然一个混沌系统决不会重复走过的路线，但它确实呈现出某些循环出现的模式；而在这些模式的背后，则是某种有规律但并不稳定的周期轨道。从理论上来说，如果轻轻推一下的分量可以做到无限精确，那么一个混沌系统就能被轻轻推入这些轨道。

Ⅲ. 现代混沌理论刚提出时,物理学家把它完全看作一个经典的东西,与量子理论无关。混沌产生于像三体问题那样的论题,因为确定初始条件所用的数是实数,是度量用的数,无限可分;它们可以被改变1%,或0.1%,或0.001%……。既然初始条件是可以有无穷多的变化,它就会产生无穷多的结果。相比之下,在量子理论中,你可以将那些初始条件变化 1 个、2 个或 3 个单位,但不能变化 $1\frac{1}{2}$ 或 2.749 个单位。在量子理论中,混沌是没有"立足之地"的。在量子力学中,确实有一定程度的不确定性,但控制方程仍然是线性的。小的扰动带来小的影响,正如关于二体运动的经典活力方程。

然而事实上,某种水平的混沌可以在量子尺度的动态系统中观察到。例如,在环绕一个原子核的轨道上,电子的有序的能级结构可以用一个足够强的磁场扰乱成一个没有规则的模式。(实际上,这就是一个以 GUE 算子为模型的动态系统。)那个原子的后续行为是混沌的——初始条件的微小差别会引起巨大的差异。

然而,如果这样的量子混沌系统持续一段时间,量子力学的定律最终会迫使它们变得有序,驱走混沌。被允许的状态数逐渐减小;被禁止的状态数逐渐增大。系统越大越复杂,量子规律将系统变得有序所用的时间就越长,被允许的状态数也就越大……对于日常世界的尺度来说,量子有序需要长到数万亿年才能实现,而被允许的状态数大到足以被看作无穷大。那就是为什么我们把混沌放在经典物理学中。

回溯到 1971 年,物理学家古茨维勒(Martin Gutzwiller)发现了一种方法,允许量子力学方程中的量子因子即普朗克常量趋向于零并取极限,从而把经典尺度上的混沌系统与量子世界中的类似系统联系了起来。一个经典混沌系统背后的周期轨道相当于定义这个"半经典"系统的算子的本征值。

贝里论述道,如果存在一个黎曼算子,那么它可以作为一个这样的半经典混沌系统的模型,它的本征值,即 ζ 函数零点的虚部,就是这个系统的能级。这个类似经典混沌的系统中的周期轨道相当于……素数!(说得精确点,应该是其对数。)他进一步论述道,这个半经典系统将不具有"时间反演对称"的特性——就是说,如果这个系统中所有粒子的所有速度都能在瞬间被同时逆转,这个系统将不会回到它的初始状态。[混沌系统可能是可时间反演的,也可能不是。那些可时间反演的系统不是以 GUE 型的算子作为模型,而是以属于另一个系综,即 GOE,高斯正交系综(Gaussian Orthogonal Ensemble)的另一类算子为模型。]

贝里的工作[有许多是与布里斯托尔的一位同事基廷(Jonathan Keating)合作进行的]既巧妙又深刻。例如,他极其详细地分析了黎曼-西格尔公式,寻求对零点的深入了解,以及它们在不同范围的相互作用。我写到这里的时候,他还没有找出任何对应于黎曼算子的动态系统,但是由于他的工作,如果这样的一个算子存在,在我们看到它的时候立刻就能认出它。

Ⅳ. 另一位研究者,巴黎法兰西学院的数学教授孔涅,采取了另一种研究途径。他不是去寻找 ζ 函数零点可能为其本征值的那类算子,而是实际构造了这样一个算子。

这很了不起。一个算子必须要作用于某个东西。我所说的这类算子是作用于**空间**的。平坦的二维空间可以用来说明这个一般原理,为了直观起见,可以取一张绘图纸,不过你必须想象这张纸在所有方向上都延伸到无穷。假设我把那个空间按逆时针方向旋转 30 度,从而把这个空间上的每个点都传送到另外某个点处(除了我旋转时所围绕的那个点——它原地不动)。这个旋转就是一个**算子**的实例。这个特定算

子的特征多项式是 $x^2-\sqrt{3}x+1$，本征值是 $\frac{1}{2}\sqrt{3}+\frac{1}{2}$i 和 $\frac{1}{2}\sqrt{3}-\frac{1}{2}$i，迹是 $\sqrt{3}$。

如果你觉得有必要，你可以建立一个坐标系来描述这个空间中所有的点，画一条水平的 x 轴和一条竖直的 y 轴在旋转点处相交，并且用通常的方法沿着它们以英寸或厘米标出距离。这时你可能会注意到，我的旋转算子把点 (x,y) 传送到了具有另外坐标的一个新点处——实际上，就是 $\left(\frac{1}{2}\sqrt{3}x-\frac{1}{2}y,\frac{1}{2}x+\frac{1}{2}\sqrt{3}y\right)$。不过，这只是这个算子的性质的一个体现，这个算子是存在的，它把这个空间的点传送到新的点处，而不依赖于任何坐标系。一个旋转就是一个旋转，即使你忘了用一对坐标轴把它表现出来。

当然，数学物理学中采用的算子作用于比这复杂得多的空间。它们的空间不仅仅是二维的，也不只是三维的（例如我们每天生活于其中的这个空间）。它们甚至也不是四维的（例如相对论所要求的那种）。它们是**无穷多维**的抽象数学空间。这样一个空间中的每一个点都是一个函数。一个算子把一个函数变换为另一个函数，用空间和点的语言来说，那就是它把一个点传送到另一个点。

为了对一个函数怎样能等同于空间中的一个点获得一个非常基本的概念，请考虑一个简单的函数类，二次多项式 $p+qx+rx^2$。由所有这种多项式组成的家族可以用一个三维空间来表示，坐标为 (p,q,r) 的那个点代表多项式 $p+qx+rx^2$。四维空间可以作为三次多项式的模型；五维空间可以作为四次多项式的模型……如此等等。好，因为某些函数能写成数列，而一个数列看上去很像一个无限次多项式 $\left(\text{例如，} e^x \text{可以写}\right.$ 作 $1+x+\frac{1}{2}x^2+\frac{1}{6}x^3+\frac{1}{24}x^4+\cdots\left.\right)$，你可以明白一个无穷多维的空间能被用作函数的模型。于是 e^x 就是无限维空间中由坐标 $\left(1,1,\frac{1}{2},\frac{1}{6},\frac{1}{24},\cdots\right)$ 所确定的那个点。

在量子力学中,函数是波函数,它定义了一个系统中的粒子在一个给定的瞬间以某个速度出现在某个位置的概率。换句话说,这个空间中的每一个点都代表系统的一种状态。用于量子力学的算子将这个系统的可观测特征编码——最有名的是哈密顿算子,它将系统的能量编码。哈密顿算子的本征值是这个系统的基本能级。每一个本征值都特定地联系着这个空间中的一个关键的点——函数,叫做本征函数,代表着处于那个能级的系统的状态。这些本征函数是这个系统本质的、基本的状态。这个系统每种可能的状态、每种物理现象,都是这些本征函数的某种线性组合,正如一个三维空间中的每个点都能被写作(x, y, z),即点$(1,0,0)$、$(0,1,0)$和$(0,0,1)$的一个线性组合。

孔涅构造了一个非常奇特的空间,让他的黎曼算子作用于其上。素数以一种源自代数数论中的概念的方式被内置于这个空间。下面是对孔涅工作的一个概述。

Ⅴ. 经典物理学是围绕着实数建立的。实数,例如22.45915771836…,对于它——没有封闭形式——需要无穷多的数字才能给出完全的理论精确度。然而,实际的物理测量是近似的,就像这样: 22.459。这是一个有理数,$\frac{22459}{1000}$。物理实验的整个领域因此可以用有理数,即ℚ的成员写下来。为了从实验领域转到理论领域,我们必须**使ℚ完备**(见第11章Ⅴ)。就是说,我们必须扩充它,使得如果ℚ中的一个无穷数列有极限,则那个极限或者在ℚ本身中,或者在扩充的域中。要做到这一点,正常而自然的方式是采用ℝ,即实数,或ℂ,即复数。

然而,代数数论有其他方法来使ℚ完备。1879年,普鲁士数学家库尔特·亨泽尔(Kurt Hensel)[117]设计了一个全新的对象家族来处理代数域论中的某些问题,就像我在第 17 章 II 中讨论过的 $a+b\sqrt{2}$ 域。这些对象被称为"p 进数"。对于任意的一个素数 p,存在着一个由这些奇异东西组成的域,域中有无穷多的成员。用我在第 17 章 II 中讨论过的说法,这个域的建筑模块是大小为 p, p^2, p^3, p^4 等等的时钟环。用我在那里引入的符号,它们是 $\mathrm{Clock}_p, \mathrm{Clock}_{p^2}, \mathrm{Clock}_{p^3}, \cdots$。例如,7 进数的域是用环 $\mathrm{Clock}_7, \mathrm{Clock}_{49}, \mathrm{Clock}_{343}, \mathrm{Clock}_{2401}, \cdots$建立起来的。想起一个有限域怎样能用来建立一个无限域了吗?好,我在这里用无数个有限环建立了一个新的无限域!

p 进数的域用符号"$\mathbb{Q}_p$"表示。这样就有域 $\mathbb{Q}_2, \mathbb{Q}_3, \mathbb{Q}_5, \mathbb{Q}_7, \mathbb{Q}_{11}$,等等。每一个都是一个完备的域:$\mathbb{Q}_2$ 是 2 进数的域,$\mathbb{Q}_3$ 是 3 进数的域,如此等等。

正如这个符号使人想到的,p 进数与普通的有理数有某种程度的相似。然而,$\mathbb{Q}_p$ 比 $\mathbb{Q}$ 更为丰富和复杂,而在某些方面则更像 $\mathbb{R}$,即实数域。特别是,$\mathbb{Q}_p$ 像 $\mathbb{R}$ 一样,能用来使 $\mathbb{Q}$ 完备。

看到这里,你可能感到疑惑,"所有这一切都很好很合适;但是你说对任意的一个素数 p,存在一个由这些陌生的新对象(即这种 p 进数)组成的域 $\mathbb{Q}_p$,而任何一个 $\mathbb{Q}_p$ 都能用来使 $\mathbb{Q}$ 完备。那么……哪一个是最好的,$\mathbb{Q}_2$? $\mathbb{Q}_3$? $\mathbb{Q}_{11}$? $\mathbb{Q}_{45827}$? 孔涅教授会用哪个素数来使出这个绝招,架设一座从素数通向动态系统物理学的桥梁?"

答案是,它们都是! 你看,有一个代数概念叫做**阿代尔**(adéle),它把关于所有素数 2,3,5,7,11,$\cdots$ 的所有 $\mathbb{Q}_p$ 全部囊括在内。事实上,它也包含了实数! 阿代尔是用 $\mathbb{Q}_2, \mathbb{Q}_3, \mathbb{Q}_5, \mathbb{Q}_7, \cdots$,以及 $\mathbb{R}$ 建立起来的,与 p 进数用 $\mathrm{Clock}_p, \mathrm{Clock}_{p^2}, \mathrm{Clock}_{p^3}, \cdots$建立起来的方式大致一样。可以说,阿代尔就是对 p 进数的更高一层的抽象,而 p 进数本身就是对普通有理数的高一层的抽象。

如果这一切使你晕头转向,那么只要记住下面这句话就行了:我们有一类超数，它们同时是 2 进数，3 进数，5 进数，……还有实数。**这些超数的每一个都被嵌入了所有素数。**

阿代尔无疑是一个非常深奥的概念。然而，没有什么东西能深奥得最终找不到通向物理的方式。在 20 世纪 90 年代，数学物理学家们着手构建阿代尔量子力学，在这种量子力学中，出现在实验中的实际的有理数度量被拿来表现这些从不见天日的从数学深渊中弄上来的异乎寻常的东西。

这就是孔涅为让他的黎曼算子起作用而构建的那种空间，一个阿代尔空间。作为阿代尔，可以说，它让素数内置于其中。作用于这个空间的算子必然是基于素数的。我希望现在你能明白，怎样才能建立一个黎曼算子，其本征值恰恰是 ζ 函数的非平凡零点，而其空间——它所作用的空间——以我曾试图描述的那种方式让素数内置于其中，同时又与实际的物理系统、实际的亚原子粒子集合体有关。

黎曼假设（RH）于是被简化为证明某个迹公式——就是像古茨维勒公式那样的，它把作用于孔涅的阿代尔空间的一个算子的本征值与某个类似经典的系统中的周期轨道联系了起来。素数已经内置于这个公式的一边，这应当使一切都变得容易。从某种意义上说，它做到了，而且孔涅的构建是卓越的，极其漂亮的，因为那些能级恰好正是临界线上的 ζ 函数零点。不幸的是，关于为什么不可能存在**脱离**临界线的零点，迄今为止尚无任何线索！

人们对孔涅工作价值的看法差距很大。由于我对自己是否已理解它完全没有把握，我请教了在这个领域内进行研究的一些真正的数学家。我将在这里小心地处理。就我所知，孔涅也许会在这本书面世的那一天宣布对 RH 的一个证明，而且我也不想让某些人出丑。下面是引自专家的两段话。

数学家 X："极其重要的工作！孔涅不仅将证明 RH，他还将给我们一个统一场论!"

数学家 Y："孔涅所做的基本上是选取了一个棘手的问题,然后用另一个同样棘手的问题来代替它。"

我不认为自己有资格来告诉你哪一种看法是正确的。不过,考虑到 X 和 Y 的地位和能力,我觉得完全可以肯定他们中的一位……。[118]

Ⅵ. 当然,通过其他途径对 RH 的研究仍然很活跃。我在第 17 章中提到的通过有限域的代数途径非常有活力。而且,正如我们在上面第 Ⅴ 节中粗略了解的,那种途径与物理学的解决思路有着有趣的关联。解析数论也是一个繁忙的领域,可能得出强有力的结果。

当然还有一些间接的研究途径。例如,我的定理 15.2,即关于累加默比乌斯 μ 函数而得到 M 函数。正如我所说的,那恰恰等价于黎曼假设。明尼苏达大学的解析数论专家海哈尔(Dennis Hejhal)实际上把这一点用作将 RH 介绍给非数学专业听众的一种方式,以避免不得不引入复数。他下面所说的(我在解释他的研究途径,而并非逐字逐句地引用),就是 RH。

从 2 开始写下所有自然数。在每个数的下面写出它的素因子。然后,忽略任何有平方因子(或任何更高次幂,其必然会包括平方)的数,并进行如下标记:将任何有偶数个素因子的数标为"正面(H)",将有奇数个素因子的标为"反面(T)"。这就得出了一串无穷多的正面和反面——正像一个掷硬币试验。

2	3	4	5	6	7	8	9	10	11	12	...
2	3	2^2	5	2×3	7	2^3	3^2	2×5	11	$2^2\times3$	...
T	T		T	H	T			H	T		...

由古典概率论,我们非常熟悉,对一个掷 N 次硬币的长期过程可以

预期什么。平均来说,我们将得到 $\frac{1}{2}N$ 次正面和 $\frac{1}{2}N$ 次反面。不过,我们当然很少会**正好**得到这个结果。假定我们从标为反面的数中减去标为正面的数。(或者反之,这取决于哪一个数更大。)我们可以预期这个超出量是多少?平均来说,它是 $\sqrt{N}$,也就是 $N^{\frac{1}{2}}$。这从 300 年前雅各布·伯努利的时代起就为人所知了。如果你将一枚均匀的硬币掷一百万次,平均来说你得到的正面(或反面)会超过反面(或正面)1000 次。你可能超得多一些,也可能超得少一些,但平均来说,随着你继续掷这枚硬币——当 N 趋向无穷大时——超出量的大小以某个特定速率增长;对任意数 ε,无论它多么小,这个速率都低于 $N^{\frac{1}{2}+\varepsilon}$。恰如我的定理 15.2!

事实上,我这个等价于 RH 的定理 15.2 说,M 函数的增长恰如一场掷硬币操作中的超出量。用另一种方式来说,一个无平方因子数要么被标为正面,要么被标为反面——要么有偶数个素因子,要么有奇数个素因子——这两种情况的概率都是 50 对 50。这看上去不是特别离谱,事实上也许成立。如果你能证明它**确实**成立,那么你就证明了 RH。[119]

Ⅶ. 一项不那么直接的概率论式研究,涉及所谓的"克拉默尔模型"。克拉默尔(Harald Cramér)是瑞典人,尽管他的名字中有个表示音质的符号。他还是保险公司的雇员——瑞典人寿保险公司(Svenska Livförsäkringsbolaget)的精算师,而且是一位受欢迎的、善于鼓动的数学和统计学讲师。[120] 1934 年,他发表了一篇题为"论素数和概率"(On Prime Numbers and Probability)的论文,在其中,他提出了关于素数是尽可能地随机分布的思想。

我在第 3 章Ⅸ中说过的素数定理(PNT)的一个推论是,在某个大数 N 的附近,素数的比例是 $\sim 1/\ln N$。例如,一万亿的对数是 27.6310211…,因此在一万亿的附近,大约 28 个数中有一个是素数。

克拉默尔模型说,除了对其平均出现率的这一约束之外,素数的分布完全是随机的。

这里有一个办法来了解这意味着什么。[121]想象一长列上面标有自然数的陶罐。数字从 2,3,4,5,6,7,8,9,10,11,…,直到无穷大(或某个非常大的数)。在每个罐里放进若干木球。N 号罐中球的数量是 $\ln N$(或最接近的整数)。于是,开头那些罐中球的数量是 1,1,1,2,2,2,2,2,2,2,2,3,3,…。此外,在每个罐中必须恰好有一个黑球,罐中其余的球都是白球。于是,2,3 和 4 号罐中仅有一个黑球;5 至 12 号罐中有一个黑球和一个白球;13 至 33 号罐中有一个黑球和两个白球,如此等等。

现在取一块写字夹板和一张大(最好是无限大的)纸,然后沿着这列陶罐往前走。从每个罐中随机取出一个球。如果取出的是黑球,就写下这个罐的号码。当你完成以后,你就有了一个以"2,3,4,…"开头的一长列整数。5 出现在你这一列数中的机会是 50—50,因为 5 号罐中有一个白球和一个黑球。1 000 000 000 000 出现在你这一列数中的机会是 $\frac{1}{28}$。

好,关于这列数我们可以说些什么? 当然,它不是一列素数。例如,其中有许多偶数;而只有一个素数是偶数,就是 2。唔,如果克拉默尔模型成立,这个数列**在统计上**同素数很难区分。素数所具有的任何一般的统计性质——例如,在特定长度的区间中你预期能找到多少个素数,或者说素数群聚(希尔伯特在他第八个问题的开头称之为"凝聚")的程度如何——这个随机的数列也都将具有。

作为类比,请考虑 π 的十进制数字。就像每个人都知道的,它们完全是随机的。[122]它们决不重复自己。数字,数字对,三元数组,四元数组,它们出现的频率你只能从纯随机的角度来预期。还没有人能从现在可以查到的 π 的数十亿位数字中发现任何模式。π 的十进制数字是数字的一个随机序列……除了它们是用来表示 π 的！克拉默尔模型下的素数也是如此。它们很难与出现频率为 $1/\ln N$ 的任何其他数列区别开来，在这个意义上，它们完全是随机的……当然，除了它们是素数！

1985 年，梅尔（Helmut Maier）证明，在我上面概述的简化形式中，克拉默尔模型不是素数的一个完全图景。然而，这个模型的一个修正版本确实为素数分布提供了准确的预报，并以精妙而间接的方式与 RH 挂上了钩。对这个论题的进一步研究将带来对 RH 的深入了解是一种并不过分的期望。[123]

VIII. 最后，我忍不住要提一下所有研究中最间接的一种研究途径，即通过非演绎逻辑的研究途径。严格说来，这不是一个数学论题。在数学上，一个结论需要严密的逻辑证明才能被接受。然而，大部分世界与此不同。在我们的日常生活中，我们主要依据可能性来行事。在法庭上，在医疗会诊中，在制订保险政策时，我们考虑的正是各种可能性的权衡，而不是确凿无疑的事实。当然，有时候我们会运用实际的数学概率论来量化争议中的问题——那就是为什么保险公司要雇用精算师。而更多的情况下，我们并不这样做，也做不到——想一想法庭吧。

数学家们常常把关注的目光投射在生活的这个侧面。波利亚实际上写了关于此的一部两卷本的书，[124] 在书中，他提出了一个相当惊人的说法，非演绎逻辑在数学中比在自然科学中更受重视。这个思路最近被澳大利亚数学家富兰克林（James Franklin）采纳。他 1987 年在《英国科学哲学杂志》（*The British Journal for the Philosophy of Science*）上发表了论文"数学中的非演绎逻辑"（Non-deductive Logic in Mathematics），其中有一节的标题是"有关黎曼假设和其他猜想的证据"。

富兰克林研究 RH 的方式就仿佛它是法庭上的案件。他提出了 RH 成立的证据：

■ 哈代 1914 年的结果，即所有的无穷多个零点都在临界线上。

■ RH 蕴涵 PNT，已知后者成立。

■ "当茹瓦(Denjoy)的概率解释"——就是本章中给出的掷硬币论证。

■ 1914 年兰道和哈拉尔·玻尔的另一个定理说，大部分零点——除了极微小的比例外——非常接近临界线。请注意，因为零点的数目是无穷的，一万亿可以算作极微小的比例。

■ 我在第 17 章 Ⅲ 中提到的阿廷、韦伊和德利涅的代数结果。

然后是起诉方的理由陈述：

■ 黎曼本人没有提供充分的理由来支持他在 1859 年的论文中关于 RH"很有可能成立"的陈述，而可能导致他这种陈述的半合理的理由后来已经被推翻。

■ ζ 函数在临界线的高处表现出某种非常奇特的行为，如 20 世纪 70 年代由计算机生成的结果所揭示的。（富兰克林似乎不知道奥德利兹克的工作。）

■ 李特尔伍德 1914 年关于误差项 $Li(x) - \pi(x)$ 的结果。富兰克林说："李特尔伍德的发现与黎曼假设的关联还很不清楚。但是它确实提供了**某种**理由，让人怀疑可能存在着黎曼假设的一个数值很大的反例，尽管没有小数值的反例。"我所能说的是，富兰克林在这里的论证用的是类推的方法。"对某些极其大的数，误差项出现异常。它与 ζ 函数的零点有关。"（参见我的第 21 章。）"因此或许对很大的 T，ζ 函数会出现异常，存在脱离临界线的零点。"

当然，所有这些完全是看情况而定的。然而，这不应被看成仅仅是亚哲学的文字游戏而草草打发。关于证据的规则可以给出非常令人信服的结果，但有时候却与经严格证明的数学事实相反。例如，考虑这个完全非数学的事实，即一个假设可能被一个支持它的实例严重削弱。

假设：没有人会高于 9 英尺。实例：有一个人高 8 英尺 11 $\frac{3}{4}$ 英寸*。

发现有这样一个人,这支持了这个假设……但同时对这个假设投下了一个长长的怀疑的阴影![125]

---

* 1 英尺是 12 英寸,约合 30.48 厘米。——译者

第 21 章

误 差 项

Ⅰ. 第 19 章中, 在定义了用素数计数函数 π 表示的那个阶梯函数 J 之后, 我运用默比乌斯反演得到了用 J 函数表示 π 函数的表达式。然后, 我拧动金钥匙, 通过黎曼所采取的步骤, 用 J 函数表示了 ζ 函数。(我提到过的)另一个反演现在将给出用 ζ 函数表示 J 函数的表达式。总而言之就是:

- 素数计数函数 π 可以用另一个阶梯函数 J 来表示。

- J 函数可以用黎曼 ζ 函数来表示。

随之而来的是素数计数函数 π 的所有特性以某种方式被编制在 ζ 函数的特性中。对 ζ 函数进行充分仔细的研究将揭示我们想知道的关于 π 函数的一切——那就是, 关于素数的分布。

这项工作怎样实际进行? 怎样"被编制"? 那些非平凡零点在这项工作的哪里出现? 还有那个充当中间人的函数 J 在用 ζ 函数表示时样子是怎样的(这是我在第 19 章末尾留着悬念的一件事)?

Ⅱ. 我把这件事留作悬念有一个非常充分的理由, 现在这个理由将变得清楚了。式 21.1 显示了那最后一个反演的结果, 即用 ζ 函数表示的 $J(x)$ 的最终精确表达式。

$$J(x) = Li(x) - \sum_{\rho} Li(x^{\rho}) - \ln 2 + \int_{x}^{\infty} \frac{\mathrm{d}t}{t(t^2-1)\ln t}\text{。}$$

式 21.1

现在你看到了它。如果你不是一个数学家,那东西对你来说就像一头丑陋的野兽。(顺便问一句,其中的 ζ 函数在哪里?)不过,我将把它一段一段分开,并向你说明其中是什么情况。首先,我只是想让你知道,这个等式是黎曼 1859 年论文的主要结果。如果你能在某种程度上理解它,你就能基本了解黎曼在这个领域的工作,并对其所有的后继结果有一个清晰的印象。

要注意的第一件事是,式 21.1 的右边有四个部分,或者说四个项。第一项,$Li(x)$,一般被称为"主项"。第二项,$\sum Li(x^{\rho})$,被黎曼归为复数形式的"周期项"(periodic terms,德文为 periodischer Glieder),其理由很快就会清楚;我将以单数形式的"第二项"(secondary term)来提到它。第三项不用费脑筋。它只是一个数,$\ln 2$,是 $0.69314718055994\cdots$。

第四项虽然会吓着非数学家,实际上却很容易处理。它是一个积分,也就是某个函数由自变量 x 一直到无穷大的曲线下方的面积。当然,这个函数就是 $1/(t(t^2-1)\ln t)$。如果你画出这个函数的图像(见图 21.1),你就会发现它很容易掌握。要记住,我们对小于 2 的自变量 x 没有兴趣,因为当 x 小于 2 的时候 $J(x)$ 是零。所以我以阴影标明的区域(对应于 $x = 2$),其面积与这个积分——这个第四项——将要算出的一样。这个面积的实际数值,即对于我们会感兴趣的任何 x 来说第四项的极大值,事实上是 $0.1400101011432869\cdots$。

因此,第三和第四项合在一起(注意正负号)是在从 $-0.6931\cdots$ 到 $-0.5531\cdots$ 的范围之内。因为我们正在研究的是 $\pi(x)$,而它只是在数百万和数万亿上才真正令人感兴趣,所以这个范围完全是微不足道的。因此,关于最后那两项我将不再说什么,而把注意力集中于前两项。

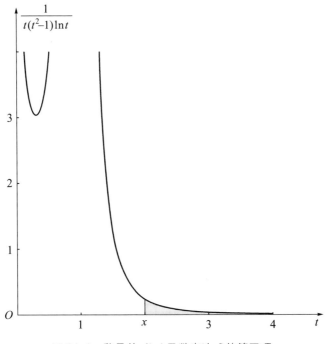

图 21.1　黎曼的 $J(x)$ 函数表达式的第四项

　　主项也没有太多的问题。我已经在第 7 章Ⅷ中把函数 $Li(x)$ 定义为 $1/\ln t$ 的曲线下方从 0 到 x 之间的面积,我还以 $\pi(N) \sim Li(N)$ 的形式给出了素数定理(PNT)。在这个主项中,x 是一个实数。因此,$Li(x)$ 的值可以在数学用表中查到,或者用任何合适的像 *Maple* 或 *Mathematica* 那样的数学软件包算出来。[126]

　　在这样处理了式 21.1 的第一、第三和第四项之后,我将集中关注第二项,$\sum Li(x^\rho)$。这是这件事的核心;这是真正要干的活儿。首先我将概括地解释它是什么意思,以及它怎么会出现在式 21.1 中。然后我将剖析它,并说明为什么它是了解素数分布的关键。

　　Ⅲ. $\sum$ 的意思是要求把许多东西加在一起。要被加在一起的东西由这个符号底下的小小的"ρ"指明。这不是英文字母"p",它读作

"rho"，是希腊字母表的第 17 个字母，在这个用法中代表"根"。为了计算这个第二项，你必须对所有这些根累加 $Li(x^\rho)$，ρ 一个接一个地取这些根的值。这些根是什么？呃，它们是黎曼 ζ 函数的非平凡零点！

这些零点怎么会出现在 $J(x)$ 的表达式中？我可以解释这一点，但仅仅讲个大概。回顾我们在第 19 章中通过拧动金钥匙得出的式子，

$$\frac{1}{s}\ln\zeta(s) = \int_0^\infty J(x)x^{-s-1}\mathrm{d}x。$$

我说过，数学家们有一种方法来逆转这个式子，把它掉个个儿，用 ζ 函数来表示 $J(x)$。实际的逆转过程相当冗长而复杂（兼具这个词的两种意思！*），而且大部分步骤涉及的数学知识超出了我在这里介绍的水平。这就是为什么我直接跳到最后结果，即我的式 21.1 的原因。不过，我想我可以解释这个过程中的一部分。恰巧这个逆转过程中有一步就是用 ζ 函数的零点来表示 ζ 函数。

如果你学过高中代数，那么将函数用其零点来表达就并不完全是一个新奇的想法。例如，考虑相当熟悉的二次方程。我将使用我在第 17 章Ⅳ中用过的那个例子，$z^2-11z+28=0$（但是用 z 代替了 x，因为我们这是在复数的领域里）。这个方程的左边当然是一个函数，一个多项式函数。如果你将自变量 z 代以任何数并做一些算术，就会得出某个函数值。例如，你代以 10，函数值就是 $100-110+28$，即 18。如果你代以 i，函数值就是 $27-11i$。

方程 $z^2-11z+28=0$ 的解是什么？正如我在第 17 章中说过的，解是 4 和 7。如果你把其中任何一个数代入左边的函数，这个等式都成立，左边等于零。对此的另一种说法是，4 和 7 是函数 $z^2-11z+28$ 的零点。

既然我知道了零点，我就可以将这个函数因式分解。它可被分解

---

* 这里指 complex 一词，兼有"复杂的"、"复数的"两种意思。——译者

为$(z-4)(z-7)$；根据正负号规则，也可以是与此相等的式子$(4-z)(7-z)$。另一种写法是$28(1-z/4)(1-z/7)$。于是，请看！这里的任何一种方式，都是用其零点来表达函数$z^2-11z+28$。当然，这不仅对二次函数有效。五次多项式$z^5-27z^4+255z^3-1045z^2+1824z-1008$也能用其零点（它们是1，3，4，7和12）来重新写出。这就是：$-1008(1-z/1)(1-z/3)(1-z/4)(1-z/7)(1-z/12)$。任何多项式函数都能用其零点来重新写出。

从复变函数论的观点来看，多项式函数有一个非常有趣的性质。多项式的定义域是**所有**复数。多项式决不会"等于无穷大"。没有一个自变量z，其函数值就是不能被算出。对任何给定的自变量，计算一个多项式函数的值，要做的事只是计算这个自变量的自然数幂，用系数乘它，再把结果加在一起。你对任何数都可以这样做。

定义域是所有复数且属于良态（对此有一个精确的数学定义！）的函数被称为**整函数**。所有的多项式都是整函数，指数函数也是。然而，我在第17章Ⅱ中展示的那些有理函数却不是整函数，因为它们的分母可能为零。$\ln$函数也不是一个整函数，当自变量为零时它没有值。同样，当自变量为1时黎曼ζ函数没有值，所以也不是一个整函数。

一个整函数也许根本没有零点（如指数函数：$e^z=0$**永远不会**成立），也许有许多零点（如多项式函数：4和7都是$z^2-11z+28$的零点），也许有无穷多个零点（如正弦函数，它在π的每个整数倍数处都是零点）。[127]现在既然多项式可以用其零点来重新写出，那么所有具有零点的整函数都能用这个方式重新写出吗？假定我有某个整函数，把它叫做F，它可以用一个无穷和来定义：$F(z)=a+bz+cz^2+dz^3+\cdots$。再假定我恰巧知道这个函数有无穷多个零点，把它们叫做$\rho,\sigma,\tau,\cdots$。我是否可以把这个函数用其零点重新写成一个无穷乘积：$F(x)=a(1-z/\rho)(1-z/\sigma)(1-z/\tau)\cdots$？就仿佛那个无穷和是一种超级多项式？

答案：在某些特定条件下是的，你可以这样做。当你可以这样做的时候，它常常是一件非常方便的事。例如，欧拉就是对正弦函数应用这个推理过程，从而解决了巴塞尔问题的。

这对我们研究 ζ 函数（很遗憾，它不是一个整函数）有什么帮助呢？好，作为那个复杂的逆转过程的一部分，黎曼把 ζ 函数变换成一个稍有不同的东西——一个整函数，其零点恰恰是 ζ 函数的非平凡零点。至此，我们可以用那些零点来写出这个稍有不同的函数。（在这个变换的过程中，那些平凡零点很容易地消失了。）

在经过了一些进一步的处理之后，我们就这样最终得到了 $\sum_{\rho} Li(x^{\rho})$，这个求和取遍 ζ 函数所有的非平凡零点。

好，为了说明式 21.1 中这个第二项的重要性，以及由它引发的问题，我将开始剖析它。我将从里到外进行分析，首先察看 x^{ρ}，然后是 Li 函数，再后是取遍所有可能零点 ρ 的求和这件事。

Ⅳ. 我面临 x 这个数，它是一个实数。（这个操作的最终目的是得出一个关于 $\pi(x)$ 的公式，而 $\pi(x)$ 只与实数有关——说真的，只与自然数有关；只是我们把"N"换成了"x"，以便能运用分析学的工具。）我对这个实数 x 取 ρ 次幂，ρ 是一个复数——如果黎曼假设（RH）成立的话，它具有 $\frac{1}{2}+ti$ 的形式，其中 t 是某个实数。对此需要做一些注解。

如果你对一个实数 x 取一个复数 $a+bi$ 次幂，这里的复数运算规则说明如下。答数的**模**——它距原点的直线距离——是 x^{a}。它完全不受 b 的影响。答数的**辐角**——它旋转了多少度，即它在复平面上的哪个部分被找到——取决于 x 和 b。它不受 a 的影响。

如果你对一个实数 x 取 $\frac{1}{2}+ti$ 次幂，其答数的模因此是 x 的 $\frac{1}{2}$ 次幂，

也就是$\sqrt{x}$。然而,辐角可能是任何数值——即这个答数可能出现在复平面上的任何地方,只要它距原点的距离是$\sqrt{x}$。换句话说,对于一个给定的数x,如果你对一大群不同的ζ函数零点ρ计算x^ρ的值,你得到的答数会在复平面上沿着一个半径为$\sqrt{x}$的圆周散布,圆周的圆心在原点。(如果 RH 成立!)

图 21. 2 中标出的点是对 20 取ζ函数的第一个,第二个,第三个,……,第二十个零点次幂所得的结果[*]。你可以看到这些结果在复平面上沿着一个半径为$\sqrt{20}$(即 4. 47213…)的圆周散布,没有特别的秩序。这是因为函数20^z把临界线送到了一个半径为$\sqrt{20}$的圆周上,将临界线(以及沿着它点缀着的所有ζ函数零点)一圈一圈地无数次沿

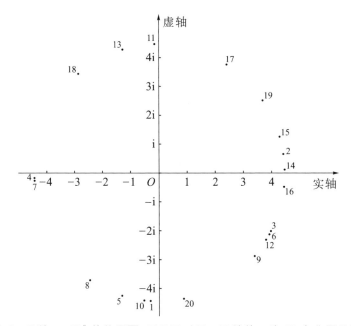

图 21.2 函数 w = 20^z 的值平面,显示了对于ζ函数的开头 20 个非平凡零点的 w 值

---

[*] 即把每个零点分别作为指数。——译者

着那个圆周环绕。用数学的语言来说,值平面上的那个圆周是 $20^{临界线}$。如果你想象我们的小伙伴自变量蚂蚁在自变量平面上沿临界线漫步北上,它随身带的函数小仪器设置在函数 20^z 上,而它的孪生兄弟函数值蚂蚁在值平面上探寻着相应的值,正在一圈一圈又一圈地绕着那个圆周漫步。它沿逆时针方向行进,当自变量蚂蚁到达第一个 ζ 函数零点的时候,函数值蚂蚁正走到他第七圈的差不多四分之三处。

Ⅴ. 现在,我将一个接一个地找出所有这些点的 Li 函数——它们总共有无穷多个。遗憾的是,它们是复数。我仅仅对实数定义了 Li 函数,定义其为一条曲线下方的面积。是否也有一种方式可对复数定义 Li 函数?怎样对复数进行积分?是的,有一种方式来定义它;是的,也有一种方式来建立关于复数的积分。事实上,积分是复分析的一个关键特征,是这个课题中许多最漂亮和最有威力的定理的主题。我不准备详细解释,而只想说:是的,确实可以对复数 z 定义 $Li(z)$。[128]

图 21.3 显示了图 21.2 中开头的 10 个点被 Li 函数送到了哪里。换句话说,它显示了临界线(精确地说,是从 $\frac{1}{2}+14i$ 到 $\frac{1}{2}+50i$ 的那一段)被函数 $Li(20^z)$ 送到了哪里。正如你所看到的,当自变量沿临界线而上时,这个函数把临界线映射为一条沿着逆时针方向旋转并不断逼近 πi 这个数的螺线。函数 20^z 将临界线一圈一圈地卷起来,让它无数次地沿着半径为 $\sqrt{20}$ 的圆周环绕,而 Li 函数再把它展开,形成这条优美的螺线,而零点仍然沿着它散布。

Ⅵ. 现在我将着手处理 Σ 符号——它的作用是将那些对应于所有可能的 ζ 函数非平凡零点的点(其中每一个都是一个复数)加起来。为了这样做,让我首先提出到现在为止我几乎忽视了的一点。对于临界线北半部上的任何非平凡零点,在南半部上都有其对应者。就是说,如果 $\frac{1}{2}+14.134725i$ 是 ζ 函数的一个零点,那么 $\frac{1}{2}-14.134725i$ 一定也是。

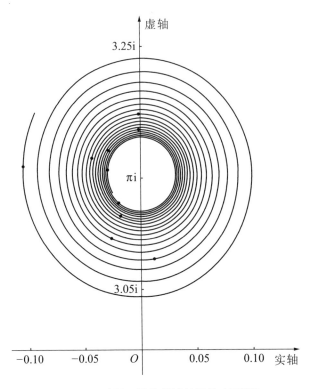

图21.3　对于一段临界线的函数 $Li(20^z)$

用正规的数学语言来说,如果 z 是一个零点,那么它的复共轭 $\bar{z}$ 也是一个零点。(记住 $\bar{z}$ 读作"z bar"。看到这里也许你需要回过头去查看一下图11.2,以便回想起复数的基础知识。)

　　在这个求和的过程中,临界带的南半部起着关键的作用。图21.2 和图21.3 只涉及临界线北半部的开头一些零点。作为更完整的包含了临界线南半部的图像,图21.4 在最左边显示了一个复平面,所标示的临界带是从 $\frac{1}{2}-15i$ 到 $\frac{1}{2}+15i$。这足以展示位于 $\frac{1}{2}+14.134725i$ 的第一个零点,以及它那位于 $\frac{1}{2}-14.134725i$ 的复共轭。我把它们标记为"ρ"和"$\bar{\rho}$"。

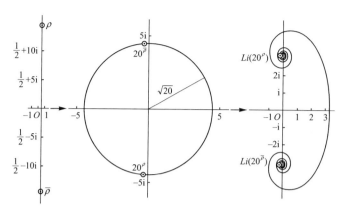

图 21.4　显示第一对非平凡零点的临界线,先绘制出函数 20^z 的图像,然后是函数 $Li(20^z)$ 的图像

　　将这最左边的图看作函数 20^z 的自变量平面,则中间的那个图显示了函数值平面的"来源"图,一个半径为 $\sqrt{20}$ 的圆,以及在图 21.2 中曾标出的 20^ρ,现在还有 $20^{\bar\rho}$。注意,这两个值也是复共轭的,正如其自变量。并不是所有的函数都是这样,但幸运的是 20^z 是这样。如果我们将 Li 函数作用上去,并把中间的这个图当作 Li 的自变量平面,我们看到,由于 20^z 的作用而沿着那个圆周无数次环绕的临界线,现在展成了右边那条可爱的双螺线。(图 21.3 是这条螺线上部的一个特写。)再一次,当自变量是复共轭时,函数值亦如此。

　　在我实际求出总和 $\sum\limits_{\rho} Li(x^\rho)$ 之前,还有一件事需要注意。那条螺线——图 21.3 最完美地显示了它——并不是很快地逼近它的目标。实际上,它的逼近率是调和的。就是说,如果你想象自变量蚂蚁沿临界线北上,它随身带的函数小仪器设置在 $Li(20^z)$ 上,则函数值蚂蚁沿着值平面上的这条螺线在横方向上越来越接近 πi 的速率与自变量蚂蚁走到的高度成反比。如果自变量蚂蚁走到的高度是 T,函数值蚂蚁到 πi 的距离与 $1/T$(大致)成正比。

记住这个后,现在我着手处理这个总和 $\sum\limits_{\rho} Li(20^{\rho})$。我正要加起来的是,对应于图21.3中螺线上所有那些点的复数与对应于这条螺线南半部所有复共轭点的复数。因为对于螺线北半部的每一个点,在螺线南半部都有一个镜像点,所以虚部全都抵消了。每一个 $a+bi$ 都有一个对应的 $a-bi$,所以当我把它们相加的时候,我恰好得到 $2a$。这也正是因为 $J(x)$ 是一个实数。如果在式21.1的右边有虚数出现它就不会是实数!事实上,这确实是一个好消息,因为这意味着我必须要相加的仅仅是图21.3中的点的实部(即东西方向上的值)。南半部的贡献只不过是把答案加倍,$(a+bi)+(a-bi)=2a$。

其余的消息就没有这么好了。正如我所注意到的,沿着图21.3中那条螺线散布的点,正以一个调和的速率逼近 πi——因此它们的实部正以一个调和的速率逼近零。所以,把所有这些点的实部相加,就会出现一个危险,那就是我正在相加的东西很像一个调和级数,而回顾第1章可知,那个东西是发散的。我怎样才能知道,这个总和 $\sum\limits_{\rho} Li(20^{\rho})$ 是收敛的呢?

这些点都会有一个或正或负的实部,这一点很有帮助。事实上,在这里可作类比的总和不是调和级数的总和,而是我在第9章Ⅶ中简单介绍过的它的堂兄弟:

$$1-\frac{1}{2}+\frac{1}{3}-\frac{1}{4}+\frac{1}{5}-\frac{1}{6}+\frac{1}{7}-\frac{1}{8}+\cdots。$$

其中的项调和地趋向于零:$1,\frac{1}{2},\frac{1}{3},\frac{1}{4},\frac{1}{5},\cdots$。但是交替出现的正负号意味着每个项都在某种程度上抵消着前面的项,从而有可能收敛。不过,用我在第9章Ⅶ中引入的术语,这个收敛仅仅是条件收敛。它依赖于**以恰当的次序**相加这些项。

$\sum\limits_{\rho} Li(x^{\rho})$ 正是如此。如果我们要确保这个总和收敛到适当的数，我们在做加法时就要对相加次序格外小心。那么正确的次序是什么呢？那正是你会想到的次序。沿着临界线北上，一个接一个地取零点，将每个零点和它在下面南半部的复共轭零点配对。

Ⅶ. 于是为了求 $\sum\limits_{\rho} Li(x^{\rho})$ 的值，我们首先将每个 ζ 函数零点和它在自变量平面南半部的镜像（即复共轭）配对。然后这些零点对必须按正虚部的升序来选取。因此我们取零点的次序如下：

$$\frac{1}{2}+14.\,134725i \ 和 \frac{1}{2}-14.\,134725i；接着是$$

$$\frac{1}{2}+21.\,022040i \ 和 \frac{1}{2}-21.\,022040i；接着是$$

$$\frac{1}{2}+25.\,010858i \ 和 \frac{1}{2}-25.\,010858i；接着是……。$$

为了了解这个过程实际上是怎样完成的，也为了对为什么黎曼把这个第二项叫做"周期项"有一个深刻的理解，让我对一个实际的 x 值进行这个计算过程。我将和前面一样取 $x = 20$，所以我要做的就是计算 $J(20)$——你可以很容易地用 J 的原始定义验证，它实际上是 $9\frac{7}{12}$，也就是 $9.5833333\cdots$。现在开始。

首先，我必须对 20 取 $\frac{1}{2}+14.\,134725i$ 次幂。结果是 $-0.302303-4.46191i$，它就是图 21.2 中标为"1"的那个点。对它取对数积分——Li 函数——得到答案 $-0.105384+3.14749i$，它就是图 21.3 中最西面的那个点。现在轮到这对零点中的共轭数。对 20 取 $\frac{1}{2}-14.\,134725i$ 次幂。结果是 $-0.302303+4.46191i$。它显示在图 21.4 中间那个图上。它是图 21.2 中的点"1"关于实轴的镜像。取对数积分得到答案

-0.105384-3.14749i,它就是图21.4右边那个图的下面南半部中的那个点。把两个答案相加得-0.210768。当然,虚部已经抵消了。对于第一对配对的零点就这些。

照此操作第二对零点,$\frac{1}{2}$+21.022040i 和 $\frac{1}{2}$-21.022040i。这一次的最后答案是0.0215632。对于第三对零点,答案是-0.0535991。三对之后,还有无穷多对!

在经过50次这样的计算之后,你会得到如下的答案(一列一列往下读):

-0.210768	0.0563226	-0.0332852	0.00801349	0.0240114
0.0215632	-0.0274298	-0.00692417	0.0279464	-0.0223427
-0.0535991	0.0481966	0.0205354	0.0159041	-0.0225924
-0.00432174	0.00127986	-0.0312052	-0.0102871	-0.000132221
-0.0868451	0.0128283	0.0280167	0.0224912	-0.0180932
-0.037716	-0.00472225	0.0188243	-0.00106082	0.0221559
-0.0046281	0.0361164	0.0228139	0.0130158	-0.017333
-0.0577894	0.0317626	-0.0301646	-0.0191586	-0.0150514
-0.0400277	0.0222196	0.0208943	-0.018169	0.0206192
-0.0595976	-0.037927	0.0275883	-0.0165671	0.0207551

第一个答案有点反常,因为这个图21.3中最西边的点到竖直轴的距离比任何其他的点远两倍以上。不过,在那以后,随着对应于临界线北半部的值向着 πi 螺旋地逼近,它们变得越来越小。再来看正负号——正号和负号大致一样多。[129]这是个好消息,因为尽管答案在变小,但它们变小的速率并不是很快,而我们完全需要在相加时正负抵消,让我们能得到好处。这都发生在 $\sum$ 符号之下,请记住——这

50 个数必须被相加。(和是 -0.343864,事实上,它与那个无穷和的误差不超过 8%。对于只有 50 个项来说,这已经不错了。)

你可以从图 21.5 看出,为什么黎曼把第二项的这些成员称为"周期的"。它们不规则地上下变化(这意味着,如果你要咬文嚼字,则它们不能算是严格"周期的",只能算是"振荡的"),从正到负再回到正。[130]其原因可从图 21.3 明显看出。

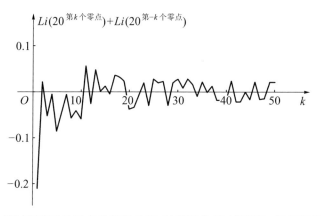

图 21.5 通过取非平凡零点及其复共轭,计算函数值 $Li(20^z)$,然后把它们相加,如此得到的前 50 个值

这第二项出现振荡特性是因为,如图 21.3 所示,函数 $Li(x^\rho)$ 将临界线一圈一圈地缠绕成一条越来越密的螺线。零点的函数值好像在这条螺线上随时随地都可能不再出现;特别是因为,对于大的 x 来说临界线在被缠绕之前得到了充分伸展。这种缠绕是如此紧密,以至于临界线高处的一个线段会被映射成非常接近于一个圆周的样子。因此,零点的函数值又像是环绕着一个圆周散布的点。如果你懂得一些三角学,你就知道,这会把我们带入正弦和余弦的世界,带入波函数、振荡、颤动……的世界,以及音乐的世界。这就是贝里"素数的音乐"这个概念的由来。

随着你把它们不断相加,这些项逐渐减小,正的和负的在抵消,于是你得到了收敛,虽然它收敛得非常慢。要想精确到三位小数,你需要相加超过 7000 个项;要想精确到四位小数,就要多于 86 000 个项。在图 21.6 中,我标出了开头 1000 个计算结果(虽然左边有些结果因超出画面幅度而没有画出来),但这次没有努力把这些点连起来。你可以看到它们确实在变小,虽然是以一种从容不迫的步调。

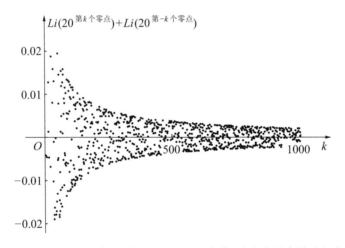

图 21.6　与图 21.5 相同,但显示了 1000 个值(这些点没有被连起来)

最终的结果是 $-0.370816425\cdots$。提醒你,这就是式 21.1 中的第二项。这里的第一项是 $Li(20)$,它是 $9.90529997763\cdots$。第三项是 ln2,它是 $0.69314718055994\cdots$。第四项,那个令人讨厌的积分,提供了一个微不足道的 $0.000364111\cdots$。把这些代入式 21.1——来了! $J(20)=9.58333333$,正是我们一直就知道的答案。

Ⅷ. 我将使用黎曼的公式圆满完成对 $\pi(1\,000\,000)$ 的一个计算,这是不超过一百万的素数的个数——不是因为这个公式有趣(当然它非常有趣),而是为了获得关于误差项的一些重要的特点。

回顾第 19 章Ⅳ可知

$$\pi(1\,000\,000) = J(1\,000\,000) - \frac{1}{2}J(\sqrt{1\,000\,000})$$

$$-\frac{1}{3}J(\sqrt[3]{1\,000\,000}) - \cdots$$

我在右边需要取到多远? 要取到括号内的数字小于 2,因为当 x 小于 2 时 $J(x)$ 是零。$1\,000\,000$ 的 19 次方根是 $2.069138\cdots$;20 次方根是 $1.995262\cdots$。因此,我们到 19 就停止了。因为 19 无平方因子,并且只有一个素因子——它自己——默比乌斯函数 $\mu(19)$ 的值为 -1。这样,右边的最后一项就是 $-\frac{1}{19}J(\sqrt[19]{1\,000\,000})$。在右边总共有 13 个项,因为从 1 到 19 共有 13 个数的默比乌斯函数不是零:$1,2,3,5,6,7,10,11,$ $13,14,15,17,19$。请回忆,对于任何能被像 4、9 之类的完全平方数整除的数,默比乌斯函数是零。

这 13 个项中的每一个都要展成四个项:主项,第二项(它涉及 ζ 函数的零点),ln2 项,积分项。如果把所有这 52 个项相加,我就得到了 $\pi(1\,000\,000)$——我们从前面第 3 章 Ⅲ 中提前知道,它是 $78\,498$。

我在表 21.1 中列出了所有的计算结果(略去了 $\mu(N)$ 为零的那些行)。横着看行 N,用 y 代表一百万的 N 次方根,则主项是 $\frac{\mu(N)}{N}Li(y)$,第二项是 $-\frac{\mu(N)}{N}\sum_{\rho}Li(y^{\rho})$,ln2 项是 $-\frac{\mu(N)}{N}\ln2$,积分项是 $\frac{\mu(N)}{N}\int_{y}^{\infty}\frac{\mathrm{d}t}{t(t^2-1)\ln t}$。

表中这些行总计应当(实际上也确实)等于 $\frac{\mu(N)}{N}J(y)$。我们来做一个简单的验算,请看 $N=6$ 这一行。因为一百万就是 10^6,所以一百万的 6 次方根是 10。$J(10)$ 的值很容易算出,它是 $\frac{16}{3}$。因为 10 无平方因

表 21.1 π(1 000 000) 的计算

N	主项	第二项	ln2 项	积分项	行总计
1	78627.54916	−29.74435	−0.69315	0.00000	78597.11166
2	−88.80483	0.11044	0.34657	0.00000	−88.34782
3	−10.04205	0.29989	0.23105	0.00000	−9.51111
5	−1.69303	0.08786	0.13863	−0.00012	−1.46667
6	1.02760	−0.02349	−0.11552	0.00031	0.88889
7	−0.69393	−0.04737	0.09902	−0.00058	−0.64286
10	0.29539	−0.02791	−0.06931	0.00183	0.20000
11	−0.23615	−0.00634	0.06301	−0.00234	−0.18182
13	−0.15890	0.03206	0.05332	−0.00340	−0.07692
14	0.13281	−0.01581	−0.04951	0.00394	0.07143
15	0.11202	−0.00362	−0.04621	0.00448	0.06667
17	−0.08133	−0.01272	0.04077	−0.00554	−0.05882
19	−0.06013	−0.02241	0.03648	−0.00657	−0.05263
列总计	78527.34662	−29.37378	0.03515	−0.00799	78498.00000

子,并且是两个素数的积,它的默比乌斯函数 $\mu(10)$ 的值为 +1。因此对于 $N=6$ 这一行,那最后一列算出的结果应是 $(+1) \times \left(\dfrac{1}{6}\right) \times \left(\dfrac{16}{3}\right)$。那就是 $\dfrac{8}{9}$,正好是当 $N=6$ 时我们得到的行总计。

当 $N=1$ 时,主项当然就是 $Li(1\ 000\ 000)$,这是由 PNT(素数定理)给出的近似值。它和 $\pi(1\ 000\ 000)$ 的差是多少? 做一个减法马上就给出答案。将这个差取作 $\pi(1\ 000\ 000)$ 减去 $Li(1\ 000\ 000)$,以维持我表中的正负号,它是 −129.54916。这个差是怎样构成的? 如下所示。

来自主项:　　−100.20254

来自第二项:　　−29.37378

来自 ln2 项:　　0.03515

来自积分项:　　−0.00799

最大的差来自主项。然而,这些主项都是完全可预料的。它们的大小稳步而迅速地减小。

来自第二项的差,其大小同样排在第二位,而其组成部分,即所有那些第二项,则令人烦恼得多。头一个第二项很大,并且是负的;但为什么会这样,并没有明显的理由。就是其他那些第二项看来也没什么用处。如果你从头到尾细看第二项那一列,不去管那些负号,注意每一项比它上面那一项是大些还是小些,则它们是:小些,大些,小些,小些,大些,小些,小些,大些,小些,小些,大些,大些。$N=19$ 的那个差不多和 $N=6$ 的那个一样大。所有这些第二项,这些包含 ζ 函数零点的项,在这个计算中是不可预料的。ln2 项和积分项,如我曾说过的,是可以忽略不计的。

想一想李特尔伍德1914 年的论文(见第 14 章Ⅶ),在其中他证明了,$Li(x)$ 总是大于 $\pi(x)$ 是不成立的。这意味着这个差最终会变成正的。因为那些主项在大小上减小得很快,又因为默比乌斯函数使得开头几个主项中的大多数,包括几个确实够大的项($N=2$,$N=3$,$N=5$)成为负的,所以很难看出那些主项除了作为一个大负数以外,究竟能对这个差起到什么作用。如果这个差如李特尔伍德证明的那样最终变成正的,则那种大负数将不得不被那些更大的正的第二项所淹没。要让这种情况出现,那些第二项——ζ 函数的零点——将不得不严重失常。它们显然如此。

Ⅸ. 为了进一步洞察误差项的意义,回顾图 21.4 右边的那条双螺线。它是当 $x=20$ 时的 $Li(x^{临界线})$。临界线——以及沿着它散布的所有 ζ 函数零点(如果 RH 成立)——被函数 $Li(20^z)$ 送到了那条螺线上。如果我们挑选某个更大的 x 值来代替20,会发生什么? 相应的螺线看起来将是什么样子?

图 21.7 给出了这个一般的概念。它显示了 $Li(10^{临界线})$,

$Li(100^{临界线})$ 和 $Li(1000^{临界线})$。在所有这三个例子中,我映射的是同一段临界线,即从 $\frac{1}{2}-5i$ 到 $\frac{1}{2}+5i$ 的一段。注意当 x 从 10 到 100,再到 1000 时所发生的下列情况。

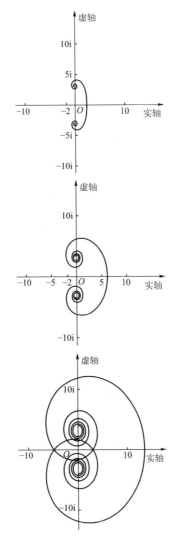

图 21.7　对于 $x=10,100$ 和 1000 的 $Li(x^{临界线})$,这里映射的临界线是从 $\frac{1}{2}-5i$ 到 $\frac{1}{2}+5i$ 的一段

■ 螺线变得更大。然而，它们仍然收敛于同样的两点，即 $-\pi i$ 和 πi。

■ 我们正在映射的那段长度是 10 个单位的临界线，变得越来越伸展，而且围着位于 $-\pi i$ 和 πi 这两个终结点缠绕的次数也越来越多。

■ 上部的螺线和下部的螺线互相接近，在 100 和 1000 之间的某个 x 值处"轻触"，并在此后交叠。（这两部分螺线实际上在 $x =$ 399. 6202933538···处轻触。）

我在这里映射的这段临界线太短了，以至于无法达到在 $\frac{1}{2} \pm$ 14. 134725i 处的第一对零点。因为临界线正在变得伸展，甚至在螺线变大时围着终结点缠绕的次数也越来越多，一个有趣的问题产生了。这种伸展和缠绕是否会使 ζ 函数的零点保持在接近于 $-\pi i$ 和 πi 的地方，而不管螺线变得有多大呢？答案：不会，对于越来越大的 x，ζ 函数的零点映射到的那些点也会任意地变大。设 ρ 是第一个 ζ 函数的零点，即在 $\frac{1}{2}$+14. 134725i 处的零点，则对于只不过一万亿左右的自变量 x，$Li(x^{\rho})$ 的实部将达到 2200 以上。

在第 14 章Ⅶ中我提到了贝斯和赫德森最近得出的结果，即第一个李特尔伍德反例——这时 $\pi(x)$ 第一次超过 $Li(x)$——出现在 $x = 1.39822 \times 10^{316}$ 之前，并且很可能就出现在这个数上。假设我重复刚才计算 $\pi(1\,000\,000)$ 的过程，但是用这个数——我把它叫做"贝斯-赫德森数"——代替 $1\,000\,000$。这个计算看上去会是什么样子？

显然，我要计算的 J 函数会多于 13 个。贝斯-赫德森数的 1050 次方根是 2. 0028106···，1051 次方根是 1. 99896202···，因此我必须取这个数的 1 次，2 次，···，1050 次方根，并计算它们的 J 函数。这并不算糟，因为从 1 到 1050 中有许多数可被平方数整除，所以其默比乌斯函数为零。有多少？事实上有 411 个，所以我只需要计算 639 个 J 函数。[131]

图 21.7 中的双螺线在一个比一个更东面的地方，即在 2.3078382，6.1655995 和 13.4960622 处穿过正实轴。如果我用贝斯－赫德森数来做，那条双螺线会在比这些数大得多的地方穿过实轴，那是一个以"325 771 513 660"开头的数，在到达它的小数点之前还有 144 位数字。现在这两部分螺线是难以想象的庞大。然而它们仍然向 $-\pi i$ 和 πi 逼近。这意味着上部和下部的螺线有大量的交叠——你无法在一张图中把它们分辨出来。那条临界线，带着散布于其上的零点（如果 RH 成立！），惊人地伸展出去。在与图 21.3 相当的图上，中间会有一个远远大得多的洞——虽然仍以 πi 为中心——而这条螺线在相继的低位零点之间数万亿次地缠绕，非常有效地把它们的坐标在复平面内四处散播，坐标值的实部则在巨大的负数和巨大的正数之间振荡。所有这些都只涉及我计算 π（贝斯－赫德森数）所需的 639 个表行中的第一行。那些第二项非常难以把握。

我不时提醒，本章中的所有计算都假定 RH 成立。如果它**不**成立，这些优美的圆周和螺线就只不过是近似值，并且在临界线上方的某个未知的高处——即对于第二项那个无穷和中某个很后面的零点 ρ——本章的逻辑将崩溃。在误差项的理论中，RH 是核心。

X. 我已经到达了本书的主要数学目标，展示了素数分布与 ζ 函数的非平凡零点这两者的内在联系。前者体现在 $\pi(x)$ 中，后者构成了 $\pi(x)$ 和 $Li(x)$ 之差即 PNT 的误差项中的一个很大的——按照李特尔伍德的结果，有时候是支配性的——组成部分。

所有这些，已经由黎曼那篇光辉夺目的 1859 年论文揭示给我们。当然，今天我们知道的比我们在 1859 年知道的要多得多。然而，在那篇论文中首次提出的这个伟大的谜仍然未被解决。就像黎曼写下他自已对证明它的"徒劳尝试"的时候，以及早在解析数论刚刚诞生的那个时候一样，它顶住了全世界那些最优秀的头脑的冲击。现在，在我们为破解 RH 而努力的第 15 个十年，前景又如何呢？

第22章

要么成立，要么不成立

Ⅰ. 有一个令人满意的对称是关于以下事实的：黎曼假设（RH）在被数学家关注了120年之后，又受到了物理学家的关注。正如我在第10章Ⅰ中提到的，黎曼本人的想象力很大程度上是类似物理学家的。"他自己主动发表的九篇论文中有四篇应当被看作属于物理学"（劳格维茨）。而实际上，数论专家乌尔丽克·福豪尔（Ulrike Vorhauer）[132] 提醒我，数学家和物理学家之间的区别在黎曼的时代还没有明显形成。在那之前不久则根本没有形成。高斯是一流的物理学家，也是一流的数学家。如果听到这两个学科被说成具有各自的关注领域，他会很困惑。

基廷[133] 述说了下面的轶事，对此我必须说我感到相当困惑。

我和一些同事在哈茨山度假。我们两人决定驾车约30英里到格丁根去看黎曼的工作笔记，它们保存在那儿的图书馆里。我自己是想看看他在他那篇1859年 ζ 函数论文发表前后的笔记。

然而，我的同事，一位对数论不感兴趣的应用数学家，对黎曼做的另外一些与扰动有关的工作很感兴趣。想象真空中一个大气团，由它的各个粒子之间的引力互相吸引而聚在一起。如果你对它猛踢一脚，会发生什么情况？好，基本上有两种情况可能发生：它可能飞出去，它也可能只是以某个频率开始颤动。这取决于这一脚的力度、方向和位置，以原先气团的形状和大小，等等。

我们到了图书馆，我要求看关于数论的笔记，而我的同事要求看关于扰动理论的笔记。图书管理员去查了一下，然后她回来告诉我们，提供给我们两人的将是黎曼的同一套笔记。**他在同一段时间内致力于这两个问题。**

基廷接着说，当然，黎曼没有 20 世纪的算子代数帮助他研究扰动问题，为他提供像本征值谱那样的所有可能的颤动频率的集合。他只能艰苦地通过微分方程为他自己专门创造一种胚胎状的算子理论。然而，很难相信像黎曼那样敏锐和深刻的头脑会错过对串在临界线上的 ζ 函数零点和他的扰动频谱这两者之间的相似性——这种相似性与 113 年后富尔德楼的下午茶是如此戏剧性地相似！

Ⅱ. 2002 年初夏，我是在纽约大学柯朗研究所听基廷说了那件轶事。那是一次由美国数学促进会（AIM）组织的为期四天的系列演讲和讨论，名称是"ζ 函数及相关的黎曼假设研讨会"。

出席这次柯朗会议的有许多如雷贯耳的名字。塞尔贝格本人出席，84 岁了仍然像一枚钉子那样尖锐。（他纠正了第一个演讲的萨奈克关于数学史实的一个关键点。午餐休息时间，我去柯朗那所极好的图书馆核查那个关键点。塞尔贝格是对的。）本书前几章中提到的许多其他名字也在那里出现，包括蒙哥马利-奥德利兹克定律中的双方。其他出席者包括当代数学巨星怀尔斯，他因证明了费马大定理而出名；爱德华兹，他关于 ζ 函数的权威著作我在本书中多次提到；还有邦普（Daniel Bump），他是所有关于 RH 的结果中最好的邦普-额（K. -S. Ng.）定理的两个证明者之一[134]。

美国数学促进会是近年冲击 RH 的一支重要力量。这次柯朗会议是他们主办的有关 RH 主题的第三次会议。第一次会议是为了纪念100 年前阿达马和瓦莱·普桑证明了素数定理而发起的，1996 年 8 月在西雅图的华盛顿大学召开。第二次会议于 1998 年在维也纳的薛定谔研究所举行。美国数学促进会并没有把它的活动局限在对 RH 的研究上——甚至不仅仅局限于数论。例如，他们当前有一个关于广义相对论的项目。不过，在把不同领域的学者联合在一起这方面，他们做得很出色。他们进行着我提到过的所有不同的研究途径：代数的，分析的，计算的，以及物理的。

美国数学促进会是 1994 年由美国数学界的资深人物（也是关于波利亚的一本很好的书的作者）亚历山德森（Gerald Alexanderson）和加利福尼亚商人弗赖伊（John Fry）创立的。弗赖伊来自一个企业家家族。他的父母在加利福尼亚拥有成功的连锁超市。弗赖伊早年就喜欢上了数学，20 世纪 70 年代他在圣克拉拉大学专攻这个学科，亚历山德森则在那里任教。毕业后，弗赖伊面临着是继承家族传统从商还是去读研究生的选择。弗赖伊选择了从商，和他的两个兄弟开办了弗赖伊电子产品连锁店，最初只是在加利福尼亚，但在我写这本书时已经遍布全国了。

弗赖伊和亚历山德森保持着接触。他们分享着共同的兴趣，收集珍本数学书和论文原件。在 20 世纪 90 年代初，他们曾考虑过创办一个数学图书馆来安置他们的收藏。这个念头发展成了建立一个数学促进会的计划。他们叫来弗赖伊在圣克拉拉的老同学孔雷（Brian Conrey），一个有点名气的数论专家，还是俄克拉何马州立大学的一位颇为成功的系主任。

在成立的最初几年，美国数学促进会几乎完全由弗赖伊的个人捐赠提供资金，数量达到大约一年 300 000 美元。这是偷偷做好事的一个实例。弗赖伊是一个沉默寡言、不事声张的人,他不宣扬他的所作所为。当我第一次听说美国数学促进会的时候,我上互联网去找他的一张照片;结果什么也没有。不过,在他的圈子里,也就是在数学家和数学爱好者中间,弗赖伊是很好相处的。在纽约的柯朗会议上,他请我们一些人午餐。他是一个高个子且孩子气的人,他谈论数学的时候就面露喜色。我暗地里很想知道,他对于决定从商而没有去读研究生是否懊悔过,但考虑到这样问也许很不得体,所以我放弃了这个机会。

我在柯朗会议前几天访问美国数学促进会总部的时候,发现它所用的那套很实用的房间,是属于弗赖伊在加利福尼亚帕洛阿尔托的商店的。不过,在 2001 年,美国数学促进会向国家科学基金委员会申请资助,要在加利福尼亚圣何塞南部一块树木茂盛的 200 英亩土地上建立一个会议中心。这项资助被批准了,在新址的各项研究计划将于2002 年 12 月开始。

另一项类似于美国数学促进会的由个人资助的事业于 1998 年在美国东海岸开创,当时波士顿的商人克莱(Landon T. Clay)和哈佛大学的数学家贾菲(Arthur Jaffe)创办了克莱数学促进会(CMI)。美国数学促进会的第一项大行动是纪念素数定理的证明,而克莱数学促进会的第一项大行动则是纪念希尔伯特 1900 年在巴黎数学家大会上的演讲100 周年。

为了那个目的,克莱他们在 2000 年 5 月于法兰西学院(也在巴黎)举办了一个为期两天的千禧年活动,在活动期间披露了一项 700 万美元的基金,对解决七个重大数学问题中的每一个奖励 100 万美元。RH 自然包括在内,它是其中的第 4 个问题。(次序按问题题目的长度排列,以便给这项公告一个有吸引力的外观。)不管其他六个问题情况如何,100 万美元对于证明或否证黎曼假设来说,只是一个很小的额外刺激。它足以被认定为 21 世纪初数学中**最典型的**开放问题,以至于无论是谁解决了它,除了获得不朽的名声之外,经济上的收益——演讲,采访,以及个人版税——远远超过 100 万美元。[135]

Ⅲ. 证明或证否 RH 的前景如何?对这类事情发表预言,是让你自己出丑的很好方式。即使你是一个大数学家,这一点依然成立,当然我不是。75 年前,希尔伯特在一次针对非专业听众的演讲中,以难度递增的顺序排出了三个问题:

- RH。

- 费马大定理。

- "第 7 个问题"——就是希尔伯特在 1900 年大会上提出的 23 个问题中的第 7 个。它的明确表述是:如果 a 和 b 是代数数,那么 a^b 是超越数(见第 11 章 Ⅱ),除非它属于平凡情况。

希尔伯特说,RH 会在他的有生之年被解决,而费马大定理会在较年轻的听众们的有生之年内解决;但是"这个房间里没有一个人会活到看见第 7 个问题的证明"。事实上,这第 7 个问题在此后不到 10 年就被证明,那是由盖尔丰德(Alexander Gel'fond)和施奈德(Theodor Schneider)各自独立做出的。希尔伯特关于费马大定理的预言勉强算对,费马大定理在 1994 年被怀尔斯证明,这时希尔伯特的听众中最年轻的成员也已经是九十多岁了。不过,他关于 RH 的预言彻底失败。万一 RH 也让我出丑——万一对 RH 的一个证明在本书装订时出现,使我即将写的那些话变成一堆废话,毫无价值——我至少还能自我安慰说,我正与杰出人物为伴。

因此,如果说我认为对 RH 的证明非我们目前力所能及,还有一条很长的路要走,那么我将是自找麻烦。综观近些年对 RH 的进攻史,有点像读一部漫长而艰苦的战争史。这里有令人意外的突进,令人振奋的战斗,以及令人心碎的撤退。这里有间歇期——筋疲力尽的时期,这时战争双方"已拼尽全力",只能对敌方的防线进行小规模的侦察。这里有取得突破后的欢欣鼓舞,也有僵持不下后的阵阵冷漠。

我对这个问题当前(2002 年中)状况的印象——当然只不过是非参战人员的印象——是研究者们正陷于僵局。我们处于一个间歇期。由 1973 年德利涅对韦伊猜想的证明和 1972 年—1987 年蒙哥马利-奥德利兹克的进展所产生的浓烈兴趣,据我看来似乎目前已成为强弩之末。

2002 年 5 月,我在帕洛阿尔托的美国数学促进会总部花了三天时间观看 1996 年西雅图会议的录像。接下来的一个月我参加了柯朗研究所的研讨会。如果你把 2002 减去 1996,得到 6 年。如果你在柯朗研讨会的内容中"减去"西雅图会议的内容,则聚集在柯朗的数学家们几乎没有什么新东西可以展示。当然,这不是个很令人意外的说法,而我也确实没有贬低的意思。这是极端困难的工作。进展自然是很慢,而 6 年在数学的历史中是一个很短的时间。(证明费马大定理花费了 357 年!)在柯朗**确实**有一些像费申科(Ivan Fesenko)那样的年轻数学家作过一些引人注目的报告。

然而,压倒一切的印象是僵局。RH 就像是要攀登的一座高山,但一个人不管从哪个方向攀登,迟早会发现他自己站在一个宽阔的无底裂隙的边缘。我不知道有多少次在 1996 年和 2002 年的会议上,演讲者们举起双手以这样一种套话结束他们的报告:"这当然是一个非常重要的进展。然而,我们怎样才能从这里前进到证出经典的 RH 尚不清楚……。"

善于措辞的迈克尔·贝里爵士曾创造了"明晰子"(clariton)这个概念,他把它定义为"顿悟的基本粒子"。在 RH 的领域中,明晰子普遍短缺。

奥德利兹克说:"据说,无论是谁证明了素数定理,都将成为不朽。果然,阿达马和瓦莱·普桑两人都活过了 95 岁。也许这里存在着一个推论。也许 RH 不成立；但是，万一有人设法真的**证明**了它的不成立——发现了一个脱离临界线的零点——他就将被钉死在那个地方，而他的结果将永远不会为人所知。"

Ⅳ. 除了寻求一个证明，数学家们对 RH **感觉**如何？他们的直觉告诉他们什么？RH 是成立，还是不成立？他们想的是什么？我特意问了我与之谈话的每一位数学家，直截了当地问他或她是否相信黎曼假设成立。回答形成了一个很宽的谱，有着一整套本征值。

在相信它成立的大部分数学家中（例如休·蒙哥马利），完全是靠证据的分量来说话。好，所有的职业数学家都知道，证据的分量可能是一种很不可靠的测度。对于 $Li(x)$ 总是大于 $\pi(x)$，证据的分量曾经很重，但是李特尔伍德 1914 年的成果证否了它。噢，是的，相信 RH 的人会告诉你，那只不过是一条证据，即数值证据，还有一个未经证实的假定，即以为第二个对数积分项 $-\dfrac{1}{2}Li\left(x^{\frac{1}{2}}\right)$ 将继续主宰那个差，使得那个差总是负的。对于黎曼假设，我们有多得多的证据。RH 支撑着一大堆成果，它们大部分非常合理，并且——用数学家们特别喜欢的一个词来说——"漂亮"。现在有数以百计的定理开头是"假定黎曼假设成立……"。如果 RH 不成立，它们全都面临崩溃。当然，这是人们不希望看到的，所以相信它成立的人可能被指责为打如意算盘，但这里的证据并不是不想失去那些成果的愿望，而是那些成果确实存在这个事实。证据的分量。

其他数学家则像图灵那样认为 RH 也许不成立。赫克斯利（Martin Huxley）[136] 就是当前一个不相信它成立的人。他的不相信完全是出于直觉，他引用了首先由李特尔伍德提出的一个观点："分析学中一个长期悬而未决的猜想一般会被证明为不成立。代数学中一个长期悬而未决的猜想一般会被证明为成立。"

我最喜欢的答案是安德鲁·奥德利兹克的。他实际上是被我问及这个问题的第一个人——我在准备这本书的写作计划时接触的第一位数学家。我们一起去新泽西州萨米特的一家餐馆吃饭。安德鲁那时正在贝尔实验室工作;现在他在明尼苏达大学。

那时我对于 RH 还不熟悉,不过已经学了不少。在享用了一顿丰盛的意大利餐并进行了有关数学的两小时认真谈话之后,我问完了要问的问题,然后我说:

德*:安德鲁,你见过的黎曼 ζ 函数非平凡零点比在世的任何其他人都多。关于这个该死的假设你怎么认为? 它是成立,还是不成立?

奥:要么成立,要么不成立。

德:哦,别逗了,安德鲁。你一定会多少**感觉**到一个答案。给我一个概率。百分之八十成立,百分之二十不成立? 还是别的什么?

奥:要么成立,要么不成立。

我没能从他那里得到更多。他就是不愿意表态。后来在另一个地点的另一次谈话中,我问安德鲁,如果相信黎曼假设不成立,是否有什么数学上的好理由。他说,是的,有一些。例如,你可以把 ζ 函数分解成不同的部分,其中每个部分都告诉你关于 ζ 函数性态的一些不同的情况。这些部分中的一个就是所谓的 S 函数(这与我在第 9 章 II 中所说的函数 $S(x)$ **毫无关系**)。对于迄今研究过其 ζ 函数的整个自变量范围来说——就是说,对于在临界线上直到高达约 10^{23} 的所有自变量——S 函数的值主要在 −1 和 +1 之间徘徊。已知最大的值是大约 3.2。有充分的理由可以相信,如果 S 一旦达到大约 100,那么 RH 就可能有麻烦了。这里的关键词是"可能";S 达到一个接近 100 的值,是 RH 有麻烦的一个**必要**条件,而不是一个**充分**条件。

---

* "德"指本书作者德比希尔,下面的"奥"指奥德利兹克。——译者

S 函数的值有可能达到那么大吗？呃，是的。事实上，塞尔贝格在 1946 年证明了 S 是无界的；这就是说，如果你在临界线上走到足够高的地方，它**最终**将超出你指定的任何数！S 增长的速率是如此缓慢，以至于相应的高度超出想象；但 S 最后确实将达到 100。为了让 S 有那么大，我们必须在临界线上探索到多高的地方？安德鲁说："可能大约要到 T 等于 $10^{10^{10000}}$。"那么，远远超出了我们当前计算能力的范围？"啊，是的，**远远超出**。"

V. 非数学专业的读者想知道的一件事，也是数学家们对非专业听众演讲时总是会被问到的一个问题，那就是：**它有什么用**？假设 RH 被证明成立，或不成立。随之而来的会有什么实用结果？我们的健康，我们的用具，我们的安全会改善吗？会发明新的设备吗？我们的旅行会更快捷吗？会产生破坏性更大的武器吗？能移居火星吗？

在这一点上我最好还是坦诚相告，作为一个纯粹的不掺杂质的数学家，对这样的问题根本不感兴趣。激起大部分数学家——以及大部分理论物理学家——的兴趣的，不是任何改善人类的健康和设施的想法，而是发现新事物的纯粹乐趣和解决难题的挑战。数学家们在他们的工作被证明具有某种实用结果（至少当这个结果是有助于和平的）时通常都会很高兴，不过在他们的工作生涯中很少会考虑这样的事情。柯朗会议期间，我在那儿坐了四天，每天从上午 9：30 到下午 6：00，都是关于 RH 这个主题的报告和讨论，内容十分扎实，但没有听见一个数学家提到实用的结果。

下面是阿达马在《数学领域中的创造心理学》中关于这一点所说的话。

> 对我们来说答案出现在问题之前……。实际应用不用找也会发现，可以说文明的整个进展都依赖这个原则……。实际的问题常常是依靠现存的理论解决的……。很少有重要的

数学研究是由于看到一个给定的实际应用而**进行**的：它们是由一种愿望引发的，这种愿望是每一项科学工作的共同动因，即想知道和理解事物的愿望。

哈代在他那奇特而短小的《辩白》的最后几页中，对于这一点的看法更为直率也更有个性。

我从未做过任何"有用的"事情。我没有作出过什么发现，或者说没有作出过有可能直接或间接地、不论好歹地对世上的设施产生最微小影响的发现……。以所有实用的标准来评价，我的数学生活的价值是零。

就素数理论来说，阿达马的"对我们来说答案出现在问题之前"的说法是成立的，而哈代的说法却不再成立。以 1970 年代后期为开端，素数开始在设计军用和民用的加密方法中体现出重大的价值。检验一个大数是否素数的方法，把大数分解为它们的素因子的方法，产生巨大素数的方法，所有这些在 20 世纪最后 20 年里确实都成了非常现实的问题。理论的成果，包括哈代的一些成果，在这些发展中都是必不可少的，这些成果，加上其他的东西，使你能用你的信用卡通过互联网订购商品。对 RH 的解决在这个领域中无疑会产生进一步的推论，使难以计数的所有那些以"假定 RH 成立……"为开头的关于素数的定理得以确立，并作为对进一步发现的一种激励而发挥作用。

当然，如果物理学家们真的成功地确认出一种"黎曼动力学"，我们对物理世界的理解也将随之而发生转变。

遗憾的是，无法预言转变之后随之而来的将是什么。连最聪明的人也做不出这种预言，而做出这种预言的人则靠不住。下面是一位数学家的工作状况，时间差不多在 100 年以前。

每天早上我都会坐下来面对一张白纸。除了午餐的间歇,我整天都瞪着这张白纸。常常是当夜幕降临,纸上仍未着一字……。1903 年和 1904 年两个夏季,以我智力完全停顿的时期留在了我心中……。非常可能,我的整个余生都将耗费在面对那张白纸上。

以上摘自罗素的自传。难住他的是他试图找到用纯逻辑的语言作出的对"数"的一个定义。例如,"三"实际意味着什么? 德国逻辑学家弗雷格(Gottlob Frege)给出了一个答案;但是罗素发现了弗雷格论证中的一个缺陷,他正在寻找堵住这个漏洞的一种方式。

如果你在罗素遭受挫折的那些夏季问他,他的冥思苦想是否有希望引向任何实际的应用,他会哈哈大笑。这是纯而又纯的智力活动,纯到连罗素这样训练有素的纯粹数学家,也发现自己弄不明白这究竟为了什么。"一个成年人把他的时间花在这样无聊的事上似乎不值得……"他说。事实上,罗素的工作最后产生了《数学原理》,这是数学基础的现代研究中一个关键的发展。在那项研究迄今为止已经获得的成果之中,有第二次世界大战的胜利(至少这场胜利的代价比用别的方式所可能付出的要低),以及像我在写这本书时所用的机器。[137]

因此,RH 应该以阿达马和哈代的精神来对待,不过最好不要有哈代那种笼罩在他的否认上的那种忧郁。正如奥德利兹克对我说的,"要么成立,要么不成立"。有一天我们将会知道。我不知道结果将会如何,我也不相信有人知道。不过我确信,这些结果将是惊人的。在探索的尽头,我们的认识将会发生转变。在那之前,所有的乐趣和魅力就在于探索本身,并且——对于我们中的那些没有着手探索的人来说——在于看到探索者的活力、决心和创造力。**我们必须知道,我们必将知道。**

后 记

　　伯恩哈德·黎曼于 1866 年 7 月 20 日星期五去世,离他的 40 岁生日差几个星期。他在 1862 年秋天得了重感冒,而这加重了他可能从童年起就患上的肺结核。[138]格丁根同事们的努力促成了一系列的政府补助,使黎曼能够去一个气候更好的地方,这是使肺结核患者的病情减轻和减缓其发展的已知的唯一方法。

　　于是,黎曼的最后四年几乎全都在意大利度过。他去世的时候正住在塞拉斯加,在阿尔卑斯山麓皮埃蒙特的马焦雷湖西岸。他的妻子埃莉泽和他们三岁的女儿伊达同他在一起。戴德金在他这位朋友的简短传记(作为黎曼《选集》的附录)中记录了这件事。

　　　　6 月 28 日他到达马焦雷湖,他住在塞拉斯加的皮索尼别墅,靠近因特拉[139]。他的力气迅速衰退,他自己十分清晰地意识到,末日正在临近。然而,在去世前一天,他待在一棵无花果树的树荫下,为展现在他面前的景色而满心喜悦。令人难过的是,他还在忙于那些未能完成的论文。他走得非常安宁,没有挣扎也没有临终痉挛。他仿佛在饶有兴趣地观看灵魂与肉体的分离。他妻子给他拿来了面包和酒。他要她把他的问候带给家里人,并对她说:"亲亲我们的孩子。"她为他诵读了主祷文,但他已经不能再说话。在读到"宽恕我们的罪过"一句时,他的眼睛虔诚地向上仰望。她感觉到他的手在她的手中凉下去,几次喘息以后,他纯洁而高尚的心脏停止了跳动。由他的父亲所灌输的那种虔诚的意识,终生伴随着他,而他以自己的方式忠实地侍奉着上帝。怀着最高的忠诚,他从不干预别人的信仰：以他的看法，宗教信仰的主要事情就是每天在上帝面前自我反省。

他长眠在塞拉斯加教区比甘佐罗教堂的院子里。他墓碑上的碑文是：

这里安息着

格奥尔格·弗里德里克·伯恩哈德·黎曼

格丁根大学教授

生于 1826 年 9 月 17 日，布雷斯伦茨

卒于 1866 年 7 月 20 日，塞拉斯加

万事都互相效力

叫爱神的人得益处

碑文全部用的是德文。那句悼文出自圣徒保罗致罗马人的《罗马书》第 8 章第 28 节（《圣经·新约》）。（德文是，Denen die Gott lieben müssen alle Dinge zum Besten dienen.）黎曼的墓地没有保存下来。它在后来的教会地产整顿中被毁。不过，刻着碑文的墓碑幸存，并被嵌在附近的墙内。

埃莉泽·黎曼带着女儿回到了格丁根。她们和黎曼仅存的姐姐，名字也叫伊达，一起住在文德尔大街 17 号。隔壁的房子，门牌 17A，住着施瓦茨（Hermann Schwartz），格丁根大学的一位数学教授。[140]黎曼在格丁根大学的教席由克勒布施（Alfred Clebsch）接替，他写了现代代数几何学的奠基性教科书。

1884 年，黎曼的女儿伊达（当时 20 岁）同席林（Carl David Schilling）结婚，他 1880 年在施瓦茨指导下获得博士学位，并同施瓦茨一直保持着友谊。其后不久，席林担任了不来梅航海学校校长的职务。1890 年 9 月，黎曼的遗孀和姐姐来到不来梅，和席林一家住在一起。黎

曼的女儿活到 1929 年,她丈夫活到 1932 年。他们似乎建立了一个大家庭,但是他们孩子的确切数目我不知道。无论如何,伯恩哈德·黎曼的后裔现在已融入到普通人群中了。

他得以工作的年数不多,他的研究报告被印刷成页的也不多,但他的名字现在是,并且将继续是,一个在数学家中无人不知的词。他的学术成果大部分都是杰作——充满了独创性的方法,意义深刻的思想和广泛深远的想象。

——克里斯特尔(George Chrystal),

摘自 1911 年版《不列颠百科全书》中"黎曼"词条

注 释

第 2 章

1. 我是在英国上学时通过下面这首维多利亚时代的歌谣了解到这个事实的：

George the First was always reckoned	人们总认为乔治一世
Vile; but viler George the Second.	很坏；但乔治二世更坏。
No one ever said or heard	没有人曾经说过或听说过
A decent thing of George the Third.	有关乔治三世的像样的事情。
When to heaven the Fourth ascended,	当乔治四世升天的时候，
God be praised! — the Georges ended.	感谢上帝！——乔治完了。

事实上，他们还没有完；20 世纪又产生了两个乔治。*

2. 1962 年易北河又暴发了一场大洪水，在文德兰地区造成了大量伤亡和破坏。从那以后，一系列大堤被建造了起来。2002 年 8 月，就在我即将完成这本书的时候，易北河又泛滥了。然而，1962 年后建造的河堤看来起了作用，使这个地区遭受的损失小于它上游的那些地方。

3. 诺伊恩施万德是苏黎世大学的数学史教授。他是研究伯恩哈德·黎曼的生平和著作的主要权威，还编辑了黎曼的书信。我在本书中使用了他的研究成果。在很多地方我还依赖于提供了关于黎曼的各个方面记述的仅有的两本英文书：莫纳斯特尔斯基（Michael Monastyrsky）的《黎曼、拓扑和物理》[*Riemann*，*Topology and Physics*，1998 年英译本的译者是库克（Roger Cooke）、詹姆斯·金（James King）和维多利亚·金（Victoria King）]，以及劳格维茨（Detlet Laugwitz）的《伯恩哈德·黎曼，1826—1866 年》[*Bernhard Riemann*，1826—1866，1999 年英译本的译者是舍尼泽尔（Abe Shenitzer）]。尽管它们都是数学传记——就是数学内容比传记内容多许多——但都提供了黎曼及其生平的极好写照，并附带了许多有价值的见解。

4. 我认为确实如此。从吕讷堡到奎克博恩的直线距离有 38 英里——快步行走也需要 10 个小时。

5. 汉诺威在 1814 年才成为王国。在那以前，它的统治者称为"选帝侯"——就是说，他们有资格被推选为神圣罗马帝国的皇帝。神圣罗马帝国在 1806 年被

---

* 指 1910—1936 年在位的乔治五世和 1936—1952 年在位的乔治六世。——译者

推翻。

6. 奥古斯塔斯是倒数第二位汉诺威国王。汉诺威王国于 1866 年并入普鲁士帝国,那是现代德国形成的关键时刻。

7. 排名虽有不同,但他几乎总是位于前三名之列,通常是与牛顿,以及欧拉和阿基米德中的一个排在一起。

8. 海因里希·韦伯和戴德金在 1876 年出了这个第一版。《选集》的最新版本是由纳拉辛汉(Raghavan Narasimhan)汇编,并于 1990 年出版的。顺便说一句,"选集"的德文是 Gesammelte Werke;这个词组在数学研究中常常碰到,以至于在我的经验中,说英语的数学家们也完全下意识地用德语来说这个词组。

9. 阿贝尔函数是反演某些种类的积分而得到的一种多值函数。这个术语现在几乎不用了。我将在第 3 章中提到多值函数,在第 13 章中提到复变函数论,在第 21 章中提到积分的反演。

第 3 章

10. 下面是 e 意外出现的一个例子。在 0 和 1 之间随机选出一个数。再随机选出另一个数并把它加到第一个数上。继续这样做下去,把这些数累加起来。你平均需要选出多少个数才能使和大于 1?答案是:2.71828…个。

11. 由毕达哥拉斯或是他的追随者在公元前 600 年左右所作出的古代最伟大的数学发现之一就是,并非每一个数都要么是整数要么是分数。例如,2 的平方根显然不是一个整数。死算表明,它在 1.4(其平方为 1.96)和 1.5(其平方为 2.25)之间。然而它也不是一个分数。下面是一个证明。设 S 是使以下命题成立的所有正整数 n 的集合:$n\sqrt{2}$ 也是一个正整数。如果 S 不是空集,它会有一个最小的元素。(**任何**非空的正整数集合都有一个最小的元素。)我们把这个最小的元素叫做 k。现在构造数 $u=(\sqrt{2}-1)k$。很容易证明:(i)u 小于 k;(ii)u 是一个正整数;(iii)$u\sqrt{2}$ 也是一个正整数;于是有(iv)u 是 S 的一个元素。这是一个矛盾,因为 k 被定义成是 S 中的最小元素,所以基本假设——S 不是空集——必定是假的。因此,S 是空集。因此,不存在正整数 n,使得 $n\sqrt{2}$ 是一个正整数。因此,$\sqrt{2}$ 不是一个分数。既不是整数也不是分数的数被称为"无理数"(irrational),因为它不是任何两个整数之比(ratio)。

12. 正负号规则:负负得正。对许多人来说,这是算术中一个主要的疑问点。"用一个负数乘以一个负数是什么意思?"他们问道。我见过的最好的解释是加德纳(Martin Gardner)作出的,具体如下。设想一个很大的礼堂里坐满了两种人,好人和坏人。我定义"加法"的意思是"把人送进礼堂"。我定义"减法"的意思是"把人叫出礼堂"。我定义"正数"的意思是"好"("好人"),而"负数"的意思是"坏"。加一个正数意味着送一些好人进礼堂,显然这增加了那里的善良人数的净值。加一个负数意味着送一些坏人进去,这减少了善良人数的净值。减一个正数意味着叫出一些好人——礼堂中善良人数的净值减少了。减一个负数意味着叫出一些坏人——善良人数的净值增加了。这样,加一个负数恰似减一个正数,而减一个负数就像加一个正数。乘法就是重复的加法。负三乘负五?叫出五个坏人。这样做三次。结果呢?善良人数的净值增加了 15……。(当我试图以此向 6 岁的丹尼尔·德比希尔*解释时,他说,"如果你叫坏人出来但**他们不出来**呢?"一位道德哲学家正在成长。)

13. 本书底稿的一位阅读者认为"旋转"(twiddle)听起来像是英国特有的用法。(我在英国受过教育。)我同意,是这样的。不过美国的数学家们当然也用它。例如,我听到过普林斯顿大学的卡茨(Nicholas Katz)在上课时使用它。卡茨教授来自巴尔的摩,完全是在美国受的教育。

第 4 章

14. 乔治是最后一个汉诺威国王。1866 年,汉诺威在普奥战争中站在了错误的一方,于是就在这年,这个王国被普鲁士吞并了。这枚勋章看来是直到 1877 年高斯百年诞辰的时候才被实际铸造出来的。

15. 在公爵所拥有的名望中,或许值得一提的是,他是"不伦瑞克的卡罗琳"(Caroline of Brunswick)的父亲,卡罗琳嫁给了英国的摄政王。这个婚姻是一场灾难,卡罗琳离开了英国;但是当摄政王作为乔治四世登上英国王位的时候,她又转而要求获得她作为王后的权利。这导致了一场小规模的宪政危机,以及对这位不得人心的国王的尴尬、他王后的相当自负的个性、她那怪癖的个人习惯,以及她那臭名远扬的**私通**的公开嘲笑。下面的民谣广泛流传。

Gracious Queen, we thee implore	仁慈的王后,我们恳求您
To go away and sin no more;	离开这里并且别再造孽;
But if this effort be too great,	如果您觉得这样太费事,
To go away, at any rate.	无论如何,恳求您离开。

公爵的一个姨母嫁给了神圣罗马帝国的一位皇帝,生下了玛丽亚·特蕾西亚(Maria Theresa),伟大的哈布斯堡王朝的女王。另一个姨母嫁给了阿列克谢·罗曼诺夫(Alexis Romanov),并且成了彼得二世(Peter II)的母亲。彼得二世是欧拉在圣彼得堡登陆时(本章第Ⅵ节)名义上的沙皇。一旦你着手探究这种琐碎的德意志统治者家谱,就会没完没了。

16. 我是否提到过,除了作为出色的数学天才和第一流的物理学家,高斯还是一位卓越的天文学家,是第一个正确计算了小行星轨道的人?

17. 要判明某个数 N 是不是素数,你只需用素数 2,3,5,7,……一个接一个地

---

* 丹尼尔·德比希尔(Daniel Derbyshire)是作者的儿子。——译者

去除它,直到其中有一个恰好整除,在这种情况下你就证明了 N **不是**素数,或者……是什么? 你怎么知道什么时候停下来? 答案: 当你将要用来除的素数大于 $\sqrt{N}$ 的时候,你就停下来。例如,假设 N 是 47, $\sqrt{47}$ 是 $6.85565\cdots$,所以我只需要用 $2,3$ 和 5 试除。如果它们没有一个能整除,47 就一定是素数。为什么我不需要用 7 试除? 因为 $7\times7=49$,所以如果 7 恰好整除 47,那个商一定是**小于 7 的某个数**。同样, $\sqrt{701\,000}$ 是 $837.2574\cdots$。在它之下的最后一个素数是 829;超过它的下一个素数是 839。如果 839 整除 701 000,商一定是小于 839 的一个数;它要么是某个小于 839 的素数(那么我会已经试除过),要么是一个由**更小的**素因子构成的合数……。

18. 勒让德在贫困中死去,他由于坚持原则而冒犯了他的上司。他生于 1752 年,殁于 1833 年。我很抱歉在这里把他介绍成一个心怀不满和有点可笑的人物。勒让德是一个优秀的数学家,处于第二集团的顶端,做了多年有价值的工作。他的《几何原理》(*Elements of Geometry*)在超过一个世纪的时间里成为这个学科中首选的基本教科书。据说这激励了悲剧人物伽罗瓦(Évariste Galois)——佩契尼斯(Tom Petsinis)的小说《法国数学家》(*The French Mothematician*)中的讲述者——投身于数学研究。与我现在的叙述更加相关的是,他的书《数论》(*Theory of Numbers*)——在正文中提到的《论数论》更名后的第三版——被一位教师借给年轻的伯恩哈德·黎曼,他不到一个星期就归还了,并评论说,"这真是一本好书;我记在心里了。"这本书有 900 页。

19. 在康韦(John Conway)和盖伊(Richard Guy)的《数之书》(*The Book of Numbers*)第 9 章中有对欧拉-马斯凯罗尼常数的很好的说明。虽然在本书中我没有严格地描述它,但细心的读者会在第 5 章中瞥见欧拉-马斯凯罗尼常数。

20. 在我就读的英国的大学数学系,所有大学生都被要求在一年级修一门德语课程。那些像我一样在中学学过德语的人则被送到附近的斯拉夫和东欧学院学习俄语。我们的教员认为,在数学中那是仅次于德语的最重要的语言。你会得到彼得大帝时代留下的遗产。

21. 我这个故事取自英国才子和讽刺作家斯特雷奇(Lytton Strachey)1915 年写的腓特烈的亲戚们与伏尔泰在一起狂欢的记述,见于他的《书和人物:法国的和英国的》(*Books and Characters:French and English*)。

22. 欧拉的拉丁文是这种语言的精炼速记版本,它的出现不是为了炫耀写作者出色地掌握了奥古斯都时代的风格[对此,如果需要的话欧拉大概能做得到——他能背诵《埃涅伊特》(*Aeneid*)],而是为了尽可能清楚地用最短的话把意思传达给那些重视内容而不是重视形式的读者。我将在第 7 章 V 中给出一些实例。

23. 柏林科学院院长莫佩尔蒂(Pierre Maupertuis)被瑞士数学家柯尼希(Samuel König)指责剽窃了莱布尼茨的工作,这个指责很可能是对的。莫佩尔蒂要求科学院宣布柯尼希是个撒谎者,他们当然照办了。斯特雷奇写道:"科学院的成员们吓坏了,他们的年金全凭院长的意愿;甚至连大名鼎鼎的欧拉也不顾羞耻地参与了这场荒谬而不光彩的非难。"

24. 1795 年有了第一个英国版,1833 年有了第一个美国版。因为某种原因,这本书现在只能找到昂贵的珍藏版。

第 5 章

25. 它是 1644 年由门戈利提出来的。门戈利当时是博洛尼亚大学的教授,所以我们实在应该把它说成"博洛尼亚问题"。不过,正是雅各布首先使得这个问题引起广泛的注意,所以"巴塞尔问题"被一直叫到现在。

26. 如果觉得这条曲线的形状看上去格外熟悉,那是因为如果你累加调和级数的前 N 个项(第 1 章 Ⅲ),你会得到一个接近于 $\ln N$ 的数。事实上,

$$1+\frac{1}{2}+\frac{1}{3}+\frac{1}{4}+\frac{1}{5}+\frac{1}{6}+\frac{1}{7}+\cdots+\frac{1}{N} \sim \ln N。$$

而那个摇摇欲坠的纸牌堆的侧影,如果你把它按顺时针方向转动 90 度,那么它在一个竖直镜面中映出的,就是 $\ln x$ 的图像。

27. 注意:数学中通常这样用 ε——它是 epsilon,是希腊字母表中的第五个字母——来表示"某个非常微小的数"。

28. 这个证明是由希腊-法国数学家阿佩里(Roger Apéry)作出的,那时他 61 岁——这大大突破了那个说法:没有数学家在 30 岁以后还能做出任何真正有价值的工作。为纪念这个成就,这个和——它的实际值是 1.2020569031595942854……——现在以"阿佩里数"而知名。它在数论中确实有一些应用。随机取三个正整数。它们没有公共真因子的机会是多少? 答案: 大约 83%——精确地说,是 0.83190737258070746868…,即阿佩里数的倒数。

第 6 章

29. 英文版 2000 年由美国 Bloomsbury 公司出版。这部小说最初于 1992 年在希腊出版。正如佐克西亚季斯指出的,这个猜想是由欧拉首先表示成正规数学形式的。

30. 关于像哥德巴赫猜想和费马大定理这样的题目,你可能要说"噢,那不是算术,那是数论"。这两个术语之间有着有趣的关系。"数论"(number theory)这个词组,有时写作"theory of numbers",其出现至少可以追溯到帕斯卡(1654 年,在给费马的信中),但直到 19 世纪才明确地同"算术"区分开。高斯关于数论的伟大经典著作名为《算术研究》(*Disquisitiones Arithmeticae*,1801 年)。看来在 19 世纪后期的某个时刻,"算术"被确定用于在小学学习的基本运算,而"数论"则用于职业数学家们更深入的研究。后来,大约在 20 世纪中期,开始走回头路。这或许都始于达文波特(Harold Davenport)1952 年的书《高等算术》(*The Higher Arithmetic*),这是

对严肃数论的一个优秀的普及性介绍,其书名极偶然地回到了至少早在 1840 年代的"数论"的同义语。后来,在 1970 年代的某个时刻(这里我凭的是个人印象),数论专家们开始认为把他们的工作就称为"算术"是个精明的选择。赛尔(Jean-Pierre Serre)的《算术教程》(*A Course in Arithmetic*,1973 年)是一本大学生的数论教科书,它包括了下列主题:模形式、*p* 进域、赫克算子,还有,当然! ζ 函数。我好笑地想到某个糊涂的母亲为她小学三年级的孩子选了这本书,以帮助他掌握长乘法。

31. 狄利克雷名字的发音引出了很多麻烦。因为他是德国人,发音应当是"Dee-REECH-let",德语"ch"发硬音。说英语的人很少这样念。他们要么用法语的发音"Dee-REESH-lay",要么各取一半:"Dee-REECH-lay"。

32. 卡拉泰奥多里虽然祖籍希腊,但却是在德国出生、受教育和去世。康托尔出生于俄国,并有一个俄籍母亲,但他 11 岁时移居德国,并几乎在那里度过一生。米塔-列夫勒是瑞典人。根据数学界的传说,是他导致了没有诺贝尔数学奖。据说他和诺贝尔的妻子有染,而且被诺贝尔发现了。这是一个很好听的故事,但是诺贝尔并没有结过婚。

33. 费利克斯·门德尔松的第一个堂妹奥蒂莉(Ottilie)嫁给了德国大数学家库默尔(Eduard Kummer);他们的外孙斯普拉格(Roland Percival Sprague)是 20 世纪对策论中"斯普拉格-格伦迪理论"的创建者之一——。我得打住,不再继续深入;这就像是探究那些德意志王室的家谱。另一个门德尔松链接将出现在第 20 章 V。

第 7 章

34. 埃拉托色尼(Eratosthenes)的读音是——至少数学家们这样读——"era-TOSS-the-niece"。

35. 数学允许出现无穷积,正如它允许出现无穷和。与无穷和一样,它们有些收敛于一个确定的值,有些向无穷大发散。当 *s* 大于 1 时,这个无穷积是收敛的。例如,当 *s* 是 3 时,它是

$$\frac{8}{7} \times \frac{27}{26} \times \frac{125}{124} \times \frac{343}{342} \times \frac{1331}{1330} \times \frac{2197}{2196} \times \frac{4913}{4912} \times \frac{6859}{6858} \times \cdots$$

这里的项很快地越来越接近于 1,因此在乘法的每一步中,你用来乘的是只比 1 大一点点的数……当然,这对结果几乎没什么改变。用 0 加某数:不起作用。用 1 乘某数:不起作用。在一个无穷和中,项很快接近于 0,以至于加上它们只起很微小的作用;在一个无穷积中,项很快接近于 1,以至于乘以它们只起很微小的作用。

36. 严格来说,"金钥匙"是我的术语,"欧拉积公式"是标准术语。下列术语也有这两种成分,"这个狄利克雷数列"指这个无穷和,而"这个欧拉积"指这个无穷积。严格地说,等式左边是一个狄利克雷级数,而右边是一个欧拉积。不过在本书狭义范围的上下文中,用"这个"比较合适。

37. 有两种方式定义 $Li(x)$，遗憾的是，两种都很常用。在本书中我将使用"美国的"定义，它是在 1964 年由美国国家标准局出版的阿布拉莫维茨（Abramowitz）和斯特根（Stegun）的经典作品《数学函数手册》（*Handbook of Mathematical Functions*）中给出的。这个定义取从 0 到 x 的积分，这也是黎曼使用的 $Li(x)$ 的含义。许多数学家——包括伟大的兰道（见第 14 章 Ⅳ）——更喜欢"欧洲的"定义，它取从 2 到 x 的积分，以避免 $x = 1$ 时的棘手情况。这两个定义相差 1.04516378011749278…。*Mathematica* 软件包采用的是美国的定义。

38. 你可以用累加 $1/\ln2, 1/\ln3, 1/\ln4, \cdots, 1/\ln N$ 的方法得到 $Li(x)$ 的很好的近似值。例如，如果你对 N 等于一百万做这个计算，你会得到 78 627.2697299…，而 $Li(N)$ 等于 78 627.5491594…。可见这个和给出了一个误差低于 0.0004% 的近似值。那个积分符号确实看起来就像代表"sum"（和）的"S"。

第 8 章

39. 大部分如此。普鲁士和奥地利也统治着部分历史上的波兰。

40. 他在韦伯的物理实验室作为助手工作了一年半，并可能因此得到了少量报酬，或许并非完全没有收入。

41. 拓扑学是"橡皮膜"几何学——研究那些在不被撕破或切割的前提下不受伸缩影响的图形性质。一个球的表面在拓扑学上等同于一个立方体的表面，但不同于一个炸面饼圈或一个法国号的表面。"拓扑学"这个词是 1836 年利斯廷（Johann Listing）在给他老校长的一封信里创造的。1847 年，利斯廷写了一本题为《拓扑学初探》（*Preliminary Sketch of Topology*）的小册子。黎曼在格丁根大学期间，利斯廷是那里的数学物理学教授，黎曼一定知道他和他的著作。然而，黎曼似乎从来没有使用过"拓扑学"这个词，而总是把这个主题写成高斯偏爱的拉丁词 analysis situs——"位置分析"。

42. 《叶甫盖尼·奥涅金》（*Eugene Onegin*），1833 年;《当代英雄》（*A Hero of Our Times*），1840 年;《死魂灵》（*Dead Souls*），1842 年。

43. 他还是 1959 年的一首滑稽歌曲《罗巴切夫斯基》（*Lobachevsky*）的主题，歌曲作者是数学家兼音乐家莱勒（Tom Lehrer）。

44. 塞尔贝格现在是数论界的元老，在本书写作时（2002 年 6 月）他仍然在那个研究院，而且在数学研究上仍然活跃。在本书第 22 章有一个与此有关的故事。他 1917 年 6 月 14 日出生于挪威的朗厄松。

45. 黎曼、高斯、狄利克雷和欧拉也享有这一荣誉。黎曼环形山在东经 87 度、北纬 39 度。

46. 我或许应当解释一下，数学家们在学习外语方面有他们自己的特殊方法。能读懂非自己母语的某种语言的数学论文，并不意味着必须完全精通那种语言。你只需要学会几十个单词、短语，以及数学阐述中通用的结构:"其结果是……"，

"这足以证明……"，"不失一般性……"，如此等等。其余的是像 $\sqrt{}$ 和 $\sum$ 那样的符号，那是对所有语言都通用的(虽然在使用时会夹杂一些无关紧要的各国方言)。当然，有些数学家是优秀的语言学家。韦伊(见第 17 章Ⅲ)除了他的母语法语外，还能说能读英语、德语、葡萄牙语、拉丁语、希腊语，以及梵语。但我说的是普通的数学家。

47. 高斯六个孩子中的两个移居到了美国，他们在那里帮助向密苏里州移民。

第 9 章

48. "一个吓人的式子……"。它实际上并没有那么可怕，除非你把你学的高中数学全都忘了。除了 ζ 函数，这里没有高中数学未包括的内容，至少部分如此。正弦和阶乘函数正如数学家们所说，是"基本的"，因此这个公式"基本上"把 ζ 函数在自变量 $1-s$ 处的值和它在 s 处的值联系了起来。顺便说一下，这种式子被称为"函数方程"。

49. 附带说一下，这个事实首先是由伯恩哈德·黎曼证明的。

第 10 章

50. 《黎曼的 ζ 函数》(*Riemann's Zeta Function*)，爱德华兹(1974)，2001 年由 Dover 公司再版。

51. 尽管有一些像黎曼这样的不幸例子，高等数学仍惊人地有益于健康。在写作本书的过程中，我注意到不少数学家活到高龄，临终前还很有活力。"数学是非常艰苦的工作，而数学家在健康和活力方面往往处于一般水平之上。艰苦的脑力劳动，在某个临界点之下会使人衰弱，但超出这个临界点，它却**有利于**健康和活力(而且——根据许多关于年龄的历史材料——有利于长寿)。"——《数学家的工作艺术》(*The Mathematician's Art of Work*)，李特尔伍德，1967 年。李特尔伍德就是他自己这个论点的一个例证，关于他我在第 14 章还有很多话要说。他活到 92 岁。他的一个同事霍朗德(H. A. Hollond)在 1972 年写下了关于他的如下记录："在他 87 岁这年，他仍然不休息地长时间工作，撰写待发表的论文，帮助那些写信向他提出问题的数学家们。"——伯基尔(J. C. Burkill)摘自《数学：人，问题，结果》(*Mathematics*：*People*，*Problems*，*Results*，杨百翰大学，1984 年)。

52. 我忍不住要写出来。"如果 f 是一个圆环 $0<r_1<|z|<r_2<\infty$ 中的解析函数，r 是 r_1 和 r_2 之间不包括两端的某个数，而 M_1、M_2 和 M 分别是 f 在与 r_1、r_2 和 r 相对应的三个圆上的最大值，那么 $M^{\ln(r_2/r_1)}\leq M_1^{\ln(r_2/r)}M_2^{\ln(r_1/r)}$。"

53. 斯蒂尔切斯(Stieltjes)生于 1856 年，殁于 1894 年。在说英语的数学家中，对他的名字最常见的读法是"STEEL-ches"。

54. 法国科学院院刊。这个词在学术文献目录中很常用，常被缩写为" *C. R.* "。

55. 他没有加入共产党,不过他的女儿雅克利娜(Jacqueline)加入了。

56. 虽然证明 PNT 的荣誉均等地归于阿达马和瓦莱·普桑,但我关于前者写了大量篇幅而接着对后者没写什么。这部分地是因为我发现阿达马是个有趣而富有同情心的人物。也因为关于瓦莱·普桑的材料要少得多。他虽然是一个优秀的数学家,但看来不怎么参加其他领域的活动。我对塞尔贝格提起过这些,他是我曾经交谈过的唯一有可能同时认识这两个人的数学家。阿达马?"哦,是的。我在剑桥会议上(就是 1950 年那次)遇见过他。"瓦莱·普桑?"不,我从未见过他,我也不知道有谁见过他。我想他很少出门。"

第 11 章

57. 辐角现在更经常地被称为"argument",* 表示为 $\mathrm{Arg}(z)$。我使用那个旧的术语,部分是为了同哈代(见第 14 章 Ⅱ)保持一致,部分是为了避免混淆于我用"argument"来指"一个函数所作用的数"。**

第 12 章

58. 我的意思不是要把克罗内克贬成一个怪人。他的论据虽然我不赞同,但却是非常精妙,而且在数学上非常老到。对克罗内克的有力辩护,见爱德华兹在《数学信使》(*Mathematical Intelligencer*)第 9 卷第 1 期上的文章。爱德华兹教授说,克罗内克是"有道理的,不是尖刻的"。

59. 德文是: Wer von uns würde nicht gern den Schleier lüften, unter dem die Zukunft verborgen liegt, um einen Blick zu werfen auf die bevorstehenden Fortschritte unserer Wissenschaft und in die Geheimnisse ihrer Entwickelung während der künftigen Jahrhunderte?

60. 实际上希尔伯特对他的听众只讲了那些问题中的 10 个,那些已经读过他的演讲印刷文本的人极力主张将其精简以便于讲述。所有 23 个问题都列在演讲的印刷文本中,它们通常以其在那篇论文中的编号而被提及。他在巴黎大学向他的听众们实际宣读的那些问题的编号是 1,2,6,7,8,13,16,19,21 和 22。还有一种混乱产生于这样的事实:希尔伯特的 23 个着弹点中有一些只是强调了研究的领域,并且只是些可争议的问题。典型的例子是第 2 个问题,"研究算术公理的相容性"。这就导致了不同的编号系统,你有时会看到。例如,霍奇斯(Andrew Hodges)在他写的图灵传记中,列出了 17 个希尔伯特问题,而不是 23 个,证明黎曼假设是第 4 个,而不是第 8 个。希尔伯特那些有实际明确定义的问题现在几乎都被解决了,黎曼假设则是唯一的例外。

---

  * 作者在正文中用的词是 amplitude。——译者

  ** argument 用在这里是指"自变量"。——译者

61. 我所知道的最好的这样的书是格雷(Jeremy J. Gray)的《希尔伯特的挑战》(*The Hillbert Challenge*, 牛津大学出版社, 2000年)。

62. 优秀的普及性描述可参见卡斯蒂(John L. Casti)的书《数学的顶峰》(*Mathematical Mountaintops*, 牛津大学出版社, 2001年)。

63. 大多数当时的数学家会把这个头衔给庞加莱(1854—1912)。事实上在1905年匈牙利科学院就是这样做的,它把第一届波尔约奖授予"在过去25年中所取得的成就对数学发展作出了最伟大贡献的数学家"庞加莱。第二届波尔约奖在1910年授予希尔伯特。

64. 波利亚(1887—1985)。请看看那些日子——又一个不朽的年代。波利亚是匈牙利人。比德国人在19世纪初的兴起更为引人注目的,是匈牙利人在20世纪初的兴起。1800年德意志国家(除了奥地利和瑞士)有大约2400万人,而1900年在匈牙利说匈牙利语的人口是大约870万,我相信从来没有超过1000万。这个小而不起眼的民族所产生世界最优秀数学家的比例之高令人惊讶:博洛巴什(Bollobás)、艾尔代伊(Erdélyi)、爱尔特希、费耶(Fejér)、哈尔(Haar)、凯雷加托(Kerékjártó)、两位柯尼希(König)、屈尔沙克(Kürschák)、拉卡托斯(Lakatos)、拉多(Radó)、雷尼(Renyi)、两位里斯(Riesz)、萨斯(Szász)、塞格(Szegö)、瑟凯福尔维-纳吉(Szokefalvi-Nagy)、图兰(Turán)、冯·诺伊曼,我很可能还漏掉了几个。有份适当的文献试图解释这一现象。波利亚本人认为,主要因素是费耶(1880—1959),一位鼓舞人心的教师和天才的管理人员,他吸引并激励了大量数学人才。这些伟大的匈牙利数学家(包括费耶)中有很高比例是犹太人——或者像波利亚的父母,原本是犹太血统,但"在社会生活上"皈依了基督教。

65. "一个正则多胞形的顶点图全都相等。"多胞形是二维的多边形或三维的多面体的 n 维等价物。如果一个多胞形的所有"胞腔"——它的 $(n-1)$ 维的"面"——都是正则的,并且它的顶点图都是正则的,那么它就是正则的。一个立方体的胞腔都是正方形,它的顶点图都是等边三角形。长命表:"唐纳德"考克斯特生于1907年2月9日。到2002年底,他仍然被列为多伦多大学教员。2001年,他和格林鲍姆(Branko Grunbaum)联名发表了一篇论文。对于这位极为多产的考克斯特,一位数学家对我说:"唐纳德最近似乎有点慢下来了。"

66. 顺便说一下,有关理论向我们保证,这里的实部是精确的数学上的 $\frac{1}{2}$,而不是 0.4999999 或 0.5000001。关于这我将在第16章再来说。

第13章

67. 附带说明,最常用来代表"未知"复数的是"z",而不是"x"。数学家们习惯用"n"和"m"代表整数,"x"和"y"代表实数,"z"和"w"代表复数。当然,我们可以使用我们觉得喜欢用的任何其他字母——这只是一种习惯。(对于 ζ 函数的自变量,我将坚持另一种习惯,称它为"s",就和其他数学家一样。)波利亚过去常常告诉他的学生,在复变函数论中以"z"代表自变量和以"w"代表函数值的通常用法,来源于德语词 Zahl,意思是"数";以及 Wert,意思是"值"。不过我不知道这是不是真的。

68. 埃斯特曼(1902—1991)由于在 1929 年证明哥德巴赫猜想几乎总是成立而在数学上出名,哥德巴赫猜想断言每一个大于 2 的偶数都是两个素数之和。他还是注释 11 中我对 $\sqrt{2}$ 是无理数的那个证明的始创者——他常常夸口说这是"毕达哥拉斯以来的第一个新证明"。

69. 从事单复变函数研究的数学家们一般说"z 平面"和"w 平面"。在复变函数论中,"z"指一般的自变量,"w"指一般的函数值,这是不言而喻的。

70. 这两种图都只是在高速计算机工作站和个人电脑出现的情况下才能容易得到。在此之前,绘制像我的图 13.6 至 13.8 那样的图形是一件令人生畏的费力活儿。

第14章

71. 巴恩斯,李特尔伍德的指导老师。他后来成为英国圣公会的一名主教。

72. 复变函数论教科书《留数计算》(*Calcul des Résidus*)的作者。林德勒夫(1870—1946)是斯堪的纳维亚数学的伟大英雄,他努力工作,通过教学、研究和撰写教科书来推进那里的数学。他出生于赫尔辛基,作为俄国沙皇的臣民开始他的一生——芬兰直到 1917 年才脱离俄国获得独立。然而,林德勒夫热爱芬兰(本书中仅有的两个芬兰人之一),热情地参与这个新国家的生活。他是林德勒夫假设的提出者,这是一个著名的关于黎曼 ζ 函数的猜想,说的是它在临界带中的增长率。我在附录中叙述了这个猜想。

73. 三一学院的研究员是一个讲课的职位,有固定的薪金,并有权在学院得到住所及在"大堂"(餐厅)就餐。它不一定是终身的。

74. 在 20 世纪 30 年代中期,苏联情报机构吸收了剑桥的五名大学生。他们的名字是伯吉斯(Guy Burgess)、麦克莱恩(Donald Maclean)、菲尔比(Kim Philby)、布伦特(Anthony Blunt)和凯恩克罗斯(John Cairncross)。这个被苏联人称为"五人组"的间谍网,在 20 世纪 40 年代和 50 年代都相继攀上了英国的政治和情报机构的高位,并且在整个第二次世界大战和冷战期间把关键性的情报传递给苏联。五个人中的四个在三一学院;麦克莱恩在三一学堂,那是一个独立的较小的学院。

75. 斯特雷奇(Lytton Strachey)、伍尔夫(Leonard Woolf)、贝尔(Clive Bell)、麦卡锡(Desmond MacCarthy)、悉尼－特纳(Saxon Sydney-Turner),以及斯蒂芬(Stephen)两兄弟(索比(Thoby)和艾德里安(Adrian))都是三一学院的人。不过,凯恩斯(John Maynard keynes)、弗赖伊(Roger Fry)和福斯特(E. M. Forster)都在国王学院。

76. 大家总是这么说。不过,亚历山德森(Jerry Alexanderson)在他写波利亚的书中声称,在波利亚的遗产中有许多哈代的照片。

77. 不过我手头这部第一版的书脊上只简单地写着"素数"(Primzahlen)。

78. 在这类问题中还有下界。下界就是这样一个数 N:我们可以证明,任何精确的可能答案一定大于 N。在李特尔伍德反例这个情况中,这方面看来没做什么工作,大概是因为所有人都知道第一个反例的精确值是极其地大。德莱格利斯(Deléglise)和里瓦(Rivat)1996 年把 10^{18} 确定为下界,后来又提高到 10^{20}。但基于贝斯和赫德森的成果,这些下界几乎没什么价值。

79. 如果觉得贝斯和赫德森的名字看上去有些熟悉,那是因为我在第 8 章 IV 中提到他们同切比雪夫偏倚有关。实际上这里有一个深的层次,它太深了,所以我不在这里进一步解释。在这个层次上,$Li(x)$ 大于 $\pi(x)$ 的倾向与切比雪夫偏倚类似。这两个问题一般采用解析数论一并处理。实际上,李特尔伍德 1914 年的论文不仅仅证明了 $Li(x)$ 大于 $\pi(x)$ 的倾向会被违反无穷多次,还证明了对切比雪夫偏倚来说亦是如此。关于这个问题的一些吸引人的新观点,参见鲁宾斯坦(Michael Rubinstein)和萨尔纳克(Peter Sarnak)的论文"切比雪夫偏倚"(Chebyshev's Bias),载于《实验数学》(*Experimental Mathematics*)第 3 卷,1994 年(第 173—197 页)。

80. 冯·科赫因为"科赫雪花曲线"而为通俗数学读物的读者所熟悉。在那些文章里,"冯"(von)总是被漏掉,我不知道为什么。

第 15 章

81. 也许是没有注意到巴赫曼的书,也许是(更像是)恰恰选择不使用这个新的大 O 记法,冯·科赫实际上是以一种更传统的形式表达他的结果:

$$|f(x)-Li(x)| < K \cdot \sqrt{x} \cdot \ln x。$$

82. 在这个领域中已经做了大量的研究。实际上,极有可能是这种情况,即 $\pi(x)=Li(x)+O(\sqrt{x})$,它可能就是黎曼的"量级"说法所指的。然而,我们还远远不能证明这个。顺便说一下,有些研究者更喜欢 $O_\varepsilon(x^{\frac{1}{2}+\varepsilon})$ 的记法,以强调大 O 的定义所蕴含的那个常数依赖于 ε。如果你使用这个记法,第 15 章 III 的逻辑结构就会稍有改变。注意,N 的平方根的长度大约是 N 的一半(我指的是,它的数位大约有 N 的一半那么多)。因此,虽然我不会停下来详细证明,$Li^{-1}(N)$ 给出的第 N 个素数大约有一半数字是对的,也就是说,这些数字的开头一半大体上是对的。这里的式子"$Li^{-1}(N)$"要从第 13 章 IX 的"反函数"的意义上去理解,意思是:"使 $Li(K)=N$ 的数 K"。例如,第十亿个素数是 22 801 763 489;$Li^{-1}(1\ 000\ 000\ 000)$ 是 22 801 627 415——十一个数字中有五个,差不多六个(是对的)。

83. 默比乌斯最为出名的是图 15.4 中显示的默比乌斯带,那是他本人在 1858 年发现的。(它此前由另一位数学家利斯廷(Johann Listing)描述过,也是在

1858 年。利斯廷将此发表了,而默比乌斯没有,因此根据学术规则,它实在应该被称为"利斯廷带"。在这个领域中没有司法裁决。)要做一个默比乌斯带,请取一条纸带,把两端同时拿起(一端拿在你的右手,一端拿在你的左手),把其中一端翻转180°,再把两端粘在一起。现在你就有了一条只有一个面的纸带——一只蚂蚁可以从纸带上的任何一个点走到任何另一个点而不越过边缘。

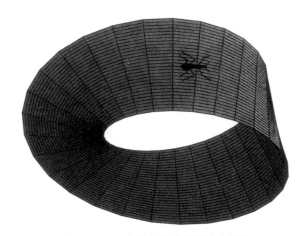

图 15.4　一个带有蚂蚁的默比乌斯带

84. 为免得你以为挑选一个相当于默比乌斯本人姓名首字母的符号多少是出于他的虚荣心,应当让大家知道,默比乌斯 1832 年第一次描述这个函数的时候,他本人并没有使用 μ。μ 这个记号缘于 1874 年的默滕斯,默滕斯以此来纪念默比乌斯而不是他本人,此时默比乌斯已经去世。

85. 如果你想不明白那里的逻辑关系,这里有一个类似的例子。设想定理15.1 说的是"所有人都不到 10 英尺高",而黎曼假设说的是"所有美国人都不到10 英尺高"。如果第一个成立,那么第二个一定成立,因为每一个美国人都是人。较强的结论可以推出较弱的结论。如果有一个 11 英尺高的人被发现生活在遥远的新几内亚高山地带,那么那个人的存在将使定理 15.1 不成立。然而,黎曼假设将仍然悬而未决,因为这个巨人不是美国人。(虽然我怀疑他很快就会是……)

第 16 章

86. 伯恩斯坦在 1921 年才成为教授。我看到过的书面记载说,他也在兴登堡的修正之下被技术性地豁免,但我不知道这个说法的根据。伯恩斯坦(1874—1956)在希特勒统治时期逃到美国,但在 1948 年回到了格丁根。

87. 西格尔对达文波特(Harold Davenport)说了下面的故事。"1954 年,为了庆祝格丁根创建 1000 周年,市政府的主要成员们决定把荣誉市民称号授予在 1933 年被解雇的那些教授中的三位。《格丁根日报》派了一名记者去找雷利希(Franz Rellich,当时是格丁根大学的数学院院长),问他能否写一篇关于这三个人的文章。雷利希回答道,"你们为什么不去查一查你们在 1933 年写了些什么?"

88. 几何函数论中确实有一个分支,被不完全准确地称为"泰希米勒理论"。它研究的是黎曼曲面的性质。泰希米勒在第二次世界大战中自愿服役。1943 年 9 月在第聂伯河畔的战斗中失踪。

89. 在数学界中的另一个例子是比伯巴赫(Ludwig Bieberbach),他是复变函数论中一个著名猜想的创始人(这个猜想 1984 年由德布朗热(Louis de Branges)证明)。1933 年在柏林大学,比伯巴赫穿着全套纳粹制服主持博士学位申请者的口试。

90. 我想不出对于 Nachlass 的合适英语译法。从这个(德语)词在英语资料中频繁出现这一点来判断,可知其他人也不知怎么翻译它。我的德语词典上的解释是"文学遗产"。在这里上下文中的意思是"从一个学者死后留下的财物中发现的未发表的论文"。

91. 请回忆我对大 O 的解释,它包含某个固定的常数乘数。例如,$O(\ln T)$ 意味着"这个项永远不超过 $\ln T$ 的某个固定倍数"。把这个公式描述为"非常好",就是说这个固定乘数很小。在这个例子中它小于 0.14。

92. 这种特别的理论所研究的是实际而精确地在数学上**处于**临界线的零点。把握这里的逻辑关系很重要。理论 A 告诉你:"在从 T_1 到 T_2 的矩形带中有 n 个零点"(见图 16.1)。理论 B 告诉你:"在从 T_1 到 T_2 的临界线上有 m 个零点。"如果证明了 $m=n$,那么你就在 T_1 和 T_2 之间证实了黎曼假设。另一方面,如果 m 小于 n,你就否证了黎曼假设!(当然,逻辑上 m 不可能大于 n。)理论 B 研究的是临界线上的事情。在这里讨论的零点实部不可能是 0.4999999999 或 0.5000000001。试着比较一下第 12 章Ⅶ中关于这方面的注释。

93. 顺便说一下,迄今为止所有计算出来的零点(的虚部)似乎都是无理数。如果在它们中间出现一个整数,或者甚至是一个循环小数(表明是一个有理数),都将是惊人的和奇妙的。我知道没有理由说明这不会发生,但是没有发生过。

94. 菲尔兹奖于 1936 年首次颁发,它是由加拿大数学家菲尔兹(John Charles Fields,1863—1932)提议设立的。现在每隔四年颁发一次,其主要目的是鼓励大有前途的年轻数学家。因此,它只颁发给那些 40 岁以下的数学家。本书中提到的数学家中有好几位获得过菲尔兹奖:塞尔贝格(1950 年)、塞尔(1954 年)、德利涅(1978 年),以及孔涅(1982 年)。菲尔兹奖在数学家中享有很高声誉。如果你是菲尔兹奖获得者,那么每一个数学家都会知道,并且怀着极大的敬意说到你的名字。

95. 并不是霍奇斯所说的"104 个"。

96.《黎曼ζ函数理论》(*The Theory of the Riemann Zeta-function*, 1951年)。仍然有售。

97. 再写一个关于生平的注释。贝克隆德(1888—1949)是本书中另一个芬兰人,出生于波的尼亚湾雅各布斯塔德的一个工人阶级家庭。"这个家族很有才华,但似乎精神上不太稳定;贝克隆德的三个兄弟都自杀了。"(《芬兰数学史》(*The History of Mathematics in Finland*),埃尔温(Gustav Elfving)著,赫尔辛基,1981年。)作为林德勒夫的一个学生,贝克隆德在获得博士学位和从事保险业之后成了一名保险精算师,就像格拉姆那样。人类的知识中有大量的进展归功于保险业。顺便说一下,格拉姆的死因有些不可思议——被一辆自行车撞死。

98. 爱德华兹教授的书中包括了那些未发表遗稿中一些稿页的照片,说明了西格尔从事的工作范围。

第17章

99. 例如,帕特森(S. J. Patterson)在他的著作《黎曼ζ函数理论导论》(*An Introduction to the Theory of the Riemann Zeta-function*) §5.11中写道:"关于黎曼假设的正确性,迄今已表明的最有说服力的理由是,对于关联着有限域上曲线的ζ函数的一个类似陈述被证明是正确的。形式上的相似是如此明显,以至于**很难相信它们不会导致更深远的巧合**。"(字体变化是我设的。)

100. 让我创立一句格言:代数学家们关心的不是那些东西是什么,而是你能对它做什么。他们是动词性的人,而不是名词性的人。对于代数的另一个有趣的理性视角是由迈克尔·阿蒂亚爵士(Sir Michael Atiyah) 2000年6月在多伦多的菲尔兹演讲中提出的。几何显然是关于空间的(菲尔兹奖获得者阿蒂亚说),而代数是关于时间的。"几何本质上是静态的。我可以只是坐在这里看,没有什么能发生变化,而我仍然可以看着。然而,代数和时间有关,因为你有着依序执行的运算步骤……。"[申尼泽尔(Shenitzer, A.)和阿蒂亚,"20世纪的数学"(Mathematics in the 20th Century),《美国数学月刊》(*American Mathematical Monthly*)第108卷,第7期。]

101. 大多数说英语的数学家都(把他的名字Weil)读成"Vay"。这主要是为了避免听的人把他同外尔(Weyl,读作"Vail")相混淆。韦伊是20世纪数学中最杰出的名人之一,他是神秘的法国抵抗运动女英雄西蒙娜·韦伊(Simone Weil)的兄弟。他在法兰西学院时曾经是阿达马的学生。

102. 可能更好的说法是"从1号到N号的零点",因为零点有时候会重叠。多项式x^2-6x+9的零点是3和3。它可被因式分解为$(x-3)(x-3)$。因此,你可能更愿意说这个多项式只有一个零点,就是3。用严格的数学术语来说,这是"一个2阶的零点"。顺便说一下,有一种方法可以给任意函数的任意零点指派一个类似的阶。就我们现在所知道的,所有ζ函数的非平凡零点都是1阶的;但这还没有被证明。万一 ζ 函数的某个非平凡零点被证明是 2 阶或更高阶的，这一点虽不能证否黎曼假设，但是会给某些计算理论制造混乱。

第 18 章

103. 当然，我在这里真正谈论的是**算子**。算子为描述动态系统提供了一个数学模型。"系综"（顺便说一下，这个单词的这个用法源于爱因斯坦）指的是那些具有共同统计性质的算子的集族。

104. 更确切地说，蒙哥马利感兴趣的领域是所谓的"类数问题"，在德夫林（Keith Devlin）的《数学：新的黄金时代》（*Mathematics：The New Golden Age*，哥伦比亚大学出版社，1999 年）一书中对此有非常明白易懂的描述。

105. 戴蒙德是一位数论专家。他如今是位于厄巴纳-尚佩恩的伊利诺伊大学的数学教授。

106. 乔拉，1907—1995。一位杰出的数论专家，大部分时间在科罗拉多大学。

107. 关于随机矩阵理论的标准入门教科书是梅赫塔的《随机矩阵和能级的统计理论》（*Radom Matrices and the Statistical Theory of Energy Levels*，1991 年，纽约：学术出版社）。

108. 戴森实际上是又一个三一学院的人，1940 年代初在那里上学。他回忆说，哈代那时正逐渐陷入他那不可救药的抑郁状态，他"并不令人鼓舞"。

109. 这产生了这些结果在多大程度上是真正定理的有趣问题。在我看来，一个假定 RH 成立而得到的结果，严格来说其本身就是一个假设——或许是子假设，而无论如何不是一个真正的定理。事实上，考虑到数学被认为是最精确的学科，数学家们在诸如"猜想"、"假设"和"定理"这些术语的使用上并没有做到非常严格。例如，为什么 RH 是一个"假设"，而不是一个"猜想"？我不知道，我也找不到任何能够告诉我的人。经粗略查考，这些说法看来对英语以外的语言也是适用的。顺便说一下，"黎曼假设"的德语是 Die Riemannsche Vermutung，出自动词 vermuten——"推测"。

110. 英国布里斯托尔大学物理学教授。贝里在 1996 年 6 月的女王生日庆典上被授予爵位，成为迈克尔·贝里爵士。我已经尽可能在写他 1996 年前的活动时用"贝里"，而在其后用"迈克尔·贝里爵士"；但我不能保证完全严格。

111. 这台克雷 1 在 20 世纪 80 年代后期的某个时候用了一台克雷 X-MP 来做辅机。

112. 我所能追溯到的这样命名蒙哥马利-奥德利兹克定律的最早出处是在 1999 年卡茨和萨奈克发表的一篇论文中。"定律"这个词当然应被理解为物理学意义上的而不是数学意义上的。就是说，它是由经验证据确认的一个事实，就像关于行星运动的开普勒定律。它不是一个数学原理，就像正负号规则。萨奈克-卡茨的论文实际上证明了关于有限域上的类 ζ 函数的定律（见第 17 章Ⅲ），从而建立了对 RH 的代数和物理学研究途径之间的一座桥梁。

113. 答案不是"一半"。否则将会混淆中位数和平均数。1, 2, 3, 8510924 这四个数的平均数是 2127575；但它们中有一半小于 3。

114. 即数学家们所熟知的"泊松分布"。顺便说一下，e 这个数在这里到处出现。例如，6321 就是 10 000(1−1/e)。

115. 我用于图 18.5 的曲线的方程是 $y=(320000/\pi^2)x^2 e^{-4x^2/\pi}$。它是一个偏斜分布，不是(像高斯正态分布那样的)对称分布。它的峰值在自变量 $\frac{1}{2}\sqrt{\pi}$ 处，即 0.8862269⋯。这是维格纳(Eugene Wigner)推测的 GUE 相邻间隔分布曲线。他的推测基于能从核实验中收集到的少量数据。后来证实这不是精确的正确曲线，虽然它精确到大约 1% 的误差。由戈丹(Michel Gaudin)找到的正确曲线有着更为复杂的方程。奥德利兹克不得不编写了一个程序来绘制它。

第 20 章

116. 然而"混沌"这个词直到 1976 年才被运用于这些理论，当时物理学家约克(James Yorke)首先创造了这个词。格莱克(James Gleick)1987 年的畅销书《混沌：创造新科学》(Chaos：Making a New Science)仍然是混沌理论最好的入门书……除非你算上斯托帕德(Tom Stoppard)的 1993 年上演的《世外桃源》(Arcadia)。

117. 这位亨泽尔(1861—1941)是门德尔松家谱图中的又一分支。他的祖母范妮(Fanny)是那位作曲家的妹妹；他的父亲塞巴斯蒂安·亨泽尔(Sebastion Hensel)是她唯一的儿子。范妮去世的时候，塞巴斯蒂安 16 岁，他被送去和狄利克雷(见第 6 章Ⅶ)住在一起，他在那里一直住到结婚。库尔特的大部分生涯是在德国中部的马尔堡大学任教授，1930 年退休。尽管有犹太血统，他看来在纳粹统治下并没有受苦。"总的来说，门德尔松家族没有感受到纽伦堡反犹太法的巨大压力，因为这个家族的大部分在好几代前就转变了信仰。"[库普费尔贝格(H. Kupferberg)，《门德尔松家族》(The Mendelssohns)。]1942 年，亨泽尔的儿媳把他大量的数学藏书捐给了位于被占领的(法国)阿尔萨斯的纳粹化的新斯特拉斯堡大学，当年 11 月它作为斯特拉斯堡帝国大学重新开学(但今天它又回归了法国)。

118. 至少有一位数学家在文章中表达了谨慎的怀疑。在评论孔涅 1999 年的论文"非交换几何中的迹公式和黎曼 ζ 函数的零点"时，萨奈克(他不是我说的数学家 X 和 Y 中的任何一位)说道："论文中的类比和计算及其附录是有启发性、令人愉快和错综复杂的，由于这些原因，这篇论文看起来提供的不仅仅是 RH 的另一个等价物。这些思想特别是空间 X 事实上能否用于说出关于 $L(s,\lambda)$ 零点的任何新东西，本评论者并不清楚。"萨奈克提到的 $L(s,\lambda)$ 是我在第 17 章Ⅲ中说到的黎曼 ζ

函数的那些类似物之一。

119. 这个研究方法的正式名称是"当茹瓦的概率解释",得名于法国分析学家当茹瓦(Arnaud Denjoy，1884—1974)。当茹瓦 1922—1955 年是巴黎大学数学教授。

120. "他用他的魔杖指点那些单调的公式，把它们变成诗歌。"——布洛姆(Gunnar Blom)，摘自收录在克拉默尔选集中的纪念文章。克拉默尔(1893—1985)是又一位长寿者。他在 92 岁生日后几天去世。

121. 我从特南鲍姆(Gérald Tenenbaum)和弗朗斯(Michel Mendès France)的《素数及其分布》(*The Prime Numbers and Their Distribution*，美国数学学会出版，2000 年)第 3 章中借用了这个思想实验。

122. 关于这个论题有一篇出色的文章是瓦贡(Stan Wagon)的"π 是正态的吗?"(Is π Normal?)，载于《数学通讯》(*Mathematical Intelligencer*)第 7 卷，第 3 期。

123. 我有休·蒙哥马利和孙达拉拉扬(Kannan Soundararajan)的一篇最新论文的预印本，题为"超越对相关"(Beyond Pair Correlation)，对克拉默尔模型发起了又一个冲击。这篇论文的最后一段话是，"……似乎这里有某种东西仍然需要进一步了解。"

124. 《数学与似然推理》(*Mathematics and Plausible Reasoning*，1954 年)。

125. 富兰克林写过一本很好的关于非数学概率论的书，《猜测的科学》(*The Science of Conjecture*，2001 年)。我在 2001 年 6 月的《新标准》(*The New Criterion*)上评论过这本书。

第 21 章

126. 考虑到那些被我的说法所鼓动以至于正要跑去买一个数学软件包的读者的利益，我或许应当说，对于这些与众不同的软件包的相关价值，各人有各人的看法，正如关于 PC 机和 Mac 机的长久争论，有人就强烈反对在比尔·盖茨(Bill Gates)那里效力的沃尔弗拉姆(Stephen Wolfram)，是他设计了 *Mathematica* 软件包。作为一个纯粹的新闻工作者，我认为我应当置身战场之外。我确实不是为 *Mathematica* 作宣传。它是引起我注意的第一个数学软件包，也是我曾经使用过的仅有的一个。我需要它做的它总是能做到。当然，有时候我不得不对它做一点微调(见注释 128)，但我从未听说有一个不需要偶尔做微调的软件包。

127. 虽然与这里的讨论没有直接的联系，但作为一个重要的问题，我忍不住要补充说，复变函数论中最重要的定理之一是关于整函数的。这个定理是由皮卡(Émile Picard，1856—1941)阐述并证明的。皮卡的这个定理说，如果一个整函数取多于一个的值——就是说，如果它不仅仅是一个平坦的常函数——那么它可以取遍所有的值，至多有一个例外。对 e^x 来说，例外是 0。

128. 尽管这个定义有一些歧义，但怎样解决这些歧义也没有普遍一致的方法。例如,*Mathematica* 4 软件包把 $Li(x)$ 作为它的一个内建函数——把它叫做 LogIntegral$[x]$。对于实数来说,它正如我所描述的——事实上,我在第 7 章Ⅷ中用它画出了 $Li(x)$ 的图像。然而,对于复数来说,*Mathematica* 软件包对积分的定义与黎曼的有细微差别。因此,我对这些复数进行计算时没有使用 *Mathematica* 软件包中的 LogIntegral$[z]$。我实际上用 *Mathematica* 软件包中的 ExpIntegralEi $\left[\left(\frac{1}{2}+ir\right)\text{Log}[x]\right]$ 来建立 $Li(x^{\frac{1}{2}+ir})$。

129. 用一只眼睛看这张表,另一只眼睛看图 21.3,你会发现,最初几个零点被送到带有负实部的数的倾向只是一种偶然的结果,它很快就自行矫正了。

130. 在图 21.5 和 21.6 中,我把第 k 个零点的复共轭称为第 $-k$ 个零点。这只是枚举零点的一种便捷方式。当然,事实上并不是 $\overline{\rho}=-\rho$。

131. 注意,$639 \div 1050 = 0.6085714\cdots$。对于大数 N,N 是无平方因子数的概率是 $\sim 6/\pi^2$,也就是 $0.60792710\cdots$。回顾第 5 章中欧拉对巴塞尔问题的解答,你可能注意到这个概率是 $1/\zeta(2)$。这是普遍成立的。随机选择的一个正整数 N 不能被任何 n 次幂整除的概率实际上是 $\sim 1/\zeta(n)$。例如,直到并包括 1 000 000 的所有数中,有 982 954 个不能被任何 6 次幂整除。$1/\zeta(6)$ 是 $0.98295259226458\cdots$。

第 22 章

132. 在乌尔姆大学网站上的乌尔丽克网页里,有她站在意大利塞拉斯加的黎曼纪念碑旁的照片。

133. 英国布里斯托尔大学应用数学教授。基廷曾与迈克尔·贝里爵士在 RH 的物理学方面有过密切合作。

134. "埃尔米特函数的梅林变换的零点的实部是 $\frac{1}{2}$"(1986 年)。在这个证明中,邦普的合作者的名字是额(E. K. -S. Ng),别的我一概不知。

135. 对我来说似乎是这样。不过,一位审阅了我原稿的职业数学家对此表示了坦率的怀疑。一个人或许能通过从事数学而赚大钱这一观念,很难让数学家们真正接受。

136. (英国)加的夫威尔士大学纯粹数学教授。

137. 这里是最粗略的大事件链条。《数学原理》所采用的方法不能保证没有瑕疵,就像罗素在弗雷格的工作中发现的那种瑕疵。希尔伯特的"元数学"方案尝试把逻辑和数学同时包括在一个更加滴水不漏的符号系统中。这引发了哥德尔和图灵的工作。哥德尔通过把数字附着在希尔伯特型的符号上,证明了一些重要的定理;图灵在他的"图灵机"概念中把指令和数据编码为任意数字。冯·诺伊曼吸收了这个思想,开发了存储程序的概念,所有现代的软件都以此为基础,使得编码和数据在计算机的存储器中能以相同的方式表现……。

后记

138. 在 1854 年 6 月 26 日给他弟弟的一封信中，他提到了复发的 mein altes Übel——"我的老毛病"——由一段时间的坏天气所引起。

139. 在现在的韦尔巴尼亚自治区。

140. 文德尔大街后来改名为贝尔特奥街。

附录：黎曼假设之歌

加利福尼亚理工学院的荣誉退休数学教授汤姆·阿波斯托尔 (Tom Apostol) 在 1955 年为黎曼假设写了下面的颂歌，并在同年 6 月举行的加利福尼亚理工学院数论研讨会上演唱。汤姆原来的歌词只到 32 行；最后两节是 1973 年由代数拓扑学家麦克莱恩（Saunders MacLane）张贴在剑桥大学一个布告牌上的。

这首歌提到了林德勒夫假设（LH），RH 的一个小"表亲"。LH 产生于 1908 年，其实应当放在本书第 14 章的某个地方；但是因为它在本书主题的外围，并且因为它涉及第 15 章的那个"大 O"记号，还因为我觉得我的书在那个地方已经有了太多的数学内容，所以我把它排除在外。但是，没有它就无法理解汤姆的歌词，而我也不忍心遗漏它们；所以你们看到了一首歌和一个额外的假设！

ζ 函数的零点在哪里？

汤姆·阿波斯托尔词

（用《派克来的可爱贝特西》的曲调）

ζ 函数的零点在哪里？　　　　　　　1

G. F. B. 黎曼作了一个很好的预计：

"它们都在临界线上，"他说道，

"它们的密度是 $\frac{1}{2}\pi\ln T$ 。"

黎曼的话就像一个触发器，   5

让许多许多人充满活力，

他们以数学的严密试图发现，

当 mod t 变大时 ζ 是怎样的。

兰道、玻尔和克拉默尔付出了辛劳，

哈代、李特尔伍德和蒂奇马什也有功劳。   10

不管他们的努力、技能和技巧有多少，

确定零点的位置仍是徒劳。

1914 年 G. H. 哈代确实发现，

在这条线上有无穷多个满足条件的点。

然而他的定理不能够排除，   15

在另外的某个地方可能有一个零点。

设 P 是函数 π 减去函数 Li；

对于 x 高度处 P 的阶我们并不熟悉。

如果我们能证明它是 x 的平方根乘以 $\ln x$，

那么黎曼的猜想将肯定成立。   20

与此有关的是另一个未知情况，

它关于林德勒夫函数 $\mu(\sigma)$，

它度量的是临界带中的增长；

它帮我们限定那些零点的数量。

但是没人知道此函数将会怎样。   25

凸性告诉我们它可能没有振荡。

林德勒夫认为它的图像形状

当 σ 大于 $\dfrac{1}{2}$ 时是不变的模样。

哦，$\zeta(s)$ 的零点在哪里？

我们必须确切知道而不是预计。　　　　　　　　　　　　30

为了继续加强素数定理，

积分围道必须和它们保持距离。

安德烈·韦伊改进了古老而出色的黎曼预计，

他使用的 ζ 函数经过重新设计。

他证明了零点确实在它们该在的地方，　　　　　　　35

前提是它的特征必须是 p。

有一个教训可以从长长的痛苦经历中得到，

你们中的每一个年轻天才都必须知道：

如果你处理一个问题时似乎被它缠住，

只要把它理解为模 p，你的运气就会变好。　　　　40

注　释

曲调。《派克来的可爱贝特西》(*Sweet Betsy from Pike*) 是美国人用这个曲调唱的
　歌。不过曲调本身比那些歌词年代更久远。它第一次出现时属于 19 世纪中叶
　流行的英国歌曲《维利肯斯和他的黛娜》(*Villikens and his Dinah*)。[顺便说一
　下，卡罗尔 (Lewis Carroll) 的《艾丽丝漫游奇境记》中那只猫的名字就出自这里。
　引发这本书创作灵感的女孩艾丽丝·利德尔 (Alice Liddell) 特别喜爱《维利肯斯
　和他的黛娜》，她真的有一只猫名叫黛娜。] 如果你在英国受过教育，同时是学校
　橄榄球队的成员，那你就有可能辨出这个曲调是那首伤感的歌的开头，"主啊，

主啊,我已经忏悔。我把某个可怜的女孩弄得一团糟……"。

第 1 行。见第 5 章Ⅶ。

第 2 行。黎曼的全名是格奥尔格·弗里德里克·伯恩哈德·黎曼(第 2 章Ⅲ)。他好像总是只用"伯恩哈德"。

第 3 行。"临界线"见第 12 章Ⅲ,图 12.1。

第 4 行。对照我在第 13 章Ⅷ中的陈述,在临界线上的高度 T 处,零点的平均间隔是 $\sim 2\pi/\ln(T/2\pi)$。那意味着在临界线的一个单位长度中,有 $\sim (1/2\pi)\ln(T/2\pi)$ 个零点。那就是歌词作者的"密度"所指的。注意到按照对数的规则,$\ln(T/2\pi)$ 等于 $\ln T - \ln(2\pi)$,也就是 $\ln T - 1.83787706\cdots$。如果你用 $1/2\pi$ 乘它,你得到 $(1/2\pi)\ln T - 0.29250721\cdots$。随着 T 变得越来越大,$\ln T$ 也会越来越大(虽然要慢得多),而 $0.29250721\cdots$ 这一项的重要性渐渐化为乌有。因此,其密度是 $\sim$ "$\dfrac{1}{2}\pi\ln T$"。

第 8 行。"mod t"指 t 的**模**,其定义见第 11 章Ⅴ。在这里,t 被理解为一个实数,这时"mod t"——标准符号应为"$|t|$"——就是指"t 的大小",也就是去掉正负号的 t。$|5|$ 是 5;$|-5|$ 也是 5。正如我在第 16 章Ⅳ中指出的,"t"(或"T")在 ζ 函数的理论中的标准用法是指临界线上的高度;或者更一般地,像在第 21—28 行的注释中对 LH 的讨论那样,指 ζ 函数自变量的虚部。

第 9 行。玻尔(第 14 章Ⅲ)和兰道在 1913 年证明了关于 S 函数(见第 22 章Ⅳ)的一个重要定理。这个定理说,只要在临界线之外存在仅仅是有限数量的零点,那么当 t 趋向无穷时 $S(t)$ 是无界的。塞尔贝格在 1946 年证明 $S(t)$ 是无界的,我在第 22 章Ⅳ提到过它,它更强,因为它不需要那个原始条件。关于克拉默尔,见第 20 章Ⅶ。除了提出素数的"概率模型"以外,克拉默尔还证明了关于 S 函数的一项子结果:如果 LH(见对第 21—28 行的注释)成立,那么随着 t 趋向无穷,$S(t)/\ln t$ 减小到 0。关于李特尔伍德和哈代,见第 14 章;关于蒂奇马什,见第 16 章Ⅴ。

第 13—16 行。见第 14 章Ⅴ。

第 17 行。这里的"Li"应当读作"L-i",以便保持歌词的韵脚*。歌词作者在这里讨论的误差项 $\pi(x) - Li(x)$,我在第 21 章中已全面述及。

第 18 行。"P 的阶我们并不熟悉"的意思是,"P 是……什么的'大 O'?我们不知道"。关于大 O,见第 15 章Ⅱ-Ⅲ。至于"x 高度处",歌词作者指的是"大 x 值"。

第 19—20 行。如果我们能证明 $\pi(x) - Li(x) = O(\sqrt{x}\ln x)$,就可以推出 RH。这是第 14 章Ⅷ中冯·科赫 1901 年的结果的逆。当时我没有提到它,但是如果冯·科赫的结果成立,RH 就是必然结果。它们相互包含。

---

* 这篇歌词英语原文每两句押一韵。——译者

第21—28行。这几行是关于林德勒夫假设（LH）的，这是 ζ 函数理论中一个著名的猜想。关于林德勒夫本人，见注释72。他的假设涉及竖直方向上——就是在复平面的一条竖直直线上—— ζ 函数的增长。

林德勒夫把 ζ 函数的自变量写作 $\sigma+it$，他问道：对于任何指定的实部 σ（顺便说一下，这是希腊字母 Σ 的小写），随着虚部 t 从零趋向无穷大，$\zeta(\sigma+it)$ 的大小会怎么样呢？这里的"大小"指的是模，如第 11 章 V 中所规定的；换句话说，它指 $|\zeta(\sigma+it)|$，即从原点到函数值的距离。这是一个实数，所以对于任何给定的 σ，自变量 t 和函数值 $|\zeta(\sigma+it)|$ 两者都是实数。因此我们可以画出一个图像。对于 σ 的某些代表性的值，图 A.1 到图 A.8 显示了这些图像，并且比用任何种类的语言都更好地解释了这个问题。

注意图 A.5 中 ζ 函数的非平凡零点。注意图 A.4 到图 A.6 比其余的图更为**忙碌**这一事实。对于 ζ 函数，所有令人感兴趣的行为都发生在临界带中。

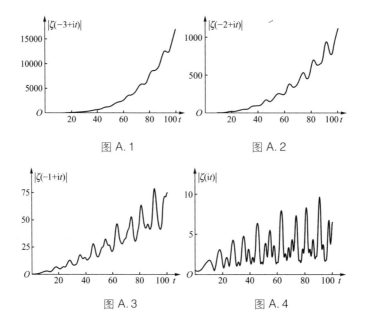

图 A.1

图 A.2

图 A.3

图 A.4

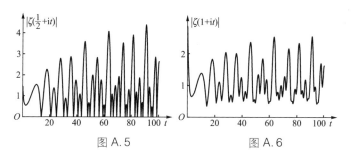

图 A.5 　　　　　　　　　　图 A.6

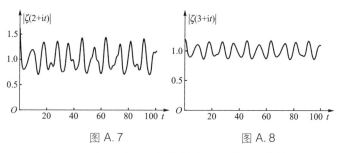

图 A.7 　　　　　　　　　　图 A.8

图 A.1 至图 A.8 　|ζ(σ+it)|,其中σ取某些代表性的值

　　还要注意当 $t=0$ 时的某些熟悉的函数值：图 A.4 中的 $\frac{1}{2}$（对应于图 9.3 中的 $\zeta(0)=-\frac{1}{2}$，因为 $\left|-\frac{1}{2}\right|$ 当然就是 $\frac{1}{2}$）；图 A.6 中的无穷大（调和级数的发散性，第 1 章Ⅲ）；图 A.7 中的 1.644934…（巴塞尔问题的解，第 5 章Ⅰ）；以及图 A.8 中的 1.202056…（阿佩里数，第 5 章Ⅵ）。图 A.2 中在 $t=0$ 处的函数值 0 是一个真正的平凡零点（第 9 章Ⅵ）。图 A.1 和图 A.3 中貌似的零点是假的；其中在 $t=0$ 处的值实在太小了，以至于无法画出来。（它们分别是 0.0083333… 和 0.0833333…。）

　　LH 是要为这些图像找一个大 O（第 15 章Ⅱ）。只要观察一下它们，你就可以做出以下猜测：

　　■ 对于 $\sigma=-1,-2$ 和 -3，图像显得仿佛是 t 的某个加速函数的大 O，或许是一个像 t^2 或 t^5 那样的幂，那些幂似乎随着 σ 沿负实轴向西而变得越来越大。

■ 对于 $\sigma=2$ 和 3，看起来我们仿佛在 $O(1)$ 的世界里，或者换一种说法，是 $O(t^0)$ 的世界。

■ 在临界带中，也就是对于 $\sigma=0, \frac{1}{2}$ 和 1，很难说清恰当的大 O 可能是什么。

会不会是这样，对于 σ 的任何值，存在着一个确定的数 μ，使 $|\zeta(\sigma+it)|=O(t^\mu)$？当 σ 大于 1 的时候，$\mu=0$；而当 σ 从零点向西而去的时候，μ 是某种递增的正数？看上去是这么回事。不过，当 σ 在 0 和 1 之间时，临界带中将发生什么？特别是，当 $\sigma=\frac{1}{2}$ 时，临界线上将发生什么？

好，下面（见图 A.9）是我写这本书的时候我们已经确知的。对 σ 的任何给定值，确实有一个数 μ 使 $|\zeta(\sigma+it)|=O(t^{\mu+\varepsilon})$，其中 ε 任意小。这与前一段中我的想法不太相同，但是你也许能容忍这个差别。（不过，如果你对照第 15 章 Ⅲ 中出现的 ε，你就会明白它在这里的重要性。）显然，这个数 μ 是 σ 的一个函数。因此第 22 行中有了"林德勒夫函数 $\mu(\sigma)$"。当然，这与第 15 章的默比乌斯 μ 函数无关。我们在这里碰到了符号过载的又一个不幸的例证。

我们还知道下列各点，它们在数学上是肯定的。

■ 当 σ 小于或等于零时，$\mu(\sigma)=\frac{1}{2}-\sigma$。

■ 当 σ 大于或等于 1 时，$\mu(\sigma)=0$。

■ 在临界带中（就是当 σ 在 0 和 1 之间且不包含两端时），$\mu(\sigma)<\frac{1}{2}(1-\sigma)$。换句话说，它位于图 A.9 中虚线的下方。

■ 对于 σ 的所有值，$\mu(\sigma)$ 都是下凸的。就是说，如果你把这个图

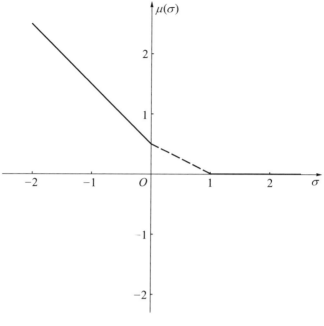

图 A.9　林德勒夫函数

像中的任意两个点用一条直线连起来,你截下的弧完全位于这条直线的下方,或者就在这条直线上。这是处处成立的,包括在临界带上;它还蕴涵着,对于 0 和 1 之间的 $\sigma, \mu(\sigma)$ 必定是正数或是零。(歌词第 26 行。)

　　■ RH 成立将推出 LH 成立(我即将陈述这一点),但反之则不然。LH 是较弱的结论。

　　我再说一遍,这是我们当前认识的极限。如图 A.10 所示,LH 认为 $\mu\left(\dfrac{1}{2}\right) = 0$,由此容易得出,从负无穷大到 $\sigma = \dfrac{1}{2}$,始终都有 $\mu(\sigma) = \dfrac{1}{2} - \sigma$,然后对于自那以东的每一个自变量,它都是零。请对照歌词的第 27 行和第 28 行。这是一个悬而未决的假设,还没有被证明。事实上,当 σ 在 0 和 1 之间且不包含两端时,我们不知道 $\mu(\sigma)$ 的任何一个值。

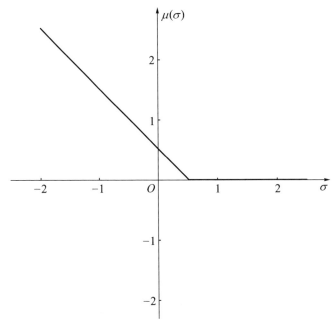

图 A.10　林德勒夫假设

LH 是继 RH 之后 ζ 函数理论中的最大挑战,并且从林德勒夫在 1908 年提出它以来,一直是受到热切关心和认真研究的主题。

第 24 行。可以证明,LH 等价于一个限定临界线以外 ζ 函数零点数量的陈述。当然,如果 RH 成立,就不存在这样的零点;然而,正如我已经指出的,如果 RH 被证明了,LH 就是必然结果。

第 31 行。"为了继续加强素数定理……"。就是说,为了得到关于误差项的尽可能好的大 O 表达式。

第 32 行。在我于第 7 章Ⅶ中定义的常规积分法中,你是沿着 x 轴从某个数 a 到某个更大的数 b 进行积分。在复变量理论中,你是沿着复平面上的某条围道——也就是某条直线或曲线——从围道上的某个点到另外一个点进行积分。通常,你得选择围道。结果会依赖于你进行积分时所沿的围道。围道积分法是解析数论中的关键工具(一般在复变函数论中也是)。为了得到关于误差项的确切结果,你必须沿着避开零点的围道进行积分。

第 33 行。"安德烈·韦伊……"。最后这两节涉及我在第 17 章Ⅲ中提到的代数研究,以及韦伊 1942 年的成果。

第 34 行。"他使用的 ζ 函数……"。也就是我在第 17 章Ⅲ中提到的那些同有限域
　　有关的类 ζ 函数中的一个。

第 35 行。"他证明了……"。感谢韦伊，我们知道对于这些特殊的域，这个 RH 类
　　似物是成立的。

第 36 行。我在第 17 章Ⅱ中定义了域的**特征**。这个已经被证明的 RH 类似物只针
　　对与具有非零特征的域相关联的 ζ 函数——也就是说，这种域的特征是某个素
　　数 p。

第 40 行。这里的"模"一词是在第 6 章Ⅷ的时钟算术意义上被使用的；正如我在第
　　17 章Ⅱ中谈到的，这同域论有联系。

　　　在互联网上找到的汤姆歌词的许多不同版本中，我注意到有一个
以这句话结束："只要使用 R. M. T. ,你的运气就会变好。"这是对"物理
学"研究途径的一个善意的嘲讽。"R. M. T. "是 Random Matrix Theory
（随机矩阵理论）的缩写。

图书在版编目(CIP)数据

素数之恋：黎曼和数学中最大的未解之谜／（美）约翰·德比希尔著；陈为蓬译. —上海：上海科技教育出版社,2018.7(2025.1重印)

（哲人石丛书：珍藏版）

ISBN 978－7－5428－6737－7

Ⅰ．①素… Ⅱ．①约… ②陈… Ⅲ．①素数–普及读物 Ⅳ．①O156.2-49

中国版本图书馆CIP数据核字（2018）第120279号

责任编辑	卢 源 朱惠霖	**出版发行**	上海科技教育出版社有限公司
	李 凌 王乔琦		(201101上海市闵行区号景路159弄A座8楼)
封面设计	肖祥德	网 址	www.sste.com www.ewen.co
版式设计	李梦雪	印 刷	常熟市华顺印刷有限公司
		开 本	720×1000 1/16
素数之恋——黎曼和数学中		印 张	26.25
最大的未解之谜		版 次	2018年7月第1版
[美]约翰·德比希尔 著		印 次	2025年1月第8次印刷
陈为蓬 译		书 号	ISBN 978-7-5428-6737-7/N·1031
		图 字	09-2015-345号
		定 价	65.00元